计算机科学与技术丛书

新形态教材

软件工程案例教程

微课视频版

胡晓鹏　陈桂友◎编著

清华大学出版社

北京

内 容 简 介

随着移动互联网、人工智能的出现和高速发展,各种各样的软件进入了社会经济生活的方方面面。如何高效地进行软件开发、管理与维护已成为影响软件质量的关键因素,掌握软件工程相关技术是每一个软件从业人员的必备技能。

本书系统地讲述了软件工程的概念、原理和典型的方法,以案例实践促进对软件工程基础理论知识的全面理解。全书共分 7 章,第 1 章介绍软件工程基础的相关知识,然后以软件生命周期为主线,分别在第 2～7 章介绍需求定义与可行性研究、业务需求分析、系统需求分析、系统设计、编码与测试、交付与维护 6 个阶段的内容。附录部分介绍软件开发类毕业设计中的常见错误,并提供了一个毕业论文撰写示例。

本书适合作为高校计算机类、电子信息类专业的教学用书,也适合于高职高专、中等职业学校以及培训机构作为教材使用。同时,也可供企业的软件开发人员参考。

图书在版编目（CIP）数据

软件工程案例教程 : 微课视频版 / 胡晓鹏, 陈桂友
编著. -- 北京 : 清华大学出版社, 2024. 8. -- （计算
机科学与技术丛书）. -- ISBN 978-7-302-67011-7

Ⅰ. TP311.5

中国国家版本馆 CIP 数据核字第 2024V251A4 号

责任编辑：曾 珊
封面设计：李召霞
责任校对：王勤勤
责任印制：杨 艳

出版发行：清华大学出版社
    网　　　址：https://www.tup.com.cn, https://www.wqxuetang.com
    地　　　址：北京清华大学学研大厦 A 座　　　邮　　编：100084
    社 总 机：010-83470000　　　邮　　购：010-62786544
    投稿与读者服务：010-62776969, c-service@tup.tsinghua.edu.cn
    质量反馈：010-62772015, zhiliang@tup.tsinghua.edu.cn
    课件下载：https://www.tup.com.cn, 010-83470236
印 装 者：小森印刷霸州有限公司
经　　销：全国新华书店
开　　本：185mm×260mm　　印 张：16.75　　　字　　数：436 千字
版　　次：2024 年 9 月第 1 版　　　印　　次：2024 年 9 月第 1 次印刷
印　　数：1～1500
定　　价：69.00 元

产品编号：099658-01

前言
PREFACE

　　软件工程旨在研究如何规范、系统化地设计、开发和维护软件。软件工程的主要任务是以工程化方法构建和维护有效、实用的高质量软件，使软件开发更加高效、规范和可控。软件工程已成为计算机科学和信息技术领域中的重要学科，应用范围非常广泛，与人工智能、计算机网络、数据库等领域相互关联，共同推动着信息化时代的发展。

　　软件工程课程的重要性随着软件工程学科的不断发展日益凸显。近年来，随着计算机新技术的迅猛发展，要求软件工程教材不断更新理论和方法，注重结合实例讲解软件工程方法和技术的综合应用，避免抽象和枯燥的理论罗列。

　　本书在编写中力图遵循以下原则：

　　(1) 以案例促进对理论知识的理解。本书对各章节的案例进行了顶层设计和融会贯通。对分散在书中的知识重点或难点，配备了小的案例加以说明；以"智慧社区养老服务系统"软件项目为综合实战案例，配合各章的理论知识讲解，在每章或节的最后生成案例相应的软件生命周期阶段性成果，逐步呈现软件工程理论知识在实践中的应用。通过案例分析，帮助读者在短时间内掌握软件项目开发的基本知识和基本过程，有效提高实践能力。

　　(2) 引导读者深入学习和灵活运用软件工程相关知识。本书在各章节设计了多个供读者深入思考的问题，并通过微课视频的方式对提出的问题进行了探讨，同时给出了参考答案，引导读者不断拓展软件工程相关知识的深度和广度，提高自主学习的能力。在附录部分，针对软件开发类毕业设计中软件工程知识的运用，给出了常见的典型错误及正确用法，为学生撰写高质量的毕业论文，提高软件工程知识素养和能力素养提供帮助和指导。最后给出了基于软件工程专业知识框架下的毕业论文示例，为学生提供了一个基于软件工程阶段成果的毕业论文参考模板，以体现软件工程知识在毕业论文中的融会贯通。

　　(3) 融入企业实践经验。本书作者通过与企业高级软件工程师合作，将企业的软件工程实践经验融入教材中，使得本书最大限度地贴近企业的工程开发实际。力争做到既体现软件工程知识点的连贯性和完整性，又通过案例实践体现知识点在软件系统实际开发中的应用。

　　本书由胡晓鹏和陈桂友主编，副主编为宁玉富、郑磊、马坤、宋言伟，参加内容编审工作的还有李保田、张斌、崔琦、于君等。在编写过程中，还得到了企业高级工程师石柏成的大力支持和帮助，并得到了清华大学出版社的大力支持和指导。在此，对所有为本书提供帮助的人深表感谢！

　　由于时间仓促，并且作者水平有限，书中不妥或错误之处在所难免，敬请读者批评指正。

作　者

2024 年 2 月

学习建议
LEARNING TIPS

建议授课学时

如果将本书作为教材使用,建议参考学时为 48 学时,包括课程理论教学环节 32 课时和实验教学环节 16 课时。教师可以根据不同的教学对象或教学大纲要求安排学时数和教学内容。

教学内容、重点和难点提示、课时分配

序号	教学内容	教学重点	教学难点	课时分配
第 1 章	软件工程基础	软件工程发展背景及历程;软件工程知识体系;软件工程方法;软件生命周期和软件过程模型	软件生命周期和软件过程模型	理论 2 学时
第 2 章	需求定义与可行性研究	需求调研方法;需求问题定义;可行性研究分析	可行性研究分析的三要素及具体分析过程	理论 2 学时 实验 2 学时
第 3 章	业务需求分析	需求的分类;业务建模的概念及重要性;上下文图的绘制;业务流程图的绘制;业务类图的绘制	业务流程图的绘制;类图中类与类之间的联系	理论 4 学时 实验 2 学时
第 4 章	系统需求分析	结构化需求分析建模工具中数据流图、状态转换图、数据字典等的使用;面向对象需求分析建模工具中用例图、序列图、状态机图的使用	数据流图的绘制;用例图的绘制及用例详述	理论 10 学时 实验 6 学时
第 5 章	系统设计	软件体系结构概念;接口分类与接口设计方法;数据库设计步骤;结构化设计方法及案例;面向对象设计方法及案例	接口设计;数据库设计;基于数据流的体系结构设计;基于多视图的体系结构设计;模块和构件详细设计	理论 10 学时 实验 4 学时
第 6 章	编码与测试	编码应遵循的规则;程序复杂度的度量;测试计划和测试用例的编写;黑盒测试与白盒测试的区别	测试用例的编写	理论 2 学时 实验 2 学时
第 7 章	交付与维护	各种交付文档的类型及面向用户;各种软件维护类型及维护工作流程	软件维护工作流程	理论 2 学时

实验建议

实验教学建议按照软件生命周期过程,跟随理论课程进度,将开发一个实际软件项目所需完成的各阶段任务分解到各实验学时。学生可按照 3～5 人组队,以小组方式完成各次实验任务。

序号	实 验 名 称	实 验 内 容	实验课时分配
实验一	可行性研究	对准备研发的软件项目进行初步的需求调研,了解来自用户的需求和愿景,在需求调研的基础上,撰写可行性研究报告	2学时
实验二	业务需求分析	根据需求调研,确定核心业务需求,针对核心业务需求,完成业务流程图绘制	2学时
实验三	系统需求分析	根据系统描述完成需求分析,分析系统功能,绘制用例图、编写用例描述等,完成系统需求分析建模,并做现场答辩	4学时
实验四	系统设计	根据需求分析,进行系统体系结构设计、数据库设计、接口设计,绘制类图,顺序图等,完成系统设计建模,并做现场答辩	6学时
实验五	系统测试	完成测试计划,设计测试用例	2学时

实验教学的设计旨在通过小组共同完成软件开发的基本过程,让学生深入了解与实践软件工程的基本原理、概念与方法,培养学生的系统分析与设计能力及团队合作精神。

微课视频清单

视频名称	时长/min	位置	针对的主要问题
1-1微课视频 深入思考 1.1	6	1.1节节前	如果软件工程师的工作内容是用编程语言来实现软件产品,是不是不必学习"软件工程"相关知识
1-2微课视频 深入思考 1.2	7	1.4.2节节尾	在企业实践中,经常遇到敏捷过程、极限编程和SCRUM,它们之间的关系是什么
1-3微课视频 深入思考 1.3	5	1.4.3节节尾	CMMI认证和软件工程师资格认证有什么区别
2-1微课视频 深入思考 2.1	4	2.1节节前	软件的可行性研究中也有需求调研,它和需求分析中的需求调研重复吗?有什么区别
2-1微课视频 深入思考 2.2	4	2.1节节前	软件项目的可行性研究是由客户完成还是由软件开发组织完成
2-1微课视频 深入思考 2.3	8	2.1节节中	面谈是最早开始使用的需求获取技术,在面谈时有哪些更多的注意事项
3-1微课视频 深入思考 3.1	7	3.1节节前	在软件生命周期中,有一个系统需求分析阶段,为什么本章要单独介绍业务需求分析
3-2微课视频 深入思考 3.2	4	3.2.1节节中	需求是与技术无关的,那么在业务建模时是否可以完全不考虑技术
3-3微课视频 深入思考 3.3	5	3.3.1节节中	厨师在就餐业务过程中发起的"制作菜品"事件是明显的人工环节,将这个参与者列出来是否多余
3-4微课视频 深入思考 3.4	5	3.5.3节节中	图3-28中,"志愿者"与"服务订单"之间的关联关系为什么不是一对多的关系
4-1微课视频 深入思考 4.1	6	4.1节节前	在实际企业软件系统开发中,如何选择系统需求分析方法
4-2微课视频 深入思考 4.2	3	4.2.1节节中	还有哪些示例可以说明"当流出数据存储的数据取的是流入数据存储数据的一部分时,尽量不要同名"

视频名称	时长/min	位置	针对的主要问题
4-3 微课视频 深入思考 4.3	4	4.2.1 节节中	从形式上看，系统顶层数据流图与第 3 章的系统上下文图非常类似，它们有什么区别
4-4 微课视频 深入思考 4.4	2	4.2.1 节节中	如果把业务流程改为"在考试安排规定的结束时间点后"导出成绩单，数据流图该做如何修改
4-5 微课视频 深入思考 4.5	3	4.2.1 节节中	还有哪一个数据流体现了"下层图中组成这些数据流的数据项全体应正好是上层图中的这一条数据流"
4-6 微课视频 深入思考 4.6	7	4.2.4 节节中	在实际企业软件系统开发中，业务规则到底应该在哪一个阶段描述
4-7 微课视频 深入思考 4.7	3	4.3.1 节节中	"管理退货"用例是不正确的，那么如何修改才能体现用例的命名是从用户的角度看系统提供的功能
4-8 微课视频 深入思考 4.8	2	4.3.2 节节中	考虑到登录环节，请结合"下单"用例描述中的事件流程，把分析类加以细化
4-9 微课视频 深入思考 4.9	3	4.3.4 节节尾	请使用"深入思考 4.8"得到的细化后的分析类，将其加入图 4-46，重新绘制"下单"用例序列图
4-10 微课视频 深入思考 4.10	3	4.3.6 节节尾	在图 4-58 基础上加入一些订单流程细节，重新绘制"订单"对象状态机图
5-1 微课视频 深入思考 5.1	6	5.2.2 节节中	在图 5-7 中，业务逻辑 Service 和数据操作 Dao 的区别在哪里？控制器是否能直接调用数据操作 Dao
5-2 微课视频 深入思考 5.2	2	5.4.1 节节中	社区、老年人、服务提供商等实体间的联系示例，无论放在哪个社区养老类的系统中是否都成立
5-3 微课视频 深入思考 5.3	4	5.4.1 节节中	对于两个实体之间的联系，如何分析才能快速且准确地标注联系某一端的实体约束数值是 1 还是 n
5-4 微课视频 深入思考 5.4	5	5.4.1 节节中	对于三个实体之间的联系，如何解析才能快速且准确地标注联系某一端的实体约束数值为 1 还是 n
5-5 微课视频 深入思考 5.5	4	5.4.2 节节尾	对于多元联系(主要考虑常见的三元联系)的 E-R 模型，在转换为关系模式时，应遵循何种转换规则
5-6 微课视频 深入思考 5.6	2	5.5.2 节节中	如果调度中心得到的数据 C 作为模块 M 的输出，进行后处理后，再向外部输出，则该图如何进行扩展
5-7 微课视频 深入思考 5.7	2	5.5.2 节节中	如果调度中心得到的数据 C 作为上一层的输入，且上一层模块为变换型，则该图如何进行扩展
5-8 微课视频 深入思考 5.8	9	5.7.2 节节中	为什么不直接从后台数据库获取服务提供商详情数据，而是从社区养老综合服务子系统获取
5-9 微课视频 深入思考 5.9	2	5.7.3 节节尾	一个社区服务运营人员在处理一个订单时，只能分配一个志愿者，该关系模式的码可以是订单编号吗
5-10 微课视频 深入思考 5.10	2	5.7.4 节节中	根据图 5-57 的描述，按照表 5-11 的模板完善实现"派单给服务商"用例的设计类

续表

视频名称	时长/min	位置	针对的主要问题
6-1 微课视频 深入思考 6.1	7	6.2.2 节节尾	软件编程和美学有关系吗？为什么有些代码能呈现出"美"
6-2 微课视频 深入思考 6.2	3	6.5.2 节节尾	黑盒测试法与白盒测试法的本质区别是什么？它们的使用场合有何不同
7-1 微课视频 深入思考 7.1	2	7.1.1 节节尾	如何将项目部署到服务器上
7-2 微课视频 深入思考 7.2	2	7.1.3 节节尾	软件开发全过程的文档有哪些
7-3 微课视频 深入思考 7.3	2	7.2.2 节节尾	四种软件维护适用的场景有什么不同

目 录
CONTENTS

第 1 章

软件工程基础

自 20 世纪 90 年代初以来,计算机技术快速发展,以微电子、软件、计算机、通信和网络技术为代表的信息技术,是迄今为止人类社会中发展最快、渗透性最强、应用最广的关键技术。对相关技术的研究逐步演变为计算机科学与技术、软件工程、信息与通信工程等多个独立学科。

随着计算机软件在现代社会经济生活中占据的地位越来越重要,软件工程也因能够提高软件产品的质量和开发效率而得到广泛应用。软件工程逐渐从计算机科学与技术学科中分离出来,发展成为一门独立的学科。

本章将对软件工程产生的背景及发展历程、软件工程知识体系、软件工程方法论作简要介绍,使读者对软件工程的相关基础知识有初步的了解。

深入思考 1.1 软件工程方面的书籍大多理论性较强,如果软件工程师的工作内容是用编程语言来实现软件产品,是不是无需学习"软件工程"相关知识?

企业观点:使用软件开发语言构建目标软件系统,以解决用户工作中的具体问题是软件工程师的主要工作。但编码并不能体现软件中本质的部分。学习、掌握软件工程理论知识,并在实践中运用工程化的思想来解决具体的软件产品研发问题,是一个合格的软件工程师应具备的能力。只有具备这些能力的软件工程师,才能够站在成熟理论与可靠方法论的高度去思考和分析,并在具体实践中理解、验证和修正软件工程的思想与方法,而编码只是对软件分析与设计成果的具体实现。

详情请参见微课视频 1-1。

1.1 软件工程背景及发展

1.1.1 软件

1. 软件的概念

随着社会和科技的发展,软件的应用迅速渗透到人们生活的各个领域。例如:现代生活中,人们通过手机完成购物、乘车、餐饮、外卖、娱乐等各种活动,这些日常的衣食住行都通过各种应用来实现,而这些应用的内核就是软件。软件已成为现代人类生活中不可分割的一部分,无软件不生活。

那么到底什么是软件呢?虽然软件已经被人们广泛应用,但在很多人的心目中,软件开发就等同于编写代码,软件就是程序。这种错误观点非常普遍,因此需要给"软件"一个明确的定义。

对于"软件"一词,有一种公认的传统定义:软件是计算机系统中与硬件相互依存的另一部分,包括程序、数据及相关文档的完整集合。

$$软件 = 程序 + 数据 + 文档$$

其中,程序是按事先设计的功能和性能要求执行的指令序列集合;数据是使程序能够正确处理信息的数据结构;文档是与程序开发、维护和使用有关的图文材料。

2. 软件的分类

很多计算机类书籍将软件分为三大类:系统软件、支撑软件和应用软件。本书根据GB/T 36475—2018《软件产品分类》,将软件产品分为六大类:系统软件、支撑软件、应用软件、嵌入式软件、信息安全软件和工业软件,详细分类信息如表1-1所示。表1-1对前三类(A、B、C)软件进行了一级分类和二级分类的介绍,并给出了二级分类下的常见软件产品示例。相对来说,后三类(D、E、F)软件在人们日常生活中使用较少,所以表1-1只对后三类软件的一级分类进行了简要说明。

表1-1 软件产品分类

分类号	名 称	说 明	举 例
A	系统软件	能够对硬件资源进行调度和管理,为应用软件提供运行支撑的软件	
A.1	操作系统	控制各种程序的执行,可提供资源分配、调度、输入输出控制数据管理等服务的软件	Windows、Linux、UNIX、Android、macOS
A.2	数据库管理系统	管理数据库的软件	Oracle、MySQL、Microsoft SQL Server、MongoDB、NoSQL
A.3	固件	硬件设备和驻留在此设备中的作为只读软件的计算机指令和数据组合	BIOS
A.4	驱动程序	一种可以使计算机与设备通信的特殊程序	打印机驱动、数码相机驱动
B	支撑软件	支撑软件开发、运行、维护、管理与网络连接或网络组成相关的软件	
B.1	开发支撑软件	支撑软件开发、运行、维护、管理的一类软件	IntelliJ IDEA、Eclipse、Microsoft Visio、Enterprise Architect、Android Studio
B.2	中间件	位于系统软件与应用软件之间,以实现异构、分布式应用软件间的互联、互访和互操作的一类软件	Tomcat2、Jetty3、JBoss4、Weblogic5、WebSphere、工作流系统、BPM系统、集成中间件
B.3	浏览器	用于在网络上浏览网页的软件	Google Chrome浏览器、火狐浏览器、搜狗浏览器、360极速浏览器
B.4	搜索引擎	从互联网或相关载体上搜集信息,为用户提供检索服务的系统	百度、谷歌、360搜索
B.5	虚拟化软件	可以让一部主体电脑建立与执行一至多个虚拟化环境	Openfiler NAS 和 SAN
B.6	大数据处理软件	对海量综合数据进行收集、存储、加工、分析和展示的软件	Hadoop、Spark、Flink、ZooKeeper、Kafka、Presto
B.7	人工智能软件	模拟、延伸和扩展人的智能,感知环境、获取知识并使用知识获得最佳结果的应用系统软件	机器人软件、语言识别、图像识别、自然语言处理、专家系统
C	应用软件	解决特定业务的软件	

续表

分类号	名 称	说 明	举 例
C.1	通用应用软件	非特定行业使用的应用软件	Microsoft Office、OA 系统、ERP 系统、Photoshop、WinRAR、QQ
C.2	行业应用软件	针对特定行业应用的软件	淘宝、顺丰速运、京东、学而思、12306
C.3	其他应用软件	不属于以上分类的其他应用软件	
D	嵌入式软件	嵌入式系统中的软件部分,它与系统中的硬件高度结合	车辆控制系统、数控机床软件、可穿戴设备嵌入式软件
E	信息安全软件	用于对计算机系统及其内容进行保护,确保不被非授权访问的软件	360 防火墙
F	工业软件	在工业领域辅助进行工业设计、生产、通信、控制的软件	计算机辅助设计(CAD)软件、可编程逻辑控制器(PLC)软件

1.1.2 软件危机

从 19 世纪 60 年代中期到 70 年代中期,软件开始作为一种产品被广泛使用,出现了以个人开发为主导的"软件作坊"。在这一阶段,软件开发的方法基本上沿用早期的个体化软件开发方式,软件的质量与开发人员的个人技术水平紧密相关。随着软件的数量急剧膨胀,软件需求日趋复杂,软件开发和维护遭遇了一系列的问题:需求不明确、软件存在大量缺陷、软件开发成本和项目周期失控、软件难以维护等,失败的软件开发项目屡见不鲜。"软件危机"开始出现了。

1968 年北大西洋公约组织(North Atlantic Treaty Organization,NATO)科技委员会在德国南部的小城加尔米施召开了一个名为"软件工程"大会的国际学术会议,会议上第一次提出了"软件危机"(Software Crisis)这个概念。

典型的"软件危机"案例是美国 IBM 公司在 1963—1966 年开发的 IBM 360 机的操作系统项目。该项目花费了大约 5000 人一年的工作量,最多时有 1000 人投入开发工作,写出了近 100 万行的程序代码。但在整个项目开发过程中,似乎没有人对新系统的进展感到满意。在许多情况下,工程、制造、销售和其他部门的员工每周工作 100 个小时,最终公司花费了 50 亿美元(相当于今天的约 400 亿美元)来开发 System/360。在已经投入了巨额成本、用户不断催促订单交付的情形下,IBM 公司于 1965 年设法交付了数百台中型 System/360。它们的质量并不完全符合原始设计规范,充斥着漏洞的软件被分发到许多国家,几乎每个早期客户在使用过程中都遇到了问题。

该项目的负责人 F.D.Brooks 事后在总结沉痛教训时说:"……正像一只逃亡的野兽落到泥潭中做垂死的挣扎,越是挣扎,陷得越深。最后无法逃脱灭顶的灾难……程序设计工作正像这样一个泥潭……一批批程序员被迫在泥潭中拼命挣扎……谁也没有料到竟会陷入这样的困境……"

时至今日,"软件危机"依然时常上演。承载了德国大众汽车向新能源汽车转型的第一个阶段性成果——ID3 汽车就遭遇了系统软件无法按原计划升级的软件危机。

2020 年 8 月,德国下萨克森州雷登镇一处 5000m² 的帐篷中,120 辆大众 ID3 汽车依次排开,各自连接着一台计算机。这些即将交付的新车正在"刷机",即写入让车辆能正常驾驶的系统软件。在原本的计划中,ID3 汽车将在下线后能像智能手机那样以远程方式来实时更新系统软件。但在临近交付的关键时刻,ID3 汽车配套的系统软件仍无法实现远程升级,不得不紧急转为有线升级。等待刷机的新车超过 1.1 万辆,搞定一台车大概需要 7 小时,80 余名工程师不得不 24 小时轮班倒,以最原始的方式对每一台即将交付的 ID3 汽车进行手动更新操作系统。

在大众公司内部,ID3 汽车承载着大众汽车向电动车转型的历史使命。大众公司对操作系统不可谓不重视,研发团队由曾带领团队成功研发 MEB 平台的森格领军,但森格遭遇了一个空降兵在企业管理中所能遇到的最坏情况——时间紧、任务重、人手不足。作为一个来自宝马集团的外来户,森格在集团层面的资源调度方面没有足够的话语权。技术人员的巨大缺口迫使森格只能选择大量外包,虽然这样可以加快软件的开发速度,但代价就是项目管理的失控。

2020 年夏天,大众汽车的软件危机顺理成章地爆发了。

那么到底什么是"软件危机"呢? 软件危机就是计算机软件在开发和维护过程中所遇到的一系列严重问题。

1. 软件危机的表现

在软件开发过程中,由于遇到的问题没有找到解决办法,使问题积累起来,逐渐形成了尖锐的矛盾,并最终演化成软件危机。软件危机主要表现在以下几方面。

(1) 软件开发成本超出预算,开发进度一再延期。

实际的软件开发费用严重超支,软件开发结束的时间遥遥无期。这种现象使软件开发团队陷入进退两难的境地。放弃项目意味着已经投入的人力和时间成本都浪费了,继续项目意味着只能被动继续投入超出原计划的费用和时间。为了压缩成本或尽快将软件投入使用,往往会以牺牲软件质量为代价,从而要承担软件产品口碑不佳的风险。

(2) 用户对交付的软件产品不满意。

交付的软件产品在界面、功能、业务优化、响应速度和友好性等方面与用户的预期不一致,用户心目中的软件产品与软件开发人员交付的软件产品之间差距较大。

(3) 软件产品的可靠性差。

软件产品的可靠性表示一个软件系统在给定的一段时间内正确执行的概率。可靠性差是因为软件中的差错引起了软件故障。如果一个软件产品的可靠性不高,则说明这个软件产品的质量有问题。

(4) 软件产品的可维护性差。

软件产品的可维护性是指一个软件系统可被修改的难易程度。如果软件产品可维护性差,那么软件产品在投入使用后,当软硬件环境改变,需要修改原有程序或者新增功能时,就难以进行源代码的修改和维护。

2. 软件危机产生的原因

软件危机的产生与软件产品本身的特点、软件开发方法、软件开发技术和软件开发人员等多种因素相关,主要包括以下几方面原因。

(1) 用户需求不明确或不断变化。

一方面,由于用户缺乏对软件系统的认识,对需求的描述不准确、需求表述有遗漏或错误,导致在开发过程中不断提出修改要求;另一方面,由于软件开发人员对用户需求涉及的业务领域知识并没有真正理解,导致由业务需求推导出的系统需求存在偏差,软件开发人员和用户双方对最终软件产品的认知存在差异,用户对软件产品不满意。

(2) 软件开发过程缺少质量监控管理。

由于软件开发过程没有遵循一定的科学理论指导,缺少必要的质量监控管理,导致出现缺少必要的文档资料、文档内容不明确、文档与程序代码不一致、程序设计时未考虑可扩展性、程序中存在较严重的错误等现象,使得软件难以维护、可靠性差、不能适应用户新的需求变化,软件质量不高。

(3) 软件开发人员及团队水平制约了软件质量。

软件产品高度依赖于人的思维,软件质量的高低很大程度上由开发人员个体的技术水平和经验丰富程度所决定。由于计算机技术更新速度快,软件开发人员需要不断学习和调整自身的知识结构以适应新的用户需求,无法一直沿用成熟的技术和经验。同时,一个软件系统的开发通常需要多人合作,团队内部人员之间的协调合作和凝聚力也直接影响软件开发的成本和进度。

(4) 软件开发难度和复杂度越来越高。

随着软件应用在社会生活各行各业,软件开发规模愈来愈大,复杂性也急剧地增加,一个软件项目可能需要整合多种新技术。软件产品开发的这种知识密集性与人类智力的局限性之间存在冲突,导致软件项目在解决"复杂问题"时可控性差,成为软件危机发生的潜在不利因素。

1.1.3　软件工程发展

软件危机的出现迫使人们去寻找解决的方法。软件工程的概念正是在解决软件危机各种问题的过程中提出的。在此过程中,人们研究和借鉴了工程学的某些原理和方法,利用工程化方法构建和维护有效的、实用的和高质量的软件,并形成了一门新的学科——软件工程。

软件工程学科经历了以下几个主要发展历程。

(1) 20 世纪 60 年代:出现"软件危机"。

1968 年由北大西洋公约组织召开的"软件工程"大会成为软件工程学科诞生的标志。由于"软件危机"的产生,迫使人们不得不研究、改变软件开发的技术手段和管理方法。从此,软件开发进入了软件工程时代。

(2) 20 世纪 70 年代:程序设计方法学成为研究热点。

如果开发的软件隐含错误,可靠性得不到保证,那么在运行过程中很可能对整个系统造成十分严重的后果。为了最大限度避免程序中的隐含错误,一方面需要对程序设计方法、程序的正确性和软件的可靠性等问题进行系列的研究;另一方面需要对软件的编码、测试、维护和管理的方法进行研究,从而产生了程序设计方法学。

在程序设计方法学中,结构化程序设计占有十分重要的地位。在这一阶段出现的结构化程序设计将大规模的和复杂的程序流程用几种标准的控制结构(顺序、分支和循环)绘制的流程图来表示,使得编写出的程序结构清晰,容易理解、验证和修改。

(3) 20 世纪 80 年代:软件开发方法学成为研究热点。

在这一时期,CASE 工具成为热点,面向对象技术开始出现并逐步流行。在软件工程理论的指导下,发达国家已经建立起较为完备的软件工业化生产体系,形成了强大的软件生产能力。软件标准化与可复用性得到了工业界的高度重视,在避免重复劳动、缓解软件危机方面起到了重要作用。

(4) 20 世纪 90 年代:软件复用和构件技术受到关注。

在这一阶段,基于构件的软件开发方法成为主流技术之一。开发人员在完成体系结构设计后,并不立即开始详细设计,而是确定哪些部分可由构件组装而成。软件复用和软件构件技术被视为解决软件危机的一条现实可行途径。

当今世界,信息技术日新月异,数字化、网络化、智能化深入发展,软件所依赖的计算平台也发生了巨大变化,软件与软件工程的理论、方法、技术等也随之不断变化,成为新一代信息技术的重要研究方向。

1.2 软件工程知识体系

1. 软件工程定义

一直以来都缺乏一个统一的软件工程定义,很多学者和组织机构分别给出了自己的定义。

- 软件工程大师 Barry Boehm 给出的定义:运用现代科学技术知识来设计并构造计算机程序,并为开发、运行和维护这些程序提供必需的相关文件资料。
- Fritz Bauer 在 NATO 会议上给出的定义:建立并使用完善的工程化原则,以较经济的手段获得能在实际机器上有效运行的可靠软件的一系列方法。
- 《计算机科学技术百科全书》给出的定义:软件工程是应用计算机科学、数学、工程科学及管理科学等原理,开发软件的工程。软件工程借鉴传统工程的原则、方法,以提高质量、降低成本和改进算法。其中,计算机科学、数学用于构建模型与算法,工程科学用于制定规范、设计范型、评估成本及确定权衡,管理科学用于计划、资源、质量、成本等管理。

目前,对"软件工程"认可较多的一种定义:软件工程是研究和应用如何以系统性的、规范化的、可定量的过程化方法开发和维护软件,以及如何把经过时间考验而证明正确的管理技术与当前能够得到的最好的技术方法结合起来。

由软件工程的定义可以发现:软件工程是一门交叉性学科,需要应用计算机科学、数学及管理科学等原理,以工程化的方法开发软件。

2. 软件工程知识体系指南

1993 年,电气与电子工程师协会(Institute of Electrical and Electronics Engineers,IEEE)计算机协会和美国计算机协会(Association for Computing Machinery,ACM)联合发起为软件工程职业化制定相应的准则和规范,作为产业决策、职业认证和课程教育的依据,启动了"软件工程知识体系指南"(Guide to the Software Engineering Body of Knowledge,SWEBOK)项目。经过稻草人阶段(1994—1996 年)、石头人阶段(1998—2001 年)和铁人阶段(2003—2004 年),先后在 2001 年推出了 SWEBOK 第 1 版,2004 年推出了 SWEBOK 第 2 版,2014 年发布了 SWEBOK 第 3 版。

SWEBOK 的建立极大地推动了软件工程理论研究、工程实践和教育的发展。本书基于2014 年发布的 SWEBOK V3 对软件工程知识体系进行一个简要介绍。

SWEBOK V3 将软件工程知识体系划分为 15 个知识域(Knowledge Area),涉及 7 个相关学科,如图 1-1 所示。

在图 1-1 中,软件工程知识体系分为两大类,一类是 11 个软件工程实践知识域,包括软件需求、软件设计、软件构造、软件测试、软件维护、软件配置管理、软件工程管理、软件工程过程、软件工程模型和方法、软件质量和软件工程职业实践;另一类是 4 个软件工程教育基础知识域,包括软件工程经济学、工程基础、计算基础和数学基础。软件工程知识体系的 7 个相关学科包括计算机工程、计算机科学、管理、数学、项目管理、质量管理和系统工程。

3. 软件工程方法论

在软件开发过程中,为了避免项目陷入不可控的状况,采用必要的软件工程方法论是不可或缺的。软件工程方法论遵循普遍行为和规则逐步推进软件构建,使用软件工程方法论,能够使开发人员在软件开发过程中少走弯路、错路,提高软件开发效率。

软件需求
软件设计
软件构造
软件测试
软件维护
软件配置管理
软件

软件工程实践知识域（11个）

软件工程知识体系

软件工程教育基础知识域（

计算机工程
计算机科学
管理

软件工程

管理
…管理
…统工程

…大学科

　　软件工程方法论包… 技术方法，回答"怎样… 框架，它规定了完成… 或半自动的软件工… 对软件工程方法…

…法是完成软件开发各项任务的 …软件所需要完成的一系列任务的 …法完成各项任务而提供的自动的 …别介绍软件工程方法论的三要素。

…开发方法
…对象开发方法
…化开发方法
…捷开发方法

瀑布模型
增量模型
螺旋模型
喷泉模型
快速原型模型
统一过程模型

方法论三要素

工具（1.5节）

需求分析与设计阶段工具
编码阶段工具
测试阶段工具

图 1-2　软件工程方法论内容框架

1.3　软件工程方法

软件工程方法为构造软件提供技术上的解决方案,这些方法依赖于一组基本原则,覆盖了调研、需求分析、软件设计、编码、测试和维护等软件生命周期的各阶段。目前使用最广泛的方法是结构化软件工程方法和面向对象软件工程方法。软件编码阶段有专门介绍各种编程语言的书籍,软件测试阶段有专业的软件测试书籍,维护阶段更多地考虑软件产品的实际使用情况和客户的新增需求等,本书将重点介绍软件的需求调研、需求分析、软件设计这三个阶段。为了保持软件工程理论的完整性,对其他阶段的核心内容也将进行概要性的介绍。

1. 结构化软件工程方法

20世纪60年代初提出了结构化编程方法,20世纪70—80年代提出了结构化分析和设计方法,逐步演化形成了传统的软件工程开发方法——结构化开发方法,又称为“生命周期法”。结构化开发方法采用系统工程的思想和工程化的方法,按用户至上的原则,结构化、模块化、自顶向下地对信息系统进行分析与设计。该方法严格按照信息系统开发的各个阶段开展工作,每个阶段都产生一定的成果,通过评估后再进入下一阶段工作。

一般来说,结构化开发方法主要适用于组织结构相对稳定的企业,适合于数据处理领域的问题。这些企业往往业务处理过程规范、信息系统数据需求非常明确,在一定时期内需求变化不大。结构化开发方法不适合解决大规模的、特别复杂的项目,且难以适应需求的变化。

结构化软件工程方法是一种面向数据流的开发方法,其基本思想是软件功能的分解和抽象。围绕软件生命周期的核心阶段,结构化软件工程方法的核心内容由结构化分析、结构化设计和结构化编程构成,如图1-3所示。本书重点介绍结构化分析和结构化设计两个阶段。

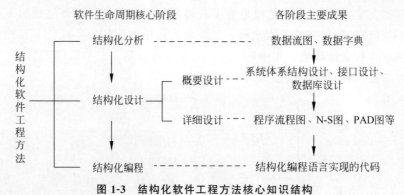

图1-3　结构化软件工程方法核心知识结构

1) 结构化分析

结构化分析是一种面向数据流的分析方法,主要描述“系统做什么”。在结构化分析中,按照系统中数据处理的流程,用数据流图来建立系统的功能模型,从而完成需求分析工作。分析阶段的成果主要是数据流图和数据字典。

2) 结构化设计

结构化设计是在结构化分析成果的基础上开展的,主要描述“系统怎么做”。结构化设计包括概要设计和详细设计两个阶段。结构化概要设计从结构化分析阶段产生的数据流图、数据字典出发,完成系统体系结构设计、接口设计和数据库设计。系统体系结构设计的成果主要是功能模块结构图,明确每个模块的功能、接口以及模块间的调用关系,从而确定软件系统的结构。针对概要设计阶段生成的模块结构图,结构化详细设计对每一个模块的内部结构及算法进行阐述,可以使用程序流程图、N-S 图、PAD 图和 PDL 等工具设计每个模块的实现细节,从而确定应该怎样具体地实现目标系统。

3）结构化编程

结构化编程是在结构化详细设计成果的基础上,选用一种结构化编程语言,使用三种基本控制结构（顺序、选择和循环）来完成程序的编写,构造出一个能被计算机理解和执行的系统。

2. 面向对象软件工程方法

为了克服结构化软件工程方法存在的复用性差、难以满足用户不断变化的需求等缺点,面向对象软件工程方法越来越得到广泛重视和应用。面向对象的思想更贴近于人类看待世界的思维方式,它把软件系统看作一个通过相互配合来完成某项任务的"对象"集合,在此基础上构建软件系统。

自 20 世纪 60 年代开始,面向对象的基本思想最早出现在面向对象程序设计语言 Simula 67 中。20 世纪 80 年代到 90 年代中期,随着多种面向对象程序设计语言（C++、Java 等）的广泛应用,面向对象思想从编程扩展到分析、设计等整个软件生命周期阶段,逐渐形成了面向对象软件工程方法（Object-Oriented Software Engineering,OOSE）。

面向对象软件工程方法是一种面向对象的开发方法,其基本思想是将现实世界中的事物抽象为"对象"。围绕软件生命周期的核心阶段,面向对象软件工程方法的核心内容由面向对象分析、面向对象设计和面向对象编程构成,如图 1-4 所示。本书重点介绍面向对象分析和面向对象设计两个阶段。

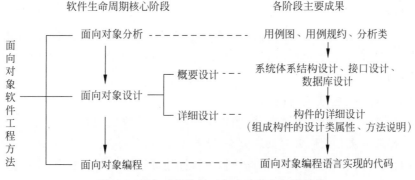

图 1-4　面向对象软件工程方法核心知识结构

1）面向对象分析（Object-Oriented Analysis,OOA）

虽然面向对象分析方法和结构化分析方法有很大不同,但它们的任务都是确定系统要"做什么"。面向对象分析阶段主要是根据前期的系统需求调研归纳和抽象出系统相关参与者,描述参与者通过系统完成的任务,通过用例图和用例规约完成用例建模,并进一步识别用例规约描述过程中的分析类。

2）面向对象设计（Object-Oriented Design,OOD）

面向对象分析阶段完成后,就进入面向对象设计阶段。在此阶段,首先根据系统特点、运行环境、安全性和访问效率等各种因素完成系统体系结构设计（例如：单机版的软件系统开发和基于 Web 的软件系统开发,它们的体系结构设计方案就完全不同）；然后在分析类的基础上构建需要数据持久化的数据模型,完成数据库设计；对分析类进行修改、完善获得设计类图,使设计类图满足实现系统功能所需的类交互；根据用例模型完成各种类型的接口设计；最后对设计类图中的各个类进行定义,说明其全部属性和方法。

3) 面向对象编程(Object-Oriented Programming,OOP)

面向对象编程是在面向对象设计的基础上,使用具体的开发语言将设计阶段的设计模型映射为计算机编程结构的过程。大部分编程代码需要人工来完成,也可以使用代码自动化生成工具,根据设计类图自动生成类代码。

1.4　软件过程

1.4.1　软件生命周期

在软件构造和后期运行维护过程中,会经历一些特定的阶段,在每个阶段都会由不同的人来完成不同的任务。如果软件工程师按照个人的经验、习惯和喜好的方式去完成任务,由于任务阶段不同步、表示方法不一致等原因,会造成团队成员难以沟通,从而导致项目时间不断拖延,甚至项目最终失败的结果。

软件也是一种产品。如果从产品的角度看待软件,那么它也应当有一个从创意到生产、使用、维护的过程。软件工程学从硬件工程和其他人类工程中吸收了许多成功的经验,对软件产品明确提出了"软件生命周期"的概念。软件生命周期又称软件生存周期,通俗地讲,"软件生命周期"就是软件从无到有,再从有到无的整个过程。在《计算机软件产品开发文件编制指南》(GB 8567—1988)中有如下说明:一项计算机软件,从出现一个构思之日起,经过这项软件开发成功投入使用,直到最后停止使用,并被另一项软件代替之时止,整个过程被认为是该软件的一个生命周期。

软件生命周期一般分为以下 6 个阶段:需求定义与可行性研究阶段、需求分析阶段、软件设计阶段、编码实现阶段、软件测试阶段和运行与维护阶段。下面简要介绍软件生命周期各个阶段所要完成的基本任务。

1. 需求定义与可行性研究阶段

首先对客户需求进行一个整体概述,明确定义项目要解决的问题,确定系统开发目标,给出解决问题的候选方案。然后针对候选方案,从技术可行性、经济可行性和社会可行性等多个角度,进行项目的可行性分析。最后根据项目可行性论证结论来决定是否立项。

2. 需求分析阶段

需求分析阶段主要对客户的需求进行详尽调研,对调研资料进行分析,确定系统最终要做什么。在此阶段只关心系统的功能和业务,无需关心与计算机实现相关的内容。通过本阶段识别出系统最终需要开发的全部内容,形成需求规格说明书。经客户确认后,需求规格说明书将作为后续系统设计与开发的依据,同时也是最后系统评估、验收的依据。

3. 软件设计阶段

在需求分析阶段,明确了系统要做什么。而在软件设计阶段,就要进一步明确怎么做。软件设计阶段是将需求规格说明书转换为一个软件实施设计方案的过程。软件设计阶段一般又细分为两个阶段:概要设计和详细设计。

4. 编码实现阶段

软件开发的最终目标是产生能够在计算机上执行的程序代码。本阶段的主要任务是将软件设计阶段的实施设计方案通过编码实现。前面的需求分析阶段、软件设计阶段都是为了使编码工作能够有序推进而做的前期准备工作。

5. 软件测试阶段

软件测试是防止软件投入运行后出现缺陷与故障、保证软件质量的重要手段。本阶段的主要任务是在软件投入使用之前对软件需求分析、软件设计、编码实现进行审查，以期发现其中的错误。

6. 运行与维护阶段

在软件开发完成并交付使用后，进入软件运行与维护阶段。在此阶段，软件可能由于各种原因需要修改，以保证软件投入使用后在相当长的一段时间内能正常工作。维护工作一直贯穿于软件的运行与维护阶段，直到软件被废弃停止使用，软件生命周期结束为止。

1.4.2　软件过程模型

"软件生命周期"概念提出：软件产品的开发需要遵循一定的过程。软件过程模型是软件开发全部过程、活动和任务的结构框架，它能直观表达软件开发全过程，明确规定要完成的主要活动、任务和开发策略。软件过程模型将软件生命周期的各个阶段按照某种约束进行排列，用一定的工作模型来规范各项任务，目标是使软件生命周期中的各项任务能够有序进行，最终实现软件产品的构建。

因此，软件过程模型从直观上看至少体现两个要素：一个是一组软件开发活动；另一个是活动的顺序和流程。在讨论软件过程模型时，还需要描述每个软件开发活动的产出物、每个活动参与其中的角色、每个活动执行之前必须满足的前置条件和执行之后的后置条件。本节将介绍几个通用的软件过程模型，重点呈现过程模型的框架，不讨论过程模型中每个软件开发活动的细节。

1. 瀑布模型

瀑布模型是最早提出的软件过程模型，它被称为经典的软件生命周期模型。在瀑布模型中，软件生命周期的各项软件开发活动按顺序依次出现，上一项活动完成后的活动产出物传递给下一项活动，形如瀑布流水，如图 1-5 所示。

特点：

（1）瀑布模型具有顺序性和依赖性，必须等上一项活动完成后才能进行下一项活动，前一项活动结束的产出物是下一项活动开始的输入条件。

（2）瀑布模型推迟了软件进入编码实现阶段的时间，在编码活动前设置了需求分析和软件设计的

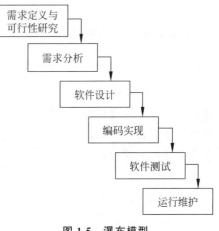

图 1-5　瀑布模型

阶段，以保证在扎实的前期工作基础上开展编码活动，避免进入编码阶段后大量地推翻重来，从而避免软件危机的产生。

（3）瀑布模型要求每一项活动完成后都必须提交规定的文档，以此作为客户与开发方之间、开发方软件开发人员之间沟通的依据。同时要在每一项活动结束前对文档进行评审以便尽早暴露问题、改正错误，从而保证软件的高质量交付。由于在瀑布模型的各个阶段都产生了大量的文档，因此瀑布模型也被称为"文档驱动方法"。

优点：

瀑布模型最早明确规定了软件开发过程必须经历的阶段，它作为早期软件项目管理的工具，为当时的项目管理人员提供了一个准确描述软件产品当前所处阶段的表达方式。同时，将

分析阶段、设计阶段与编码阶段进行区分,可以使软件开发人员在早期能够专注于软件系统框架的搭建,避免过早陷入编码实现细节中。各个阶段产生的文档使得软件投入使用后易于维护。

缺点:

在实际的软件开发活动中,客户常常对需求的描述不全面或不准确,而瀑布模型决定了软件开发人员只在需求分析阶段和交付阶段与用户进行有限的交互。当软件交付时,客户往往会发现实际的软件产品与停留在头脑中、文档中的产品并不完全一致,此时再去修改软件就会付出比较高昂的时间成本和经济成本。

适用场合:

瀑布模型适合用户需求非常明确,能够将所有功能、性能需求一次性全部列出的软件系统。

2. 快速原型模型

当用户需求不明确时,客户期望开发方能够根据给出的初步需求描述提供一个可供双方继续深入讨论的系统概貌,快速原型模型就可以满足用户的此种需求,如图 1-6 所示。

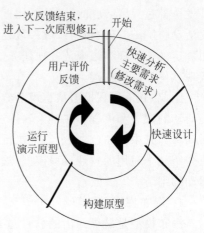

图 1-6　快速原型模型

在图 1-6 中,快速原型模型的中心思想是:首先通过快速分析主要需求、快速设计,构建一个能够反映用户主要需求的原型,让用户通过试用原型来了解未来系统的概貌,以便对系统进行评估、提出修改意见;然后根据用户的评价反馈,软件开发人员对需求和设计进行修改,通过对原型进行反复修正改进,最终建立符合用户要求、最接近用户真实需求的原型系统。

特点:

虽然原型可以作为一个独立的软件过程模型,但更多时候是作为一种技术,可以应用在本章讨论的任何一种过程模型中。当客户需求模糊的时候,快速原型能够帮助软件开发人员和客户更好地确认真实的需求。当原型达到这个目标后,大部分原型系统会被废弃,某些原型系统会在此基础上演化为最终交付的实际系统。

优点:

快速原型模型能够帮助客户明确定义需求,并在迭代修改的过程中使客户对未来的软件产品有清晰的概貌认识。

缺点:

(1) 为了快速构建原型,软件开发人员并没有考虑软件整体质量和长期的可维护性。而客户看到在如此短的时间内就搭建起了系统框架,很可能会认为对软件稍加修改就可以投入运行,甚至会认为这个软件产品并不值得付出原定的时间和经济成本。

(2) 初期为了使原型能快速运行起来,软件开发人员所选择的代码工具和系统底层框架设计都很粗糙,使后期的稳定性和架构优化会有很大的阻力。因此,原型往往需要在确定需求之后被丢弃(或者部分丢弃)。

适用场合:

快速原型模型适合于用户需求不是很明确或者初创期的产品。例如:当一个创业公司需要为一个软件系统吸引投资时,如果只有一摞停留在设计理念的文档,就难以达到融资的目的。因为绝大部分投资人都希望看到产品的初始模型,当对软件产品的功能有了直观感受后,再来决策是否进行投资。

3. 增量模型

增量模型可以看作将瀑布模型的顺序性与快速原型模型的迭代性相结合的产物。它把软件分解为一组增量组件,每个增量组件都遵循瀑布模型,遍历每个阶段,如图 1-7 所示。在图 1-7 中,首先开发的是包含了客户迫切需要的系统核心需求的组件,完成部署后作为第 1 个版本交付给客户,在第 1 个版本的软件产品开发过程中,在某个恰当的时刻同步并发开始增量组件的开发过程,增量组件开发完成后,交付第 2 个版本。交付的第 2 个版本是在第 1 个版本的基础上增加了增量组件完成的功能,依此类推,直到实现客户的最终目标。

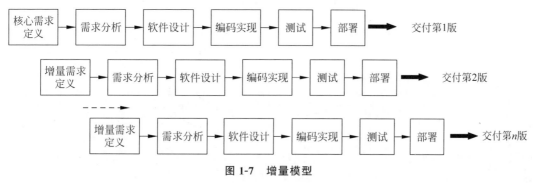

图 1-7　增量模型

特点:

增量模型同时拥有线性过程流和并行过程流。每个增量模型的开发都使用了线性过程,每个线性过程都生产出可交付的增量产品。并行的 n 个增量过程流在时间上有重叠部分。因此,增量模型主要存在两个难点,一是将一个大型的复杂软件如何分解为合适大小的增量组件;二是在并行的增量组件开发过程中,从何时可以开始并发。这些都需要对客户的需求有深入的了解,对开发过程和进度有丰富的经验才能给出合适的方案。

优点:

第一个增量组件具备客户要求的核心功能,能够让客户在短时间内先用上第 1 版软件,以满足基本需求。

缺点:

增量模型由于需要在前一个版本的基础上进行功能的不断扩展和细化,所以对软件体系结构设计的扩展性有很高的要求。

适用场合:

适用于客户的初始需求比较明确,需要在较短的时间提供给客户一个拥有核心功能的软件产品。目前,基于互联网的软件产品更新迭代速度很快,软件开发多采用增量模型。开始时只提供基础的功能,后期随着客户新增的需求功能不断丰富。例如:支付宝最初的基本功能是一个第三方支付平台,后来又陆续增加了充值缴费、医疗健康、财富管理、蚂蚁森林等功能。

4. 螺旋模型

螺旋模型是在结合瀑布模型与快速原型模型的基础上增加了风险分析形成的。螺旋模型基本的做法是在"瀑布模型"的每一个开发阶段之前,引入非常严格的风险识别、风险分析和风险控制。直到采取了消除风险的措施之后,才开始计划下一阶段的开发工作。否则,项目就很可能被取消。螺旋模型如图 1-8 所示。

螺旋模型沿着螺线进行若干次迭代循环,每一次循环都是对某一个阶段目标的迭代遍历,

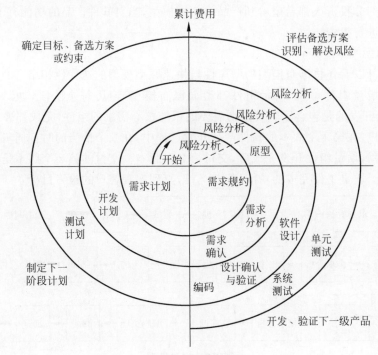

图 1-8 螺旋模型

对图 1-8 中四个象限的一次典型遍历过程如下。

(1) 确定螺旋中每次循环的目标、备选方案,明确项目开发的约束条件。

(2) 识别和评估备选方案中的风险,对每个阶段进行风险分析。

(3) 采取措施降低实现目标的风险,当风险大幅度降低时,执行开发任务并验证目标的实现。

(4) 本阶段任务完成后,制定下一阶段计划。

特点:

螺旋模型是由风险驱动的软件过程方法,它通过对一组目标的连续迭代来降低项目风险。它有两个特点:

(1) 采用循环的方式逐步加深系统定义和实现的深度,同时降低风险。

(2) 确定了一系列阶段性目标,确保针对每一个阶段性目标,项目开发过程中的相关利益者都认可目前的方案是可行的和令人满意的系统解决方案。

优点:

与瀑布模型相比,螺旋模型支持用户需求的动态变化,为用户参与软件开发的所有关键决策提供了方便,有助于提高目标软件的适应能力,为项目管理人员及时调整管理决策提供了便利,从而降低了软件开发风险。

缺点:

(1) 软件开发人员采用螺旋模型需要具有相当丰富的风险评估经验和专业知识,擅长寻找可能的风险,准确地分析风险,否则将会带来更大的风险。但并非所有的软件开发人员都受过风险识别和风险分析方面的培训或有相关的经验。

(2) 过多的迭代次数会增加开发成本,延迟提交时间。

适用场合:

螺旋模型适用于庞大而复杂、具有高风险的内部系统。对于具备这种特点的系统,风险是软件开发潜在的、不可忽视的不利因素,但与此同时,如果执行风险分析的成本将大大影响项目的利润,那么进行风险分析毫无意义。螺旋模型强调风险分析,但要求许多客户接受和相信这种分析,并做出相关反应是不容易的,因此,它更适合于内部系统开发。

5. 统一过程模型

20世纪90年代早期,James Rumbaugh、Grady Booch 和 Ivar Jacobson 开始研究"统一方法",在他们关于统一过程(Unified Process,UP)的著作中,阐述了有必要建立一种"用例驱动,以架构为核心,迭代并且增量"的软件过程。统一过程认识到与客户沟通的重要性,并且从用户的角度来描述系统。

由 IBM 公司收购的 Rational 公司开发了一个被称为 Rational 统一过程(Rational Unified Process,RUP)的软件过程框架。RUP 起源于 1997 年的 Rational 对象过程和统一建模语言(Unified Modeling Language,UML),RUP 框架体现了 UP 的精髓,即"用例和需求驱动、以体系结构为中心、迭代和增量"。RUP 模型如图 1-9 所示。在图 1-9 中,RUP 有 9 个核心工作流和 4 个工作阶段。

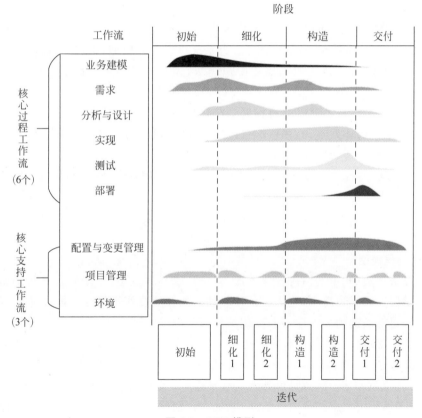

图 1-9　RUP 模型

1) 核心工作流

RUP 的 9 个核心工作流包括 6 个核心过程工作流和 3 个核心支持工作流。

(1) 业务建模:定义组织的过程、角色和责任,用业务用例为业务过程建立模型。

(2) 需求:描述系统应该做什么,并使开发人员和客户就这一描述达成共识。为了达到该目标,要明确软件系统的功能需求和非功能需求(约束条件)。

(3) 分析和设计:将需求进行分析和细化,建立分析模型,并将其转化成系统的设计模型。

（4）实现：用程序语言把设计模型实现为目标系统（具体过程包括：以层次化的形式定义代码的组织结构；以组件的形式实现类和对象；对开发出的组件进行单元测试；把组件集成到可运行的系统中）。

（5）测试：验证对象间的交互作用，验证软件中所有组件的正确集成，检验所有的需求是否已被正确地实现，识别缺陷并确认缺陷在软件部署之前被提出并处理。

（6）部署：成功地生成版本并将软件分发给最终用户。

（7）配置和变更管理：描绘如何在多个成员组成的项目中控制大量的产物，提供准则来管理演化系统中的多个变体，跟踪和维护软件创建过程中的版本，确保版本的完整性和一致性。

（8）项目管理：平衡各种可能产生冲突的目标，管理风险，克服各种约束并成功交付使用户满意的产品。其目标包括：为项目的管理提供框架，为项目制定计划、人员配备、执行和监控等方面提供实用的准则，为风险管理提供框架等。

（9）环境：向软件开发组织提供软件开发环境，包括过程管理和工具支持。

2）工作阶段

RUP 中的软件生命周期在时间上被分解为 4 个顺序的阶段。

（1）初始阶段——初始阶段的目的是：为系统建立业务模型，提出系统大致的架构，制定开发计划，确定项目的边界并初步描述用户需求，识别各种资源，评估主要风险，制定进度计划。

（2）细化阶段——细化阶段的目标是：在初始用户需求描述的基础上扩展分析问题领域，设计并确定系统的体系结构，评审项目计划以确保项目边界、风险和交付日期的合理性，根据评审结果对计划进行修订。

（3）构造阶段——在构造阶段，开发所有的构件和应用程序，将它们集成为客户所需的产品并详细测试所有功能。

（4）交付阶段——在交付阶段，把开发出的软件产品交付给用户，重点是确保软件系统能够满足客户需求。

6. 敏捷过程模型

在现代经济生活中，市场情况变化迅速，客户需求不断变更，一个软件系统通常很难做到一开始就能全面满足客户需求，也无法预测软件将如何随着外部条件变化而演变。因此，软件过程必须设法足够敏捷地去响应不断变化的外部环境。

在此背景下，20 世纪 90 年代后期出现了一些不同于传统的、被称为"敏捷过程"的软件开发方法。虽然敏捷过程模型的形式各异，但都强调一些共同的理念。敏捷软件工程的核心理念包括如下几点：不断发布客户满意且可部署的软件版本；小而高度自主的项目团队；非正式的方法；整体精简开发。开发的指导方针强调：发布可以超越分析和设计（并不是否定和排斥这些传统开发阶段），开发人员和客户之间应该保持主动和持续的沟通（与瀑布模型形成鲜明对比）。

2001 年，敏捷联盟共同签署了"敏捷软件开发宣言"。敏捷软件开发宣言的 4 条核心价值观如下：

（1）"个体和互动"高于"流程和工具"。

（2）"工作的软件"高于"详尽的文档"。

（3）"客户合作"高于"合同谈判"。

（4）"响应变化"高于"遵循计划"。

也就是说，上述价值观中，位于"高于"右边的各项虽然也很有价值，但是左边的各项被认

为具有更大的价值。

除此之外,敏捷软件开发宣言还提出了12条敏捷原则,它们已经应用于管理大量的业务以及与IT相关的项目中。12条敏捷原则包括:

(1) 最高优先级是通过尽早和持续交付有高价值的软件以满足客户需要。

(2) 即使在开发阶段的后期也要积极面对需求变化,敏捷过程就是通过变化来让客户获得竞争优势。

(3) 频繁交付可运行的软件,从数月到数周,交付周期越短越好。

(4) 在项目开发过程中,业务人员、开发人员必须每天在一起工作。

(5) 以积极的开发人员为核心构建项目,为他们提供所需的环境和支持,信任他们可以把工作做好。

(6) 最有效的、最高效的沟通方法是面对面的交谈。

(7) 可运行的软件是衡量进度的首要标准。

(8) 敏捷过程倡导可持续开发过程。客户、开发人员、用户要能够共同、长期维持一个稳定的步调。

(9) 持续地追求技术卓越和良好的设计,以此增强敏捷的能力。

(10) 简单(尽可能减少不必要的工作)是敏捷过程的根本。

(11) 最佳架构、需求和设计都来自自组织型的团队。

(12) 团队要定期反思如何提升效率,并调节和调整自己的工作方式。

根据上述核心价值观和原则提出的软件过程统称为敏捷过程。

深入思考1.2 在企业实践中,经常使用敏捷过程、极限编程和SCRUM这些词汇,它们之间的关系是什么?

参考答案:

极限编程是知名的敏捷开发过程,SCRUM是经典的极限编程。

层次关系从大到小是:敏捷过程>极限编程>SCRUM。

详情请参见微课视频1-2。

1.4.3 软件过程评估模型

多年来,软件行业一直认可软件开发过程的重要性,认可软件过程是保证软件产品成功开发的基石。通常,通过评估软件开发组织的软件过程来评价其软件开发能力,成熟的软件过程意味着该组织具有较高的软件开发能力。软件过程评估就是基于软件过程模型对软件开发组织使用的软件过程进行的严格检查。

1. 软件过程成熟度概念

软件过程成熟度是指一个具体的软件过程被明确地定义、管理、评价、控制和产生实效的程度。软件过程成熟度表明了软件开发组织实施软件过程的实际水平。软件过程成熟度的提高带来的是软件过程能力的提高,进而使软件的质量、生产率和生产周期得到改善。表1-2从几方面对比了软件过程成熟和不成熟的特点。

表 1-2 软件过程成熟与不成熟的对比

对比方面	软件过程成熟	软件过程不成熟
软件过程能力	能达到预期结果,并在过程中不断提高自身能力	不能按预定计划开发出客户满意的产品,项目大大拖延、费用严重超出预算

续表

对 比 方 面	软件过程成熟	软件过程不成熟
过程性能的可预见性	积累了以往项目的大量历史数据,对开发进度、开发成本、软件产品质量能作出准确的估计	对进度和预算估计、产品质量的目标缺乏历史数据和有效方法的客观基础,开发的进度、成本和产品的质量都难以预测
过程的可视性	软件开发组织的能力是已知的,软件定义过程清晰。过程的每个阶段进出的标准、执行的方法和规则清楚,人员分工职责清晰	软件过程缺乏定义、缺乏文档和缺乏跟踪,在整个软件过程中,不清楚每个阶段进出的标准、执行的方法和规则
过程的稳定性	人员的各项活动都遵循一个制定好的规范化过程	实际的、具体的操作过程是在一个项目开始后临时拼凑而成,每个项目都不一样
过程的主动性	根据已有的知识主动对发生的问题进行分析和处理	过程被动,缺乏改进的主动性

多年来软件行业的发展使人们认识到要高效率、高质量和低成本地开发软件,必须改善软件过程,软件过程改善是当前软件管理工程的核心问题。软件管理工程走过了一条以过程为中心向以面向对象技术、面向构件技术的发展为基础的真正软件工业化生产的道路。软件工业已经或正在经历着向"软件的工业化"渐进过渡的过程。规范的软件过程是软件工业化的必要条件。

位于卡内基-梅隆大学研发中心的软件工程研究所(Software Engineering Institute,SEI)一直以来致力于倡导、推动和促进软件过程,它的核心目标是"帮助其他人对他们的软件工程能力做出可度量的改进"。软件能力成熟度模型(Capability Maturity Model,CMM)和软件能力成熟度集成模型(Capability Maturity Model Integrated,CMMI)都是由 SEI 提出的,是目前国际上流行的软件生产过程标准和软件企业成熟度等级认证标准,并成为业界事实上的软件过程的工业标准。

2. CMM

CMM 是一个用于帮助软件组织定义它在软件开发方面成熟度水平的框架,侧重于软件开发过程的管理及工程能力的提高与评估。CMM 基于持续改进的观点将软件过程成熟度分为 5 个等级:第 1 级为初始级,第 2 级为可重复级,第 3 级为已定义级,第 4 级为已管理级,第 5 级为优化级。CMM 如图 1-10 所示。

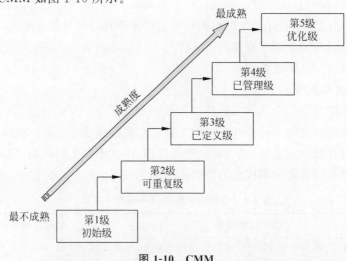

图 1-10　CMM

在图 1-10 中,等级越高,说明软件生产能力越成熟,即软件开发能力越强。

第 1 级是初始级:组织工作无序。

软件开发组织在项目进行过程中常放弃或修改最初的计划,缺乏健全的管理制度。项目成功主要依靠项目负责人的经验和能力,开发项目成功的可复制性很低。

第 2 级是可重复级:掌握了关键的项目管理相关过程。

软件开发组织建立了基本的管理制度和规程,初步实现了标准化,开发工作有章可循且能较好地按标准实施。新项目的计划和管理基于过去的实践经验,具有重复以前成功项目的环境和条件。

第 3 级是已定义级:掌握了软件构造相关的主要过程以及项目管理相关的附加过程。

软件开发组织在开发过程中的技术工作和管理工作两方面均已实现标准化、文档化。建立了完善的培训制度和专家评审制度,全部技术活动和管理活动均可控制。

第 4 级是已管理级:实现了定量的过程管理和软件质量管理。

软件开发组织在软件产品和过程方面已建立了定量的质量目标。开发活动中的生产率和质量是可度量的,可以进行定量管理。

第 5 级是优化级:具备持续的过程改进。

软件开发组织拥有防止出现缺陷、识别薄弱环节以及加以改进的手段,有能力采用新技术、新方法来应对变更和改进过程。

CMM 为软件开发组织的过程能力提供了一个阶梯式的改进框架,它提供了一个基于过程改进的框架,指明了软件开发组织在软件开发方面需要管理哪些主要工作和这些工作之间的关系,指出了以怎样的先后次序,一步一步地做好这些工作从而使软件开发组织走向成熟。

任何软件开发组织所实施的软件过程总体上必然属于这 5 个等级中的某一个等级。因此,软件开发组织首先需要通过 CMM 了解自身所处的成熟度等级,然后从当前所处的等级出发,以紧邻的上一个等级为目标进行持续改进,这个过程通常需要一两年的时间,很少有组织在几个月的时间能够完成。

3. CMMI

2001 年,CMM 升级为 CMMI,实施 CMMI 的目的是:通过改进软件开发组织的过程来提高软件企业的开发效率和软件产品的质量,从而提高软件产品的可靠性。CMMI 涉及多方面,包括系统工程、集成化产品、软件工程以及供应商采购等。

CMMI 有两种表述方式:连续式和阶段式。

阶段式 CMMI 表示模型和 CMM 一样,有严格的级别限制,更适合于评估软件开发组织的成熟度。

连续式 CMMI 表示模型允许参与评估的组织以更加灵活的方式来对自己的过程进行评估。例如:在实施 CMM 时,软件开发组织有可能因为 3 级中有一个关键过程区域(Key Process Area,KPA)没有满足,即使很多 4 级的 KPA 都满足了,但最终评价结果仍然因为这个 3 级 KPA 不通过而停留在 2 级,从而为软件开发组织带来非常消极的影响。使用 CMMI 的连续模型,就可以选择需要的过程区域(Process Area,PA)分别评判级别,避免出现在 CMM 模型中只有一个 KPA 不达标就使得评估结果很低的局面,它给软件开发组织在进行过程改进的时候带来更大的自主性。

在连续模型中,包括四大类、共 25 个主要 PA,如表 1-3 所示。

对于 CMMI 连续模型,每个过程区域都具有 6 个级别,用 0~5 这 6 个数字来评估过程区域的能力等级,如表 1-4 所示。

表 1-3 连续式 CMMI 表示模型的 PA 分类

过程区域类型	过程区域（PA）
过程管理	1. 组织过程焦点 2. 组织过程定义 3. 组织培训 4. 组织过程绩效 5. 组织创新与部署
项目管理	1. 项目规划 2. 项目监督与控制 3. 供应商协议管理 4. 集成化项目管理 5. 风险管理 6. 集成化团队 7. 集成化供应商管理 8. 量化项目管理
工程	1. 需求开发 2. 需求管理 3. 技术解决方案 4. 产品集成 5. 验证 6. 确认
支持	1. 配置管理 2. 过程和产品质量保证 3. 测量与分析 4. 组织集成环境 5. 决策分析与解决方案 6. 因果分析与解决方案

表 1-4 连续模型的能力等级

能 力 等 级	名　　称
0	不完整级
1	已执行级
2	已管理级
3	已定义级
4	量化管理级
5	优化级

对于 CMMI 阶段模型,和 CMM 模型一样,用 1～5 这 5 个数字来评估组织的成熟度等级,如表 1-5 所示。

表 1-5 阶段模型的成熟度等级

能 力 等 级	名　　称
1	初始级
2	已管理级
3	已定义级
4	量化管理级
5	优化级

深入思考 1.3　CMMI 认证和软件工程师资格认证有什么区别?

参考答案:

CMMI 认证是针对企业的。如果一家公司最终通过 CMMI 的评估认证,标志着该公司的质量管理能力已经上升到一个新的高度。认证的等级越高,意味着该公司质量管理能力成熟度越高,做得越好。

软件工程师资格认证是针对个人的。它是对从事软件开发人员的一种职业能力的认证,通过软件工程师资格认证说明该开发人员具备了软件工程师的资格。

详情请参见微课视频 1-3。

1.5　软件工程常用工具

1. 业务分析、需求分析和系统设计建模工具

常用的业务分析、需求分析和系统设计建模工具有以下几种。

(1) Rational Rose:是由 Rational 公司推出的一种基于统一建模语言的可视化建模工具。为开发人员、项目经理、软件工程师等在软件开发周期的各个阶段提供各种模型支持。

(2) Microsoft Visio:是由微软公司开发的一款专业化的流程图绘制辅助工具,便于 IT 和商务人员就复杂信息、系统和流程进行可视化处理、分析和交流。Microsoft Visio 支持创建各种流程图、网络图、组织结构图、工程设计模型等图形。

(3) Enterprise Architect:一个系统开发全生命周期建模工具。通过内置的需求管理功能,可以构建从业务到分析、设计、实现、测试和维护的各阶段所需模型。

(4) Power Designer:是由 Sybase 公司出品的企业建模和设计解决方案,采用模型驱动方法,将业务与 IT 结合起来,可帮助部署有效的企业体系架构,并为研发生命周期管理提供强大的分析与设计技术。

2. 程序设计工具

常用的程序设计工具有以下几种。

(1) Eclipse、MyEclipse、IntelliJ IDEA:企业级 Java 集成开发环境。在智能代码助手、代码自动提示、重构、JavaEE 支持、各类版本工具(Git、SVN 等)、JUnit、CVS 整合、代码分析、创新的 GUI 设计等方面表现了出色的功能。

(2) Navicat:是一套可创建多个连接的数据库管理工具,用以方便管理 MySQL、Oracle、PostgreSQL、SQLite、SQL Server、MariaDB 和 MongoDB 等不同类型的数据库。

(3) Visual Studio Code:针对 Web 开发和云应用的跨平台源代码编辑器,可在桌面上运行,可用于 Windows、macOS 和 Linux 等多种操作系统。具有对 JavaScript、TypeScript 和 Node.js 的内置支持。

(4) Andriod Studio:安卓软件开发工具。提供了集成的安卓开发工具用于移动端软件开发和调试。

(5) Photoshop、Illustrator、Axure RP、After Effects:从事用户界面(User Interface,UI)设计必备的工具。

3. 测试工具

常用的测试工具有以下几种。

(1) Postman:接口测试工具。在进行接口测试的时候,Postman 相当于一个客户端,它可以模拟用户发起的各类 HTTP 请求,将请求数据发送至服务端,获取对应的响应结果,从而验证响应中的结果数据是否和预期值相匹配。确保开发人员能够及时处理接口中的错误,进而保证产品上线之后的稳定性和安全性。

(2) JIRA、禅道、Bugzilla、SVN:测试管理工具。

(3) LoadRunner、JMeter:软件性能测试工具。LoadRunner 是一种预测系统行为和性能的负载测试工具。通过模拟上千万用户实施并发负载及实时性能监测的方式来确认和查找问题,LoadRunner 能够对整个企业架构进行测试,是重量级工具;JMeter 是基于 Java 平台的性能开源测试工具。JMeter 最初的设计是用于 Web 应用测试,后来扩展到可用于静态和动态资源测试。

(4) JUnit:白盒测试工具。JUnit 是一个 Java 语言的单元测试框架。

(5) AppScan:Web 安全测试工具。它是 IBM 公司开发的一款 Web 安全扫描工具,可以利用爬虫技术进行网站安全渗透测试,根据网站入口自动对网页链接进行安全扫描,扫描之后会提供扫描报告和修复建议等。

◳◳ 习题 ◆

一、选择题

1. 下列属于系统软件的是( )。
   A. Oracle   B. Eclipse   C. 浏览器   D. CAD

2. 下列哪一项不是软件危机产生的原因?( )
   A. 用户需求不明确   B. 软件开发过程缺少质量监控管理
   C. 软件开发技术人员水平不高   D. 软件开发规模小

3. 下列哪一项不是软件工程使用到的主要学科?( )
   A. 计算机科学   B. 数学
   C. 社会学   D. 管理科学

4. 下列哪一项不属于软件工程方法学的三要素?( )
   A. 计算机   B. 过程   C. 方法   D. 工具

5. 下列哪一项不属于常用的软件工程方法?( )
   A. 结构化开发方法   B. 螺旋模型法
   C. 面向对象开发方法   D. 敏捷开发方法

6. 下列哪一项属于风险驱动的软件工程过程模型?( )
   A. 瀑布模型   B. 螺旋模型
   C. RUP   D. 增量模型

二、判断题

1. 软件就是程序。   ( )
2. "软件危机"是计算机软件在开发和维护过程中所遇到的一系列严重问题。   ( )
3. 软件工程概念正是在解决软件危机各种问题的过程中提出的。   ( )
4. 软件工程只需要应用计算机科学方面的知识。   ( )
5. SWEBOK V3 主要是介绍软件需求分析和设计的相关知识。   ( )
6. 敏捷开发方法主要适用于需求相对稳定的企业。   ( )
7. 面向对象方法能够一定程度上解决软件复用性差的问题。   ( )

8. "软件生命周期"就是软件从无到有的整个过程。　　　　　　　　　（　　）

9. 快速原型模型是最早提出的软件开发模型。　　　　　　　　　　（　　）

10. 软件过程成熟度表明了软件组织实施软件过程的实际水平。　　　（　　）

三、问答题

1. 一般软件生命周期可以分成几个阶段？简述每个阶段的作用。

2. CMM 分为几个等级？简述各个等级的特点。

第2章
CHAPTER 2
需求定义与可行性研究

第1章介绍了软件生命周期一般可以分成6个阶段。本书后面的章节将以软件生命周期的6个阶段为线索展开阐述。本章介绍软件生命周期的第1个阶段：需求定义与可行性研究阶段，核心内容概览如图2-1所示。

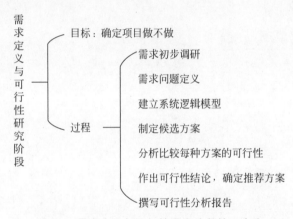

图 2-1　需求定义与可行性研究阶段核心内容

图2-1指明了需求定义与可行性研究阶段的目标和过程。此阶段的目标很明确，就是确定项目是否立项。首先通过需求初步调研，建立对客户需求的整体认识；明确项目要解决的问题，对需求问题进行定义，确定系统开发目标；建立系统逻辑模型；给出解决问题的几种候选方案；然后针对候选方案，从技术可行性、经济可行性、社会可行性等多个角度，进行项目的可行性研究。通过项目的可行性论证结论，来决定是否对该项目立项。

深入思考 2.1　软件的可行性研究中也有需求调研，它和需求分析中的需求调研重复吗？有什么区别？既然先做需求调研，那么需求分析不应该是在可行性研究之前吗？

企业观点：首先，给出结论：一定是可行性研究在前，需求分析在后。可行性研究是确定项目做不做的问题，只有当可行性研究阶段的结论是项目可行时，才能进入下一阶段，即需求分析阶段，确定项目做什么。其次，考虑到成本问题，可行性研究中的需求调研不可能做得很细致，只能是一个初步的需求调研。当可行性研究发现在给定资源的情况下，实现需求是可行的，就可以在可行性研究的初步需求调研基础上，进行需求分析阶段的详细需求调研。因此，这两者不是完全分割对立的，而是一个自然承接的过程。

详情请参见微课视频2-1。

深入思考 2.2　软件项目的可行性研究到底是由客户完成？还是由软件开发组织完成？

企业观点：可行性研究的任务由谁主导完成要区分不同的情况。对于大中型企业和政府部门(例如:银行、电信、民政局等),往往会建立自己的软件技术团队,当内部有软件开发需求时,会首先在内部进行软件项目可行性研究,在此过程中会与咨询公司或者软件开发组织密切沟通,寻求技术支持,给出初步的可行性研究方案。当可行性研究报告通过内部评审,决定项目立项后,对外招标,由中标单位执行下一阶段的任务。对于小型企业或者初创型企业,它们没有自己的软件技术部门,此时的项目可行性研究基本是由提供技术支持的软件开发组织为主导,由客户辅助来完成。

详情请参见微课视频2-2。

2.1 需求调研

可行性研究过程的第一步就是对准备研发的软件项目进行初步的需求调研。软件开发组织接到任务以后,首先要了解系统开发背景,了解客户基于什么样的需求提出构建系统的任务。在这个阶段,不需要进行详细的需求调研,沟通主要面向客户所属组织中的管理人员,了解来自高层的需求和愿景。本节提到的调研原则、方法、模板不仅适用于可行性研究的初步需求调研,也可以用于在软件生命周期各个阶段收集客户需求。

1. 初步调研目标与内容

开发新系统的需求往往来自对现有系统的不满,可行性研究的基础是对现有系统的调研和分析,目的是进一步阐明开发新系统或修改现有系统的必要性。

需要特别注意的是,这里所说的现有系统不一定是一个软件系统,也可能是一个手工系统。例如:在美团外卖、饿了吗等外卖平台出现之前,人们想从饭店订餐时,往往需要先打电话给饭店点餐,然后在家中等待通知取餐。下单者不知道什么时候能拿到餐食,往往需要多打几次电话进行沟通问询。虽然订餐业务流程落后,没有软件系统的参与,各个环节都依赖人力协调完成,但是也能实现饭店订餐的功能。另外一种情况是,现有系统是一个已经运行多年的软件系统,已不适应目前的业务需求,需要进行改造或者重建。

初步调研的一个重要目标就是搞清楚现有系统存在的问题,对客户提出的各种愿景进行识别分析,明确新系统的初步目标,为可行性研究提供基础。

初步调研应从宏观面着手,从全局把握现有系统的运行状况和新系统的改进目标,不要陷入需求细节中。

初步调研的重点主要包括以下两方面内容。

1)研究现有系统

首先了解现有系统所属的行业及所处的社会环境,然后了解现有系统主要能做什么。为了达到这个目标,调研主要从以下几方面展开。

(1)现有系统的核心业务流程。

(2)客户所在单位的组织架构及各部门在业务流程中的职责。

(3)业务流程中流动的数据信息及数据流情况。

(4)现有系统运转所需的外部资源和约束条件。

(5)当前业务流程中存在的问题及需要改进的环节。

2)确认新系统的规模和目标

根据现有系统的改进目标,针对新系统的调研主要从以下几方面展开。

(1) 确认改进后的业务流程所涉及的部门在新的业务流程中应承担的职责,并调研改进后的业务流程对于相关部门是否有执行困难。

(2) 确定新系统的边界,调研新系统中决策层和管理层对系统提出的具体功能需求和性能需求,明确系统整体开发目标。

(3) 了解组织架构各部门对新系统的态度、积极性和接受度,观察领导层的决心和组织内部人员的积极性。

(4) 调研开发运转新系统所需的人力、物力、时间限制、运行环境条件、外部接口等资源情况。

2. 调研原则

1) 自顶向下,由粗到细

需求调研工作应按照"自顶向下"的策略逐步细化展开。组织架构中按角色不同,可以分为决策层、管理层和操作层,针对不同层次用户,调研方向、调研内容及问题都是不一样的。调研时应先从决策层的顶层需求入手,然后再调研为实现顶层需求而产生的管理层需求,逐级向下推进,需求粒度由粗到细,直到了解执行层面的详细需求。

2) 全面展开,重点突出

需求调研需要全面了解各个组织部门的需求,总的原则是全面不遗漏。但是,软件系统的开发通常是由核心功能模块或核心子系统逐步展开,功能实现通常需要区分优先级。因此,在某一个阶段,可以把调研的重点放在目前待开发的软件功能模块或子系统上。

3) 计划周密,工作规范

对于调研人员来讲,不同客户所属的组织架构及组织内部间的关系都是不同的。因此,每次调研工作都要认真对待。在开展调研工作前,要把人、事、时间三个要素都事先计划好,调研方法及调研计划所需的调研人员表、调研安排表、调研问题表等表格统一规范,便于调研团队间的沟通。调研过程中产生的各种调研记录、会议纪要、图表、录音、视频、照片等纸质或电子版资料都应按软件开发组织的规范进行整理归档,以便后续工作查阅使用。

4) 实事求是,信息准确

调研的信息来源有多种渠道,有的来自文字资料,有的来自口头沟通。调研时应以严谨求实的作风,将多渠道的信息进行相互印证,力图准确把握客户的真实需求,为精确评估新软件系统实施的可行性打下基础。

5) 良好沟通,提升效率

软件开发组织与客户之间建立良好的沟通关系是做好需求调研的关键。客户所属组织内部的部门和人员对于新系统的开发所持看法不会完全一致,不能寄希望于各类人员都有积极配合的态度。调研人员主动同各个层面的客户保持良好的沟通十分重要,从而能够提高调研效率和质量。

3. 调研方法

需求调研主要采用以下几种方法。

1) 面谈法

面谈是了解客户需求和愿景最直接最有效的方法。一般情况下,软件系统要服务多种角色,每一种角色都应该派出代表参加面谈沟通。由于每一种角色的问题及需求都不相同,所以在调研前要做好计划,针对每一类调研对象设计不同的调研问题或调研提纲,使访谈调研做到不遗漏、不重复。

在面谈过程中,要把握好谈话的方向和节奏。不同类型的客户表达需求的能力是不同的,调研人员在谈话过程中要善于围绕交流重点,在倾听客户阐述的过程中,用引导性的问题进行发问,例如:"你处理的这个申请来自哪个部门?"或者"你处理完毕后,流程走到哪个部门进行下一步审批?""如果你认为可以省略这一步,相应的风险如何化解?",等等。

在面谈过程中,应本着实事求是的精神,对客户的谈话记录进行分析和质疑,不能一味地认为客户说的就是对的,不清楚的地方一定要追问求证。有时客户在交谈过程中的表述只是一个模糊的想法,要从可操作性和可实现性的专业角度,通过不断提问、沟通,将其逐步转化为清晰的需求。必要的时候可以通过快速原型法,构建一个与客户沟通的桥梁,做进一步的需求探讨。

深入思考2.3　面谈是最早开始使用的需求获取技术,在面谈时有哪些更多的注意事项?

参考答案:详情请参见微课视频2-3。

2）资料查阅法

收集客户在日常工作中产生的各种单据、原始凭证、报表等各种信息资料,以便从中提取新系统开发所需的数据结构、界面样式等信息。

3）问卷调查法

针对需要调研的各项内容设计调查问卷,向相关部门的人员调查数据和征求意见,并对调查问卷的结果进行分析整理,得出所要确定的调研问题。这种方式适用于调研信息量不大但需要向大量人员进行的调查,因此,调查问卷中的问题和选项要简明扼要,抓住重点。

4）实地调查法

在条件允许的情况下,到业务实践一线直接观察了解现有系统是最好的方法。通过实地调查,可以较深入地了解现行系统中业务的流转过程及产生的数据、加工、存储、输出等具体信息。

4. 调研准备

（1）收集资源,初步了解客户需求。

在拜访客户之前,需要先向客户收集各类资源,如组织架构、业务流程、问题概述、近期目标、远期愿景等,初步了解客户需求,形成项目概貌。

（2）确定调研对象。

从组织架构和业务流程中,了解各种客户角色及其承担的职责,结合客户目标,确定与软件系统开发相关的调研对象。

（3）准备调研文档模板。

调研文档模板包括三大类:调研前制定的调研计划、调研中形成的调研记录、调研完成后总结的调研报告。在这些文档模板中,需要使用各类表格来清晰表达调研意图,如调研计划表、调研问题表、需求调研记录表等,如表2-1～表2-3所示。

表 2-1　调研计划表

调研时间	调研内容	调研方式	调研部门	客户方人员	调研人员
2023-3-27 11:00 至 13:00	观察餐厅前台预约叫号工作流程	实地调查	前台	张××	陈××
2023-3-27 15:00 至 16:00	与餐厅经理交流目前预约叫号存在的问题及客户需求	面谈	餐厅经理	王××	陈××
⋮	⋮	⋮	⋮	⋮	⋮

表 2-2　调研问题表

调研部门	××高校后勤处		问题调研负责人	陈××
序号	问题描述		反馈问题人角色	
Q_CW_001	为新生安排宿舍主要考虑哪几方面的因素		学生宿舍管理科科长	
Q_CW_002	新生分配宿舍过程中是否接受学生自主申请,允许选择项有哪些?		学生宿舍管理科科长	
⋮	⋮		⋮	

表 2-3　需求调研记录表

需求调研记录			
项目名称	项目名称	调研单位	项目招标单位名称
时间	需求调研时间	调研部门	调研涉及部门名称(可多个)
地点	调研地点	调研记录人	需求调研记录人
调研方式	用户需求调研的方式:查阅资料、问卷调查、面谈、现场观察、原型演示		
公司参加人员	软件开发公司参与调研部门与人员名单		
客户参加人员	客户参与调研部门与人员名单		
第三方参加人员	第三方公司(咨询公司、接口、软硬件设备提供商等)参与调研部门与人员名单		
调研主题	需求调研的主题		
调研相关准备资料	与本次调研相关的,在调研准备期间创建的调研问题表或收集的××报表、××单据等		
提交时间	调研记录提交时间		
调研内容记录			
主要内容	通过原型法、面谈法、观察客户工作流程、调查问卷结果反馈等调研方式了解行业特点,逐条罗列记录客户原始需求。 如实记录客户提出的问题,阐述的观点,对系统建设的设想、目标描述、潜在需求等 1. 2. 3.		
结论	调研过程中,多方达成的一致性意见,逐条罗列 1. 2. 3.		
遗留问题	调研过程中,暂时无法确定或无法达成一致的问题记录,逐条罗列 1. 2. 3. 预计下次就遗留问题再次展开讨论的时间		

(4) 编写调研计划。

调研计划的主要内容应至少包括客户描述、客户现有系统所属行业、核心业务认识概述、客户对新系统的愿景、客户方对接负责人信息、调研安排信息、调研问题列表,调研计划撰写完成后,应提交客户方审核,做好先期沟通工作,确保在调研前,做好调研计划涉及的人员、地点和时间等具体安排。

5．调研过程

（1）协调人员参与调研。

客户所属单位指定专门的调研协调负责人，调研人员与该负责人对接，由该负责人协调组织内部各部门的相关人员，按照调研计划安排，配合调研人员完成各项调研工作。

（2）做好调研记录。

按计划展开调研，并在调研过程中生成需求调研记录表、调研问卷结果统计表等，并以此为基础生成初步调研报告。

（3）提交调研报告给客户初审。

将初步调研报告提交用户评审，找出尚不明确的需求，形成细化问题问询表，再次进行第二轮调研，直到将所有问题都弄清楚。

（4）双方确认最终调研结果。

修订并形成正式的调研报告，交客户方审核。在审核通过后，调研方和客户方双方都应在调研报告上签字，以经过双方确认的调研结果作为后续开发工作的基础。

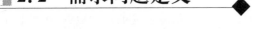

2.2 需求问题定义

需求问题定义是指在对新软件系统进行可行性研究之前，通过初步需求调研成果，对主要的需求问题所做出的明确描述。需求问题定义一般以书面报告的形式呈现，主要内容包括以下几方面。

1．背景

软件项目的开发背景描述主要包括现有系统的现状、目前存在的主要问题、需要改进的内容、客户基于何种考虑要开发新软件系统、新软件系统所处的行业背景（包括目标系统的应用领域和服务对象）、客户希望达到的目标、项目开发所希望带来的回报等。很多项目源于需要解决一个问题，诸如减少成本、提高效率等迫切需求。为了理解每个项目的目标，需求分析工程师要了解客户的愿景和长期目标，在项目启动阶段（项目规划、可行性研究）的工作就是理解项目目标与客户目标的联系，并且为实现这些目标而进一步采取相关行动。

2．业务需求

在调研过程中会有一种常见现象：客户对业务很熟悉，但并不清楚业务如何对应软件功能需求。通过调研，让客户先把业务需求描述清楚，将为需求分析工程师下一步抽取软件功能需求打下良好基础。业务需求应该用客户能够看懂的语言来表达，它描述的是具体的业务场景，而不是抽象的概念，未来客户验收时所关注的，不是软件系统功能模块实现的数量，而是客户能理解的业务需求是否被满足。

1）业务机遇

业务机遇是指在新软件系统将被投入运用的环境中，目前存在何种市场机遇和新软件系统能够解决的业务问题。首先对现行系统作一个简要的评价，然后指出新软件系统所具有的吸引力和它所能带来的竞争优势，描述只有新软件系统才能解决的一些问题，并描述它如何顺应市场趋势和组织战略目标。

2）业务目标

业务目标是指软件项目能够给客户带来的业务价值目标，具有可度量性和可预测性。这些目标与收入预算或节省开支有关，并影响投资分析和最终产品的交付日期。业务目标通常仅在项目立项的过程中使用，它会在分析业务范围时起到参考作用。业务目标是进行分析的第一步,从需求开始的所有工作都是由业务目标出发进行推导的。

3)业务风险

业务风险是指开发项目或不开发项目的主要业务风险,例如:市场竞争、时间问题、用户的接受能力、实现的问题或对业务可能带来的消极影响。预测风险的严重性,指明所能采取的减轻风险的措施。

4)客户概览

客户概览是对不同类型客户的一些本质特征的描述。对于每一种客户类型,客户概览包括以下信息:客户能从软件项目中获得的主要益处;客户对新软件系统所持的态度;软件项目能够提供的使其感兴趣的关键功能。

3. 功能需求

验收交付的软件项目必须实现的功能,这些功能能够满足客户的业务需求。一般以客户熟悉的自然语言描述功能需求,以便与客户达成共识。

4. 非功能需求

1)性能需求

性能需求主要包括以下方面:

(1)同时支持的最大用户数、同时支持的操作数、某时刻能承受的最大数据量、数据最大存储量、对系统运行时允许占用的系统资源要求。

(2)系统持续运行时间、响应时间、数据更新处理时间、数据间的转换和传输时间、界面刷新处理时间的要求。

(3)在不同安装/运行环境、不同操作方式下,或者与其他子系统接口发生改变时,某些数据和参数可以允许的变化范围。

注:软件应用的领域不同,对性能的要求也不尽相同,上述性能需求并不一定全部涉及。另外,客户对某些性能的要求或许比对某个功能的要求更加严格,需要特别解释和强调这种性能要求,以便后续开发人员做出合理的设计和算法优化。

2)安全和保密需求

描述与系统安全性、完整性和保密性相关的需求。例如:客户身份确认有哪些方式。明确软件项目必须满足的安全保密策略,例如:为防止有关重要数据丢失而采取的保密手段和保密要求。

3)使用和维护需求

描述新软件系统对软件使用人员和维护人员的需求。使用人员的技术水平、培训需求,维护所需的操作环境、相关保障等。

4)界面需求

根据客户的要求和功能划分,描述操作界面的协调性和风格一致性等方面的要求,包括屏幕格式、报表格式、菜单、输入输出要求等。例如:需遵循何种标准或产品系列的风格、屏幕布局优先考虑的因素、快捷键的使用要求、错误信息显示标准等。

5)交付时间需求

根据系统总体规划和其他相关子系统的要求,给出该软件系统开发的最终交付时间结点。

5. 接口需求

接口需求规定一个系统或系统组成部分与之接口的硬件、软件或数据元素的需求,或由这样一个接口而引起的对格式、时间关系或其他因素提出的约束条件。接口需求描述了两个独立系统或系统组成部分之间同步数据或访问对方程序的途径。

2.3　可行性研究概述

1. 可行性研究概念

在工程领域中,通常在项目立项前都要进行可行性研究,以确定问题是否能够解决。为什么要进行可行性研究呢? 因为现实中存在很多影响系统开发的因素,例如:时间、可用资源、成本和利润等因素,只有从多方面进行可行性分析才能明确系统是否值得做以避免投资损失。

同样地,在软件工程领域,软件项目立项前也需要进行可行性研究。可行性研究是围绕影响软件项目研发的各种因素,主要从经济、技术、社会环境等方面进行全面、系统的可行性分析论证,确定所给出的解决方案是否可行,确定项目能否带来经济效益、企业效益或社会效益。当确定项目有可行性后,才开始真正进入下一步软件系统的开发阶段。可行性研究工作是软件项目开发前的一个关键环节,具有重要的指导意义。

概括起来,可行性分析论证的结论有 3 种情况:

(1) 可行。可以按论证推选出的初步方案和计划进行立项并开发。

(2) 基本可行。对软件项目内容或方案进行必要修改后,可以进行开发。例如:减少功能、延长工期、追加投资等。

(3) 不可行。软件项目在现有条件下不应开发,确定项目终止。

简而言之,可行性研究阶段的主要任务就是:决定软件项目是否可行;如果可行则需完善项目的初步解决方案。

2. 可行性研究过程

可行性研究的具体实施过程主要包括以下 6 个步骤。

(1) 初步需求调研。

对准备研发的软件项目进行初步的需求调研。在此阶段,主要面向组织高层(客户所属组织中的管理人员),运用各种调研方法收集客户需求,通过调研大致了解用户的业务需求,勾勒出项目的大致轮廓。

(2) 需求问题定义。

将调研过程中收集到的需求信息进行分类整理,对软件项目开发背景、客户的愿景、服务对象、软件基本需求、技术条件、运行环境限制进行定义。

(3) 建立系统逻辑模型。

根据需求问题定义,对目标系统应具有的基本功能和约束条件有了初步认识。此时,可使用业务流程图和不涉及细节的顶层数据流图来建立系统逻辑模型,对系统概貌进行抽象和概括,从而描绘对新系统的设想。

(4) 制定候选方案,确定推荐方案。

从系统逻辑模型出发,通过粗略的设计和技术实现论证,对如何设计新系统以实现客户的业务目标,从较高层次提出几个候选的解决方案。

对候选方案从技术可行性、经济可行性、社会可行性等方面进行分析、对比,如果认为该项目可行,则从被评估为可行的候选方案中推荐一个最优方案,并说明选择此方案的理由。针对评审确定的最优方案,进一步给出初步开发计划,包括新系统的交付时间、进度安排、工作量估算、成本效益分析等要素。

(5) 撰写可行性研究报告。

对上述可行性分析过程及结果进行总结,编写项目的可行性研究报告。可行性研究报告的主要内容应包括软件项目开发背景、客户要解决的问题简述、新软件系统的功能与特性、新软件系统的可行性分析、新软件系统的初步开发方案及开发计划。

（6）评审论证。

可行性研究报告最终是否通过，一般需要通过会议评审进行论证。参加评审会议的各方应包括软件开发组织项目负责人、客户方项目负责人、用户代表及有本项目领域开发经验的专家。多方参加评审有利于对项目可行性做出更加准确的评估与判断。可行性研究报告通过后，就可以立项并进入正式研发阶段。

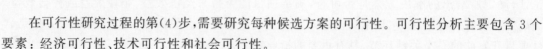

2.4 可行性分析

在可行性研究过程的第(4)步，需要研究每种候选方案的可行性。可行性分析主要包含 3 个要素：经济可行性、技术可行性和社会可行性。

1. 经济可行性

经济可行性分析也称为成本效益分析或投资/效益分析，主要分析软件项目开发所需成本和项目开发成功后所带来的经济效益。通过比较成本和效益进行效益评估，决定软件项目是否值得投资开发。

经济可行性分析的主要工作包括对新开发软件系统的总成本和总收益进行估算、分析软件研发成本效益。只有当项目的效益（即收益）大于成本一定值时才值得开发。

1）成本

通常，开发计算机应用系统的成本费用主要包括以下部分：

（1）硬件购置费：计算机及相关设备（网络设备、不间断电源、空调）等的购置费。

（2）软件购置费：开发软件项目所需操作系统软件、数据库系统软件和其他工具软件的购置费。

（3）软件开发费：软件开发人员的工资费用。

（4）培训费：用户使用系统所需的人员培训费用。

（5）维护费：软件系统管理、运行和维护所需的费用。

此外，还需要考虑调研出差所需的差旅费、办公所需的办公费、管理费等财务支出。

在上面列出的费用中，软件开发费通常在软件开发组织成本支出中占比最大，且灵活度最高，不容易测算。

目前，较为流行的软件开发费测算有以下几种方法：

（1）代码行技术：代码行技术是比较简单的定量估算方法，它把开发每个软件功能的成本和实现这个功能需要用的源代码行数联系起来。通常根据经验和历史数据估计实现一个功能需要的源程序行数。当有以往开发类似工程的历史数据可供参考时，这个方法是非常有效的。主要计算公式如下：

$$开发成本 = 每行代码平均成本 \times 代码行数$$

其中：

- 每行代码平均成本：根据软件复杂度和开发人员工资水平估算。
- 代码行数：根据经验和历史数据估计。

（2）功能点技术：功能点技术以软件功能点作为测量软件规模的一种单位。功能点数计算方法如下：首先根据功能点所属类别（内部逻辑文件、外部接口文件、外部输入、外部输出、外部查询）、重用程度（高、中、低）、修改类型（新增、修改、删除）估算初步的功能点规模数（根据复杂度不同,每类功能点计数项均有特定权值),然后加入影响功能点计算值的因子进行调整得到调整后的功能点数。主要的修正因素包括规模调整变更、项目应用类型、质量特性、开发语言、开发团队背景等。

工作量的计算以调整后的功能点数为依据进行,开发成本是在工作量的基础上进行计算,主要计算公式如下:

$$工作量(人天) = 功能点数 \times 基准生产率 / 8$$

其中:

- "工作量(人天)":一个人工作一天的工作量。一天按 8 小时工作时间计算,所以就是一个人工作 8 小时的工作量。
- "基准生产率":单位为"人时/功能点",即完成每个功能点所需的人时数(例如:完成每个功能点需要 m 个人 n 个小时,则基准生产率计算值为 $m \times n$)。不同类型的项目对应的生产率并不相同。例如:电子政务类系统相对简单,同样数量的功能点完成较快,所以基准生产率数值较低,而大数据系统开发项目较为复杂,可能包含建模、数据分析、人工智能等耗时的工作,所以基准生产率数值较高。
- "8":指一天的正常工作小时数。

$$工作量(人月) = 工作量(人天) \times 22$$

其中:

- "工作量(人月)":一个人工作一个月的工作量。
- "22":指一个月的正常工作天数。

$$开发成本 = 每人月平均成本 \times 工作量(人月)$$

其中:

- "每人月平均成本"=开发人员人月成本/开发人员总数
- 开发人员人月成本=(工资+国家规定的福利+奖金以及物质奖励+办公成本+人力资源储备费+基础设施费用+国家税收)×(1+管理费用百分比)

(3)任务分解技术:任务分解技术首先把软件开发过程分解为若干个相对独立的任务,再分别估计每个任务的成本,最后累加起来得出软件开发过程的总成本。估计每个任务的成本时,通常先估计完成该项目需要的人力费用(以"人月"为单位,例如:完成任务需要 m 个人 n 个月,则人力费用为 $m \times n$ 人月),再乘以每人每月的平均工资而得出每个任务的成本。主要计算公式如下:

$$每个任务成本 = 每人月平均成本 \times 人月数$$

$$开发成本 = \sum 每个任务成本$$

最常用的办法是按开发阶段划分任务。如果软件系统很复杂,由若干个子系统组成,则可以把每个子系统再按开发阶段进一步划分成更小的任务。

2)效益

效益是指当该项目实现后,对项目主体(政府部门或企业等)基本目标的实现所产生的贡献或效果。软件系统的效益包括两大类:经济效益和社会效益,经济效益又分为直接经济效益和间接经济效益,如图 2-2 所示。

直接经济效益是指软件系统能够直接获取的,并且能够度量的经济效益。

间接经济效益是指能够整体提高企业的信誉和形象,提高决策水平以降低运营风险的经济效益,评价方式以定性分析为主,无法简单地以资金计算这部分收益,通常通过不同企业之间的对比来进行评估。

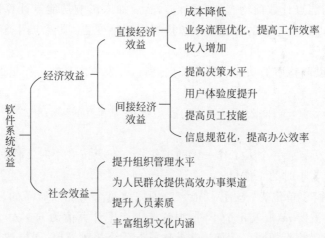

图 2-2　软件系统效益分析

对社会效益的评价没有通用的方法,也以定性分析为主,对社会的贡献以间接效益、无形效果和外部效果为主要呈现形式。以社会性为主要目标的软件可行性评价应重点以国家和社会的利益为出发点,评估该软件项目的构建对社会所带来的影响与贡献。以社会性为主要目标的软件项目有很多,例如:国家社会保险公共服务平台、12345 便民服务平台、"学习强国"平台、国家灾害应急处理系统等。本章后面的案例"智慧社区养老服务系统"也是一个典型的以社会效益为主的软件项目。

2. 技术可行性

技术可行性主要分析在特定条件下,软硬件资源、团队能力、技术路线等方面能够解决软件问题的可能性和现实性。简而言之,就是分析在现有的技术条件下能不能做,能不能在规定的时间内做好。

技术可行性分析主要考虑以下几方面内容。

1) 可用资源

可用资源包括软件资源、硬件资源和技术人员资源。要评估构建软件系统所需的软件、硬件资源是否齐备,现有的技术人员数量是否充足、技术水平是否足够熟练,技术团队是否有丰富的开发经验和良好的团队合作能力。

2) 技术路线成熟度

在软件开发过程中会涉及多方面的信息技术,包括软硬件平台、网络结构、系统架构、输入输出技术,应该全面客观地分析所涉及技术的成熟度和可实现性。在选择技术路线时,应尽可能选择成熟技术。因为成熟技术是被前人反复使用并证明行之有效的技术,它的稳定性、经济性、可用性都比新技术要好,技术风险要更低。有时在解决特定问题时也需要采用某些前沿技术,但是由于新技术还未经过长时间及大范围的实践检验,在选择时必须多加对比,慎重决定。

3) 质量风险

客户对软件系统会提出功能、提交时间、响应速度、安全性、可靠性等各方面的要求,要评估在目前可用资源及选定技术路线的前提下,能否一一满足。应确保在给定的时间内能够实现方案中明确的功能和性能,做好软件质量风险评估。需要特别注意的是,有些软件对实时性、精确性等性能的要求很高,如果达不到客户提出的性能要求,即使软件系统功能完备也没有实际使用价值。

3. 社会可行性

社会可行性分析主要包括法律可行性、道德可行性、社会推广可行性、使用可行性等。例如：软件开发是否涉及抄袭这一类的法律问题,若涉及抄袭他人软件,将会受到法律制裁;软件运行是否能适应客户组织的管理模式、满足业务流程规范,软件是否简单易用使得用户能尽快上手;软件发布是否会触犯个人、集体、国家的利益,是否违反社会道德规范;在软件运行和维护阶段,是否明确了软件的所有权,是否明确了双方的维护责任等。通过社会可行性分析,避免出现不必要的纠纷、侵权和违约等问题。

2.5　案例的可行性研究报告

　　从本章开始,本书将以"智慧社区养老服务系统"软件项目为案例,以基本的软件生命周期为主线,贯穿全书各章讲解软件工程的理论知识如何在实践中应用。

　　本节在需求调研的基础上,撰写智慧社区养老服务系统可行性研究报告,调研过程中产生的各类文档就不再列出。

智慧社区养老服务系统可行性研究报告

1　引言

1.1　背景

　　居家养老服务是对传统家庭养老模式的补充与更新,是我国发展社区服务,建立养老服务体系的一项重要内容。2008 年 2 月 21 日国家老龄委、发改委、教育部、民政部、劳动保障部、财政部等十部委联合制定的《关于全面推进居家养老服务工作的意见》(简称《意见》)正式颁布实施。《意见》指出:全面推进居家养老服务,是破解我国日趋尖锐的养老服务难题,切实提高广大老年人生命、生活质量的重要出路;是弘扬中华民族尊老敬老优良传统,尊重老年人情感和心理需求的人性化选择;是促进家庭和谐、社区和谐和代际和谐,推动社会主义和谐社会建设的重要举措,也是加快发展服务业,扩大就业渠道和促进经济增长的重要途径。从国家层面的扶持政策和引导方向来看,更多资源在向社区居家养老方面倾斜。从 2016 年开始到 2019 年8 月底,民政部、财政部已经联合发布了四批中央财政支持开展居家和社区养老服务改革试点地区的通知,从政策面和资金面为提升社区居家养老服务提供支持。

　　在此政策背景下,为了规范居家养老服务工作,健全居家养老服务体系,满足老年人居家养老服务需求,促进居家养老服务发展,××市于 2022 年 7 月出台了"居家养老服务促进条例",自 2022 年 10 月 1 日起施行。目的是加快进行以社区为单元、向老年人群体提供居家养老服务的各项软硬件设施建设。

　　在对我国社区居家养老服务体系充分调研的基础上,××市民政局按照 2022 年发布的"居家养老服务促进条例"文件精神,拟建设以社区提供服务为核心的智慧社区养老服务平台。基于该平台,社区能够联合各方力量为居家老年人提供生活照料、家政服务、康复护理和精神慰藉等方面的服务。

　　本项目是智慧社区养老服务系统的一期,提供基本的社区养老服务,后期将根据情况提供更加丰富多样的养老服务。

1.2　项目概述

1. 项目名称

智慧社区养老服务系统(一期)

2. 项目建设单位及负责人、项目责任人

项目建设单位:××市××区民政局

单位负责人:张三

项目责任人：李四

项目实施机构：××市××区××街道××社区

社区负责人：王五

社区项目负责人：赵六

3. 项目总投资及资金来源

智慧社区养老服务系统项目总体投资 65 万元,具体投资估算详见 6.1 节。

智慧社区养老服务系统项目是××市民政局 2022 年居家养老政策落地的重点项目,项目资金由政府财政投资。

1.3 编写目的

可行性研究报告对"智慧社区养老服务系统"做了全面细致的需求调研,明确了该系统应具有的功能、性能、限制、环境等,分析了智慧社区养老服务系统的经济可行性、技术可行性、社会可行性。

1.4 定义

(列出本文件中用到的专门术语的定义和外文首字母组词的原词组。)

SOS：是国际通用的紧急求救信号。

现有系统：是指当前执行各种业务实际使用的系统,这个系统可能是计算机系统,也可能是一个人工系统。

1.5 参考资料

[1]《养老机构等级划分与评定》(GB/T 37276—2018)

[2]《关于开展 2022 年居家和社区基本养老服务提升行动项目申报工作的通知》

[3]《中华人民共和国国民经济和社会发展第十四个五年规划和 2035 年远景目标纲要》

[4]《国家积极应对人口老龄化中长期规划》

[5]《"十四五"国家老龄事业发展和养老服务体系规划》

[6]《关于全面推进居家养老服务工作的意见》

[7]《高举中国特色社会主义伟大旗帜为全面建设社会主义现代化国家而团结奋斗——在中国共产党第二十次全国代表大会上的报告》

2 现有系统分析

2.1 项目建设单位概况

1. 项目建设单位与职能

本项目建设单位为××市×××区民政局。

×××区民政局承担着区域内救灾救济、城乡低保、优待安置、社会福利、基层政权、社区建设、区划地名、殡葬管理、婚姻和社团登记等社会职能。区民政局与区老龄办联合办公,全区的老龄事业工作列入区民政局职能工作范围。

在社区工作方面,××区民政局积极探索社区服务体系建设,努力开创社区工作新局面,把大力扶持和发展家政服务、居家养老、社区信息化建设等作为推动社区服务社会化和产业化的主攻方向,取得了较好的成绩。为加快老龄事业的发展,编制了《区老龄事业发展"十四五"规划》,目标是：计划在今明两年内,完成全区 8 个社区居家养老服务中心建设,争取在 2024 年,使全区每个街道办事处都拥有至少一个功能比较健全、管理有序、服务到位的社区居家养老服务中心。

2. 项目实施机构与职责

本项目实施机构为××市××区××街道××社区。

社区职责如下：

（1）管理职能：在政府部门的指导下，在社区党组织的领导下，组织社区成员进行自治管理；搞好社区卫生、社会保障、文化、计生和治安等各项管理；完成社区成员代表大会、共建理事会确定的管理目标。

（2）服务职能：组织社区成员进行便民服务，动员和组织社区成员共驻共建，资源共享，办理社区公共事务和公益事业；组织志愿者队伍，办好社区服务业；协助政府落实城镇最低生活保障制度；介绍就业和开展优抚救济工作。

（3）教育职能：组织引导社区成员开展法治教育、公德教育、青少年教育和"两劳"人员教育，开展职业培训，文化娱乐和体育活动，开展五好文明创评活动，形成具有本社区特色的文化氛围，增强社区成员的归属感和凝聚力。

（4）监督职能：受社区成员代表大会成员指派或共建理事会成员委托，并及时将监督意见向上级机关及部门反馈；对社区内物业管理单位履行工作职责的情况进行监督。

（5）配合协助政府及其派出机构完成有关任务。

2.2 现状及存在的问题

1. 绝大部分养老服务不提供上门服务

社区养老服务中心提供老年餐、理发、心理疏导等服务，但只能由老年人自行去社区的养老服务中心才能享受相关的服务。对于行动有困难、存在较严重病症的老年人，只能居家养老，无法享受到政府出资建设的养老服务中心提供的各项服务。

2. 医疗保健和护理设施不健全，服务不专业

随着老年人年龄的增长，特别是高龄老年人的不断增多，患病率上升，器官功能退化，生活自理能力下降，老年人对医疗保健、家庭护理的需求大大增加。然而养老服务中心只有简单的医务室，没有老年医学方面的专家坐诊，更没有相关的科室设置，不具备医疗急救和提供专业护理的能力。

3. 缺少专业管理人员，运营困难

近几年，在探索社区养老的过程中，政府投资建设了不少养老服务中心，基本都是委托社区居委会运营。但是社区工作细碎繁多，居委会很难抽调专门的工作人员去做日间照料。在人手缺乏的情况下，往往只能由社区负责人提供整体的框架原则指导，具体事务由社区工作人员管理。而社区工作人员对服务对象和服务理念缺乏专业化认知，也不具备养老、护理以及运营方面的专业知识，这导致社区养老服务中心管理不够精细化和科学化。

目前社区养老服务中心的现状是：没有专人负责，没有专业管理知识，就餐需求很大程度上没有得到满足，医疗卫生需求满足度更低，精神文化、紧急救助的功能也很稀缺。不少社区养老服务中心都难逃关门命运。

4. 现行的智慧社区养老可推广性差

一方面，对于人口基本信息的掌握不全面，信息数据互联不畅，各种信息平台对接困难；另一方面，我国对于智慧社区养老应用还处于初级阶段，各地各自为政，很多探索都是试验性的，没有形成非常成熟的经验体系，也难以全面推广。

2.3 项目建设的必要性

（说明新系统带来的好处，相对于现存系统的改进，能够解决的问题。）

1. 为政府构建完善的居家养老服务体系提供信息化支撑

政府重视是建设养老服务体系的基础条件，"政府主导、社会参与"，才能有效地推动养老事业发展。社区养老服务的信息化能够为政府主管部门提供服务对象居家养老服务需求及服

务资源详细数据信息,可实现随时得到最新的统计信息,实现养老服务的完全数据化监管,全面提升政府主管部门在社区居家养老工作方面的处理能力、监管能力、高效的服务能力,能够根据服务数据进行市场行为规范,为政府构建完善的居家养老服务体系提供重要的信息化支撑。

2. 解决社区养老服务中心生存困难的问题

智慧社区养老服务系统的建设目标是构建一个规模化、智能化、精细化的居家养老服务平台。它的建设改变了社区养老服务中心的职能。此时,社区养老服务中心的作用是充当协调用户、专业服务机构、志愿者等各方的组织协调者,只需要提供少量的信息管理人员即可,原有的餐饮服务人员、基础保健人员等均可以由专业服务机构来提供,大大降低了社区养老服务中心的运营成本,能够实现项目的可持续运营。

3. 解决上门服务难、养老服务不专业的问题

智慧社区养老服务系统所搭建的社区养老服务信息平台,以各种入驻平台的专业养老服务机构提供专业服务替代了社区亲力亲为完成各种养老服务,解决了社区由于人手不足,提供上门服务难,以及社区相关服务人员专业程度低的问题。

4. 解决养老服务提供商积极性差的问题

衡量一个社区养老服务中心运营能力高低的关键,主要是看它的信息化水平。信息化系统的建设能够帮助社区养老服务实现标准化管理,同时在多个社区的推广能够帮助相关养老服务提供商实现连锁化经营,提高了养老服务提供商的积极性,相应地,也为老年人提供了更加良好的社区养老服务体验。

3 可行性研究的前提

3.1 项目建设目标

(说明项目建设单位和项目实施单位在项目实施后,能够实现的期望、目标、理想等。)

(1) 社区养老服务中心运营所需的人力与设备费用的减少。

(2) 社区养老服务管理水平的改进。

(3) 为政府主管社区养老服务的部门构建养老服务体系、决策社区养老服务相关政策、指导社区养老工作提供信息化支撑。

(4) 项目实施后,能够享受相关养老服务的社区居家老年人群体覆盖面比之前大大增加。

(5) 居家养老的老年人群体对于社区提供的养老服务体验更好,养老服务更方便、更快捷、更高效、更全面。

3.2 业务需求

(从实际工作出发,说明希望系统可以完成的业务,以便实现符合建设目标的业务优化。)

(1) 为居家养老的老年人群体及其亲属提供多种灵活的养老服务下单方式。

服务类型包括家政清洁服务、上门送餐服务、精神慰藉服务、车辆接送服务、日常体检服务、康复服务、陪同外出服务。

下单方式包括电话下单、移动设备下单、智能求助终端下单。

① 电话下单:老年人通过拨通社区的养老服务专线,由社区养老服务中心的工作人员将服务申请相关信息录入系统。

② 移动设备下单:老年人/老年人亲属通过移动设备自主下单选择所需服务。

③ 智能求助终端下单:老年人无需记电话号码或者学习使用移动设备,当有生活服务需求或紧急情况求助时,通过专用电话机上的指定按键即可向调度中心发起服务请求。调度中心收到老年人服务请求后,由座席人员生成服务工单分派到老年人居住地所属社区,由社区进

行后续派单处理。

（2）社区服务运营人员在收到服务申请后，能够将口头的申请信息录入到系统，转换为信息化的服务申请。

（3）社区服务运营人员对于系统内已提出的服务申请，能够方便、快捷地向相关养老服务提供商或志愿者派单。

（4）养老服务提供商能够通过系统向其管辖下的接单人员派单。

（5）接单人员能够通过系统完成服务状态的实时反馈。

（6）老年人群体能够对服务进行评价反馈。

（7）社区养老负责人、民政局养老负责人能够根据服务反馈情况，对提供服务的养老服务提供商进行监管、督促；能够随时查询社区养老服务的覆盖面、频次等数据，便于适时调整相关养老政策。

3.3 系统需求

3.3.1 功能需求

（给出系统要实现的功能内容，以满足业务需求。）

"智慧社区养老服务系统"包括以下用户角色，每个角色能完成的功能简述如下：

1. 老年人/老年人亲属

1）购买智能终端

老年人可以通过系统购买智能终端，使用前应将老年人相关信息与智能终端设备绑定。

2）自助服务下单

老年人及其亲属可以通过系统自助下单养老服务。

3）自助服务撤单

在服务派单前，可以通过系统撤销服务申请，若已经派单，则需收取一定费用。

4）服务评价

老年人用户可以对每次服务进行评价反馈，若一定时间内没有提交评价，系统默认给出好评。

5）服务投诉

老年人用户若对服务不满意，则可以向平台投诉，后续由社区工作人员处理。

6）服务订单查询

老年人用户可以随时对订单的派单进展情况进行查询。

2. 社区服务运营人员

1）电话服务下单

社区服务运营人员在接到老年人的服务申请电话后，通过问询将服务相关信息录入系统中。

2）派单（派单对象：养老服务提供商或志愿者）

社区服务运营人员对于系统内未处理的服务申请，向相关服务提供商或志愿者派单。养老服务提供商接单后，将由他们自己通过系统进行内部派单，志愿者接单后就直接出发执行任务。

3）电话服务撤单

社区服务运营人员在接到老年人的服务撤单请求后，通过系统完成撤单。

3. 接单人员

接单人员根据服务进展状况进行接单状态反馈（到达、完成、取消等）。

4. 养老服务提供商

1) 服务基础信息管理

每一类养老服务提供商都有各自特有的服务数据信息,养老服务提供商可以根据所属养老服务提供商类型,完成各类服务相关信息管理,包括:服务人员信息管理、餐食信息管理、家政清洁信息管理、精神慰藉服务信息管理、接送车辆信息管理、日常体检服务信息管理、康复服务信息管理、康复设备信息管理、陪同外出服务类型管理。

2) 服务派单

养老服务提供商根据社区派单,选择合适的工作人员,向其派单。

5. 社区服务运营人员

1) 基础信息管理

社区服务运营人员需对智慧社区养老服务系统运行所需的基础数据进行管理,包括:老年人档案管理、志愿者信息管理、养老服务提供商信息管理、服务运营模式类型管理(无偿服务、低偿服务、有偿服务、志愿者服务)、服务种类类型管理(家政清洁服务、上门送餐服务、精神慰藉服务、车辆接送服务、日常体检服务、康复服务、陪同外出服务等)、服务投诉类型管理(服务态度、服务质量、服务设备、服务时长等)、服务处理类型管理(不处理、退还服务费用、加倍补偿等)、养老服务提供商奖励标准设置、养老服务提供商惩戒标准设置。

2) 服务投诉处理

对于老年人提起的服务投诉,在规定时间内给出相应处理。

3) 服务信息统计

对于各类服务可以按照不同的统计条件,包括统计周期(日、周、月、年)、养老服务提供商、服务类型等,进行统计分析。

4) 养老服务提供商考核管理

每隔一段时间,根据养老服务提供商的服务数量、服务质量、投诉情况等数据信息,对养老服务提供商进行等级调整。养老服务提供商等级不同,系统的派单频率也不同。

6. 民政局养老负责人

1) 社区居家养老券发放标准设置

根据老年人的年龄区间、户籍属地和自理程度,设置社区养老券发放数量、发放频率等参数。

2) 各类服务统计信息查询

对各个社区提供的社区养老服务信息进行查询,评估社区养老服务工作状况,为调整养老服务政策、对社区养老服务工作进行奖惩提供决策依据。

3.3.2 非功能需求

1. 易用性

系统的直接用户之一是老年人群体,因此在人机交互界面上应充分考虑老年人的特点,界面的字体要大、界面功能要简洁明了、功能跳转逻辑链条不要太烦琐。

2. 标准化

系统采用的标准、系统组件、用户接口等都必须遵从国家智慧城市项目标准化的要求,以便为系统在未来接入智慧城市时提供便利。

3. 可靠性

平均无故障时间(Mean Time Between Failure,MTBF)$\geq$2160 小时。

4. 安全性

达到国家信息安全等级第三级要求。

5. 性能需求

1) 并发数

页面、目录树、数据列表加载时间均小于 5 秒,数据简单查询统计时间小于 5 秒,复杂查询统计时间小于 10 秒。

2) 响应时间

系统支持大于 300 个并发用户访问。

3) 接口管理

与第三方系统之间的接口应满足实时响应。

3.3.3　接口需求

(1) 与户籍部门的户籍系统间的接口。

(2) 与××呼叫中心平台间的接口。

(3) 与微信、支付宝等支付平台间的接口。

(4) 预留与国家智慧城市间的接口。

3.4　其他条件、假定和限制

(1) 智慧社区养老服务系统完成期限:3 个月。

(2) 系统运行寿命的最小值:10 年。

(3) 系统投入使用最晚时间:2024 年 6 月 1 日。

4　所建议的系统

4.1　对所建议系统的说明

1. 技术路线选择

1) 客户端选择

- 移动设备客户端:微信公众号。
- 智能终端:由第三方呼叫中心平台提供专用电话拨号接入系统。

2) 分析设计策略

采用面向对象的方法进行分析和设计。

使用统一建模语言 UML,以面向对象的方式完成系统结构的分析设计工作,即通过可视化建模完成系统模型的构建过程。

3) 开发环境

- Java 开发版本:JDK8;
- 集成开发平台:IntelliJ IDEA2019;
- 自动化构建工具:Maven 3.0.3;
- 核心框架:Spring Boot 1.5.12.RELEASE ＋ Dubbo 2.5.7;
- 分布式协调服务:ZooKeeper 3.4.11;
- 安全框架:Apache Shiro 1.4.0;
- 代码生成:MyBatis Plus Generator 2.1.6;
- 持久层框架:MyBatis 3.4.5;
- 数据库连接池:Alibaba Druid 1.1.9;
- 数据缓存框架:Redis 3.2;
- 队列框架:Apache ActiveMQ 5.14.5;

- 数据库管理系统：MySQL 5.8；
- 操作系统：Windows 10 及以上。

4）技术架构

智慧社区养老服务系统技术架构如图 2-3 所示。在图 2-3 中，前端技术栈包括 HTML5、Ajax、ElementUI、Vue.js、BootStrap；分布式架构及权限技术栈包括 ZooKeeper、Dubbo、SpringMVC、Spring Security；分布式版本控制及报表技术栈包括 Git、Apache POI、Echarts；持久化技术栈包括 MyBatis 和 MySQL。

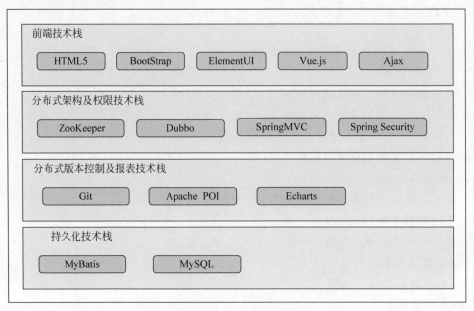

图 2-3　智慧社区养老服务系统技术架构

5）运行环境

"智慧社区养老服务系统"建议利用公有云平台提供支撑。建议云平台资源如下：

- 应用虚拟服务器 1 台，具体配置为：单颗处理器 8 核；配置 32GB 内存；100GB 存储、10M 以上带宽。
- 数据库虚拟服务器 1 台，具体配置为：单颗处理器 16 核；8GB 内存；100GB 存储、10M 以上带宽。
- 服务器操作系统：Linux Ubuntu。
- 服务器软件：Ngnix 1.12＋Tomcat 9.0。
- 数据库服务器软件：MySQL 8.0。

4.2　处理流程和数据流程

通过系统功能需求和接口需求描述，识别出"智慧社区养老服务系统"的外部实体及各外部实体与系统间的输入/输出数据流，据此绘制智慧社区养老服务系统的顶层数据流图，如图 2-4 所示。在图 2-4 中，智慧社区养老服务系统的外部实体包括老年人/老年人亲属、社区养老负责人、社区服务运营人员、养老服务提供商、接单人员、民政局养老负责人、户籍系统、第三方支付平台、第三方呼叫中心。这些外部实体与智慧社区养老服务系统间完成各种信息交互。

4.3　技术条件方面的可行性

1. 技术方案可行

智慧社区养老服务系统所采用的 Spring Boot＋Dubbo＋ZooKeeper 技术架构能够实现前

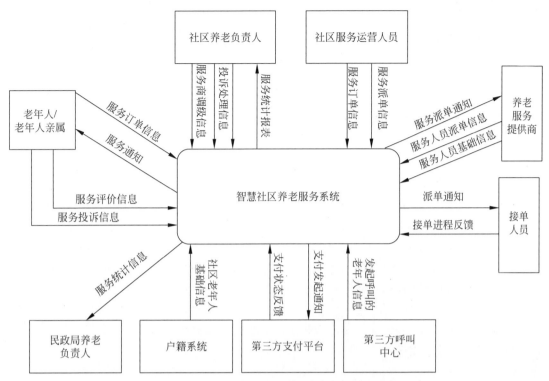

图 2-4 智慧社区养老服务系统的顶层数据流图

后端分离,将业务逻辑和呈现完全分离,使业务更清晰,后期更易维护,有效地体现了系统的高效性、易用性、高并发性、易维护性等性能要求。整个平台的内核采用了分布式架构,由服务控制平台统一管理,处理微信公众平台的请求。分布式架构具有高度的内聚性和透明性,若访问用户数过多,可通过增加服务器来缓解数据以及并发带来的压力。

Spring Boot+Dubbo+ZooKeeper 框架是目前流行的分布式服务框架,正被越来越多的企业用于生产环境中,项目技术架构均采用了成熟技术,技术方案是可行的。

2. 开发人员可行

开发人员 80% 以上有三年以上工作经历,有丰富的工作经验和扎实的技术基础。

3. 开发时间可行

在给定的限制条件范围内,在规定期限内能够顺利完成任务。

5 可选择的其他系统方案

1. 技术架构不同

智慧社区养老服务系统只采用 Spring Boot 技术架构能够实现前后端分离,不使用分布式架构 Dubbo+ZooKeeper。短期看,系统最初投入使用时,系统能提供的服务数量较少,访问用户也较少,但从长远考虑,系统二期、三期陆续投入使用后,服务越来越丰富,同时访问系统的用户数也会越来越多。因此,考虑到未来系统的可扩展性,采用建议方案中的 Spring Boot+Dubbo+ZooKeeper 框架分布式架构有利于系统的扩展和服务的灵活部署。

2. 运行环境不同

目前,×市×区民政局有自己的信息中心机房,有相应的软硬件资源可以提供,"智慧社区养老服务系统"也可以采用私有云平台提供支撑。但是,"智慧社区养老服务系统"不是一个面向政府的办公类型信息系统,它面向的用户角色多、人员复杂,与政府部门的信息中心共享同一套软硬件资源,在系统安全性和未来的扩容便利度方面都有弊端。因此,采用建议方案中的公有云平台为系统运行提供支撑会更有利。

6 投资及效益分析

6.1 支出

1. 系统开发费用

1)人员费用

本系统开发期为12周,试运行期为4周。开发期需要开发人员6人,试运行期需开发人员2人。开发需80人周,折合2.7人年(每年有效工作周按30周计算),每人每年按10万元计算,人员费用为27万元。

2)公有云平台搭建费用

(1)应用虚拟服务器1台,具体配置为:单颗处理器8核;配置32GB内存;100G ESSD云盘、带宽15M;阿里云报价为7.3万元/5年(一次购买年限越长,平均年费用越低)。

(2)数据库虚拟服务器1台,具体配置为:单颗处理器4核;16GB内存;100G ESSD云盘、带宽15M;阿里云报价为6.2万元/5年(一次购买年限越长,平均年费用越低)。

平台搭建费用合计13.5万元,可使用5年。

3)耗材费用

计算机、打印机、纸笔等办公耗材费用为0.8万元。

4)咨询和评审费用

外请专家和评审会议费用为1.2万元。

5)调研和差旅费用

外出调研的相关差旅费用为1.0万元。

综上所述,系统开发总费用合计:$27+13.5+0.8+1.2+1=43.5$ 万元。

2. 不可预见费用

不可预见费用按开发总费用的15%计算。$43.5 \times 0.15 = 6.525$ 万元。

3. 系统运行费用

假定本系统的运行期为10年,前5年的运行费用已经包含在云平台搭建费用中,后5年按相同配置计算,系统运行费用为13.5万元。

上述各项支出费用共计:$43.5+6.525+13.5=63.525$ 万元,折合6.35万元/年。

6.2 收益

6.2.1 经济效益

1. 转变养老服务中心智能,减少工作人员

智慧养老服务系统改变了社区养老服务中心的职能。原有的餐饮服务岗位、基础保健岗位均可以撤销,降低了社区养老服务中心的运营成本。养老服务中心现有餐饮服务人员3人,医疗保健2人,可减少至只保留1个医疗保健岗位,节省4人的开支。每人月平均工资按4000元计算,节约人员工资$0.4 \times 12 \times 4 = 19.2$ 万元/年。

2. 扩大服务范围,增加社区养老服务中心收入

目前平台可以提供各种服务,愿意使用政府提供的养老服务的老年人群体也会增多,养老服务中心能够获得的政府补助的费用及有偿服务费用也增多。假定在原有基础上可以增加30%的服务量,养老服务中心目前每年的服务总利润按10万元计算,可以增加收入3万元。

通过以上计算,本系统每年可以获得经济效益:$19.2+3=22.2$ 万元。

累计10年获经济效益222万元。

6.2.2 社会效益

1. 社区养老服务管理水平不断改进

能够根据老年人群体的反馈信息,及时调整合作的养老服务提供商、及时规范社区养老服务管理人员和志愿者在服务过程中的言谈举止,使得社区养老服务管理更有针对性。

2. 提高决策正确率

为政府主管社区养老服务的部门构建养老服务体系、决策社区养老服务相关政策提供信息化支撑,可以在日常管理工作中提升指导社区养老服务工作的能力。

3. 社区养老惠民政策覆盖更多人群

通过智慧社区养老服务系统的搭建,社区为老年人群体提供服务比之前有更多的渠道,能够享受相关养老服务的社区居家老年人群体覆盖面比之前大大增加,能够享受到的服务类型也大大增多;居家养老的老年人群体对于社区提供的养老服务体验更好,一方面感受到党和国家对老年人群体的关怀,另一方面也提升了晚年的生活质量。

4. 促进社区养老服务良性发展

统一的社区养老服务系统接入口为专业养老服务提供商提供了更多工作机会,将全面提升××市××区的养老服务提供商的综合竞争力,吸引更多的养老服务提供商入驻平台和发展,进而促进城市在社区养老服务方面的良性发展,促进全区社区养老服务产业升级。

6.3 投资回收周期

根据投资和收益的分析可以知道,在系统运行后,大概3年内便可以收回投入成本。一般情况下,正常的投资回收期在5年左右是比较合理的。

7 社会因素方面的可行性

智慧社区养老服务系统的使用能够让老年人生活得安心、舒心;让老年人子女放心、省心;响应国家居家养老政策的号召、替政府分忧,为居家养老服务体系构建提供强有力的信息化支撑,推动社会和谐发展。

7.1 法律方面的可行性

系统运行所需全部软硬件由租赁的公有云平台提供,所有技术资料都由项目建设方保管,能最大限度保证其版权不受侵犯,数据信息来源均可保证合法。在双方合同中确定了违约责任。所以,在法律方面是可行的。

7.2 使用方面的可行性

从使用可行性方面来看,系统充分考虑了不同用户的不同业务特点,为老年人提供了多种服务下单方式,既可以打电话也可以通过智能设备呼入;为老年人亲属代为下单提供了微信公众号自主选择下单的方式;养老服务提供商、接单人员、各组织的管理人员,大多都有计算机基础知识,而且本系统没有复杂的业务逻辑,他们使用系统都没有问题,能满足各种角色对系统的使用要求,故此系统满足使用可行性。

8 结论

从经济可行性、技术可行性、社会可行性等方面来看,该系统是可行的,可以立即开始进行项目开发。

习题

一、选择题

1. 下列哪一项不属于可行性分析的三个要素?(   )

    A. 技术可行性   B. 用户可行性

    C. 社会可行性   D. 经济可行性

2. 下列哪一项不属于流行的软件开发成本费用测算方法?(　　)

    A. 用户需求技术   B. 代码行技术

    C. 功能点技术   D. 任务分解技术

3. 下列哪一项不属于软件项目的效益?(　　)

    A. 直接经济效益   B. 法律效益

    C. 社会效益   D. 间接经济效益

4. 下列哪一项不属于常用的需求调研方法?(　　)

    A. 面谈法   B. 资料查阅法

    C. 实地调查法   D. 敏捷开发方法

5. 下列哪一项不属于非功能需求?(　　)

    A. 同时支持的最大用户数为 200   B. 界面响应时间不超过 2s

    C. 客户能够微信点餐   D. 登录需要生物特征验证

二、判断题

1. 可行性研究阶段的主要任务就是确定项目的初步解决方案。　　　　　　(　　)

2. 可行性研究的需求初步调研主要面向组织中的基层工作人员。　　　　　(　　)

3. 软件开发费用通常在软件开发组织成本支出中占比最大。　　　　　　　(　　)

4. 在选择技术路线时,应尽可能选择新技术。　　　　　　　　　　　　　(　　)

5. 社会可行性分析包括法律可行性。　　　　　　　　　　　　　　　　　(　　)

6. 初步调研不需要调研现有系统中存在的问题,而是直接研究新系统。　　(　　)

第 3 章

业务需求分析

　　软件项目一定是为了实现某些业务目标而实施,而不是因为项目建设方觉得有趣而做的。软件项目通过改变现有系统的业务运作方式,最终帮助客户实现高层的战略目标和长远规划。在学习软件工程方法论时,一定要认识到业务是如何与软件开发过程发生联系的。软件工程方法论通常假设当软件开发项目开始运作前,业务建模已经完成。但实际情况是,很多软件开发组织在项目开始之前并没有对业务进行深入分析。这容易导致一个典型的现象:当一个软件开发新手被问到为什么要开发某些系统功能时,他无法清晰阐述理由。究其根本原因是软件开发人员并没有真正理解系统功能所对应的业务需求。

　　本章就如何展开业务需求分析进行阐述,为后续的系统需求分析提供工作基础。业务需求分析阶段主要工作内容如图 3-1 所示。

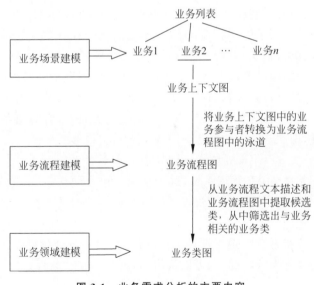

图 3-1　业务需求分析的主要内容

　　在图 3-1 中,业务需求分析的主要工作包括三个步骤。

　　第一步:以组织为边界识别出业务执行者和组织交互实现的核心业务列表,借助交互分析技术创建上下文图,完成业务场景建模。

　　第二步:在业务上下文图的基础上,针对每一个业务进行业务流程分析,借助流程图技术创建业务流程图,完成业务流程建模。

　　第三步:针对每个业务流程创建局部的领域类图,借助类图技术创建业务类图,然后将所有的局部领域类图进行合并、抽象、提取,形成全局的领域模型,完成业务领域建模。

深入思考 3.1　在软件生命周期中,有一个系统需求分析阶段,为什么本章要把业务需求分析单独拿出来介绍?

企业观点:在企业实践中发现,很多软件开发新手不清楚"需求"在不同阶段的含义,也不清楚业务需求和系统需求的区别。在软件开发实践中,业务需求才是真正体现组织价值的,软件开发项目立项是为了更好地实现业务需求。业务需求分析的目的是为下一步厘清系统需求奠定基础,业务需求分析是进行系统需求分析前的一项重要工作。

详情请参见微课视频 3-1。

3.1　需求　◆

3.1.1　系统与软件

在讨论各种需求的差异与联系之前,先来搞清楚两个容易混淆的概念:系统与软件。系统和软件这两个词在工作实践中经常互换使用,在沟通中会造成一定的混乱。

什么是系统?

在《汉语大词典》中对"系统"的解释是:自成体系的组织,同类事物按一定秩序和内部联系组合成的整体。

在韦氏大辞典中对"系统"的解释是:系统是"有组织的或被组织化的整体;结合着的整体所形成的各种概念和原理的综合;由有规则的相互作用、相互依存的形式组成的诸要素集合"。

总之,系统被定义为由一些相互联系、相互制约的要素构成的复杂整体。尽管系统一词频繁出现在社会生活和学术领域中,但不同的人在不同的场合往往赋予它不同的含义。它可以用来描述计算机系统、电力系统、生物系统或者业务系统等各种不同类型的系统。

广义的系统中包含的构成要素很多。对于工程项目中提到的系统,系统构成要素一般包括硬件、软件、固件、人员、信息、技术和服务等。如果将范围缩小到计算机系统,并且不考虑开展业务活动所需的人员、服务等其他要素,本书简化地认为,构成计算机系统的要素主要包括硬件系统和软件系统,即

计算机系统＝硬件系统＋软件系统

例如:要开发一个共享单车管理系统,这个系统就包含硬件系统(单车车体＋智能锁)和软件系统(智能锁控制软件＋后台计费管理系统)两部分,此时的系统需求就需要从硬件和软件两方面分别进行描述。

如果待开发的计算机系统不包含硬件部分,就称其为一个纯软件系统。例如:人力资源管理系统就是一个纯软件系统。此时,可以认为"系统"等同于"软件","软件需求"等同于"系统需求"。

本书围绕软件工程的相关理论展开描述,因此,如无特别说明,本书后续提到的系统都是指软件系统。

3.1.2　需求分类

"需求"这个词语本身的概念很宽泛,可以用在各种场合。在项目开发过程中,存在各种加了前缀的需求,如产品需求、市场需求、业务需求、系统需求等。

什么是"需求"?

首先了解"干系人"的概念,《项目管理知识体系》中将干系人定义为:"积极参与项目或

其利益将受到项目执行的正面或负面影响的个人或机构"。国际业务分析协会(International Institute of Business Analysis,IIBA)在《业务分析知识体系指南》中,对需求的定义采用了电气与电子工程协会(IEEE)多年前的一个定义:需求是干系人解决问题或者实现目标需要的条件或者能力。在这个简短的定义中,并没有提到需求呈现的表现形式或格式,因此,需求分析工程师可以根据项目需要,采用各种能够清晰表达需求的形式米展现,以便进行讨论、分析、文档化和确认。常见的需求呈现形式是:文字、图、表等。在企业软件开发实践中,软件开发人员常常需要与用户沟通和讨论需求,在需求文档中会使用各种类型的图表来表达需求。

下面对软件项目开发实践中常见的需求类型进行简单分类。

1. 按需求层次分类

在国际系统工程协会(International Council on System Engineering,INCOSE)编著的《系统工程手册》中,有一张"需要到需求的转换"图,如图 3-2 所示。在图 3-2 中,左侧是从企业组织层面思考问题,描述需要;右侧展示了需求工程中的三个维度(业务需求、利益攸关者需求、系统需求),强调了从需要向需求的转换。

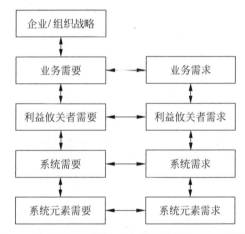

图 3-2 INCOSE《系统工程手册》需要到需求转换图

企业需要系统工程,软件需要软件工程。软件工程将系统工程中的规范化流程管理应用到软件开发过程中。本书结合系统工程的需求形成理论和软件开发过程,在图 3-2 的基础上,将软件项目的需求自上而下、由粗到精进行分层,形成如图 3-3 所示的需求层次。

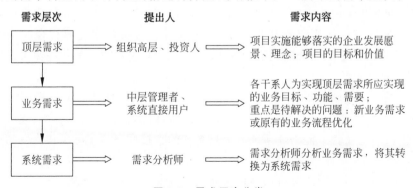

图 3-3 需求层次分类

在图 3-3 中,按照项目开发实践中需求获取的顺序以及需求之间的关联关系,将需求分为 3 个层次:顶层需求、业务需求、系统需求。

1) 顶层需求

顶层需求的提出人通常是项目投资人、项目建设方的决策者、项目实施方的负责人等,他们对项目提出了目标和期望。顶层需求的描述要反映提出人为什么要实施该项目,希望项目达到什么样的目标,目标的阐述通常采用愿景、战略、理念、价值等形式来表达。

"顶层需求"处于图 3-3 的最顶层,由图 3-2 中的"企业/组织战略"转换而来。"顶层需求"为下一层"业务需求"的内容给出了方向和目标,但它并不描述组织具体需要哪些业务以及业务如何处理。这些任务交给业务需求去描述,业务需求是为了落实目标而提出的。

例如:在本书的"智慧社区养老服务系统"案例中,顶层需求包括如下具体内容:

(1) 减少社区养老服务中心运营所需的人力与设备费用;

(2) 改进社区养老服务管理水平;

(3) 为主管社区养老服务的政府部门构建养老服务体系、决策社区养老服务相关政策、指导社区养老工作提供信息化支撑;

(4) 项目实施后,能够大大增加享受相关养老服务的社区居家老年人群体覆盖面;

(5) 居家养老的老年人群体对于社区提供的养老服务体验更好,得到更全面、更方便、更快捷、更高效的老年人服务。

从上述内容可以看到:"智慧社区养老服务系统"顶层需求的描述是从项目建设方——民政部门的角度出发,阐述了系统投入运行后,能够为民政部门的养老服务工作所带来的价值和正面影响,定性地提出对系统的期望和总体目标。

2) 业务需求

业务需求的提出人通常是项目实施方组织中的中层管理者和系统直接用户。中层管理者从落实顶层需求的角度出发,提出业务层面的需求;系统直接用户从实际工作出发,提出希望系统可以解决的具体业务问题或实现的业务目标。

将图 3-2 中的"业务需求"保留,并将"利益攸关者需求"转换为"干系人需求",合并到业务需求这一层中(干系人和利益攸关者是同一个英文单词 stakeholder 的不同翻译;为保持与原图一致,图 3-2 继续使用了 INCOSE《系统工程手册》中的"利益攸关者",在本书中统称为"干系人"),形成图 3-3 中的"业务需求"。

"业务需求"处于图 3-3 的中间层。向上看,业务需求的实现能够支撑组织高层所提出的愿景、理想等顶层需求;向下看,业务需求提出了软件系统运行所应支持的业务。

业务需求描述的是客户在具体的业务场景下应完成的任务,因此有时业务需求也被称为"用户需求"。业务需求应使用客户能够理解的语言进行表达。需求分析工程师应在充分理解业务需求的基础上,正确运用业务术语来描述业务需求。业务需求是签订合同和验收系统的基础,未来客户验收的不是系统实现了多少功能模块,而是客户提出的业务需求是否被满足。

3) 系统需求

本书中的系统是指软件系统,系统需求就是指软件需求。软件需求是指用户对系统在功能、行为、性能、设计约束等方面的期望,是系统或系统部件要满足合同、标准、规范或其他正式文档规定所需具有的条件或能力。系统需求是系统的直接用户从实际工作出发向系统提出的需求。

将图 3-2 中的"系统需求"保留,并将"系统元素需求"合并到"系统需求"这一层中,形成图 3-3 中的"系统需求"。

"系统需求"处于图 3-3 的最下层。系统需求提出了软件系统运行应实现的功能,实现了这些功能就可以满足上一层提出的业务需求。需求分析工程师为落实业务需求,从用户的角度出发,对业务需求进行分析、提取、归纳和整理,最终获取系统层面的需求。在从业务需求到系统需求的转换过程中,来自软件开发组织的需求分析工程师需要得到来自项目实施单位业务人员的支持和帮助,深入全面地开展需求调研、理解业务需求,并从技术的视角分析和解决业务问题,最终从业务需求推导出帮助用户完成业务应满足的系统需求。

2. 按需求性质分类

1) 功能需求

功能需求描述了系统应具备的、开发人员必须实现的软件功能。用户利用这些功能完成任务,满足业务需求。

功能需求描述了用户在使用某个功能时会与系统发生一系列的交互。例如:"无论何时何地,系统都应该为职员提供请假申请功能",这是一个常见的功能需求表述示例。在现代软件需求理论中,更加强调从用户的角度出发来描述需求,通常使用"用例""用户故事"等技术来描述功能实现过程中的交互。本书将重点介绍用例技术。

2) 非功能需求

除了功能需求之外,对系统提出的其他需求都是非功能需求。非功能需求的存在会影响系统是否能够提供持续、稳定、安全和高效的服务。

非功能需求包括两方面:质量需求和设计约束。质量需求可以进一步分为性能需求、易用性需求、可维护性需求、安全性需求、可靠性需求等。设计约束主要包括技术选择的限制条件(非技术因素决定的技术选型)和运行环境(预期的软、硬件环境)。

(1) 性能需求:从响应时间、吞吐量、资源利用率和精度等方面提出需求。常见表述示例为:页面间跳转时间≤2s;精准搜索反馈结果时间≤1s;模糊搜索反馈结果时间≤3s;当加载数据量大,等待时间超过 3s 时,需要提供加载进度条及预计加载时间;系统需要支持每秒 300 个事务数(300TPS);支持并发用户数为 500;定位精度误差不超过 50m。

(2) 易用性需求:从易学习性、易操作性、用户错误防御机制和用户界面美观等方面提出需求。常见表述示例为:在系统投入运行后的 1 个月内,90% 的用户应该可以独立完成生成财务报销单的任务;用户在阅读了系统使用说明手册后,可以独立完成 95% 的功能;对用户输入的内容应进行内容、长度限制等类型检测。

(3) 可维护性需求:从维护响应时间、易追踪性等方面提出需求。常见表述示例为:接到普通修改请求后,90% 的修改时间不超过 1 个工作日,最长不超过 2 个工作日;评估后为重大需求或设计修改的应在 1 周内完成;应提供日志记录系统;可追踪系统的使用操作情况。

(4) 安全性需求:从保密性、防泄露、权限控制和防攻击等方面提出需求。常见表述示例为:严格控制访问权限,用户在经过身份认证后,只能访问其权限范围内的数据,只能进行其权限范围内的操作;保护数据不被非法/越权访问和篡改,要确保数据的机密性和完整性;提供运行日志管理及安全审计功能,可追踪系统的历史使用情况;能经受来自互联网的一般性恶意攻击,包括病毒攻击、口令猜测攻击和黑客入侵等。

(5) 可靠性:从易恢复性、容错性和成熟性等方面提出需求。常见表述示例为:系统应能正确处理运行过程中出现的各种异常情况,如:人为操作错误、输入非法数据、网络不稳定等,不影响用户的操作及数据完整;要求系统 7×24h 运行,全年持续运行故障停运时间累计不能超过 10h;每 1000h 最多发生 1 次故障等。

(6) 技术选择的限制条件(非技术因素决定的技术选型):对于软件开发而言,有些技术选型不是由技术团队决定的,而是会受到项目实施单位的影响。常见表述示例为:数据库管理系统必须采用具有自主知识产权的产品等。

(7) 运行环境(预期的软、硬件环境):运行环境的选择会受到客户实际的软硬件环境的制约。在整理需求时,应将预期的软硬件环境描述出来,以选择最佳技术方案。常见表述示例为:项目实施组织为村一级政府部门,网络带宽不超过100M,大部分工作计算机内存不超过2GB等。

3.1.3 需求工程

软件需求工程包括创建和维护软件需求文档所必需的一切活动,软件需求工程的主要工作内容包括需求开发和需求管理两部分,如图3-4所示。

在图3-4中,需求开发是主线、是目标;需求管理是支持、是保障,这两方面的工作相辅相成。

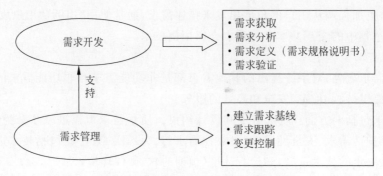

图 3-4   软件需求工程的主要工作内容

1. 需求开发

需求开发是由需求分析工程师与用户接触、交流,并对市场需求进行分析的一系列活动。需求开发通常包括需求获取、需求分析、需求定义(编写需求规格说明书)和需求验证4个阶段。

1)需求获取

需求获取是从人、文档或者环境中获取需求的过程。

需求获取阶段的任务包括:收集要开发系统的背景资料;定义项目前景和范围;选择信息的来源(包括用户、表单、报表、相关的文档和领域专家等);选择需求获取方法(包括面谈、调查表、观察等方法);记录需求获取结果(包括文字、图、表、音频、视频等媒介)。

2)需求分析

需求分析是根据需求获取阶段的成果,确定问题的边界,定义一个需求集合。利用建模和分析技术对需求集合进行整理汇总,建立系统的需求模型,然后根据需求模型将业务需求转化为系统需求。

需求分析阶段的任务包括:对开发系统的背景资料进行分析;确定系统的边界;通过数据流图、E-R图、用例图、序列图、类图等建模工具进行需求描述,完成需求建模;确定不同系统需求的优先级;对不同用户间的需求冲突进行协商。

3)需求定义

需求定义是指明确和描述系统开发过程中所需的功能、性能、接口、约束条件以及其他相关要求的过程。通常,需求定义以需求规格说明书文档的形式被确定下来。

4)需求验证

需求验证阶段的任务是确保需求规格说明书文档能准确地反映用户的意图。通过需求验证发现需求规格说明书中的问题并及时修正。

2. 需求管理

需求管理是在需求开发工作结束后,为保证后续的开发工作是以软件需求规格说明书文档中的内容为标准和目标所做的工作。需求管理通常包括建立需求基线、需求跟踪和变更控制等。

1) 建立需求基线

在 RUP 中,需求基线的定义为:逐项列举的在应用程序的某个特定版本中提交的一组需求的集合。特定版本意味着在整个软件的开发过程中将出现多个不同的版本;一组需求集合是需求的一个子集,可以理解为纳入基线的需求是将投入开发的需求,而其他的则是已提出但还没有被接受或没有着手开发的需求。

2) 需求跟踪

为了避免在开发过程中发生与需求基线不一致或者偏离的风险,控制开发的质量、成本和时间,人们提出了需求跟踪的方法。需求跟踪能够在需求变化中协调系统的演化,保持各项开发工作对需求的一致性。

3) 变更控制

当需求基线确定之后,添加新的需求或修改原有的需求都必须通过需求变更流程来操作,同时记录变更情况、变更日期、变更原因等。需求变更管理的目标是控制变更,而非避免变更。变更控制的目标是减少变更对开发工作的影响。

3.2 业务建模与 UML 概述

3.2.1 业务建模

业务需求分析在可行性研究阶段就已经开始了:通过分析业务问题找出可能的解决方案,对方案进行成本/效益分析等。但在可行性研究阶段,只是初步地、笼统地进行了业务分析,当可行性研究评审通过,项目正式立项后,将展开详细的业务分析工作。

在业务分析过程中,需要来自软件开发组织的需求分析工程师(本书不区分业务需求分析工程师和系统需求分析工程师,统称为需求分析工程师)和来自项目提出方的业务专家两方面人员一起合作完成业务分析阶段的任务。业务专家从业务视角来分析业务流程、探讨如何解决业务问题;需求分析工程师需要学习像业务专家一样思考、理解组织目标,并从技术视角分析问题、提出解决方案,从而支持组织顶层目标的实现。

1. 系统建模及模型

系统建模是建立系统抽象模型的过程,每个模型从不同的视角表示系统。在业务需求分析阶段建立业务模型,是为了帮助人们理解业务流程;在系统需求分析阶段建立系统需求模型,是为了得到明确的系统需求;在系统设计阶段建立设计模型,是为了描述系统如何实现;在系统运行阶段建立运行模型,是为了描述系统的部署和运行结构。

在绘制系统模型时,可以灵活运用图形化建模表示方法,目的是使模型更容易理解。在软件生命周期的每个阶段,图形化模型都可以作为一种讨论问题的方式推动软件开发进程,并且在达成共识后,以文档的形式将模型确定下来,前提是应当正确地使用相应的建模表示法,并且确保模型是对系统的准确描述。

2. 业务模型的概念及作用

在业务分析的过程中,一个重要的任务是把在需求调研阶段以各种形式获取的、各种不同呈现类型的资料进行抽象和简化,这个抽象的过程称为建立业务模型,简称业务建模。抽象后得到的以文字、图、表等形式来呈现业务需求的结果称为业务模型。业务需求是为了实现顶层需求而提出的,业务建模的目的是从项目提出方的角度明确系统应该提供的价值。

业务模型的作用主要体现在以下三方面。

1) 厘清现行业务

厘清现行业务的现状:参与者、干系人、主要解决的业务问题和业务流程等。业务模型是对现行业务的简化和抽象表述。通过业务模型,人们可以直观地把握和理解现行业务,业务模型对理解复杂的业务领域更有帮助。

2) 业务流程再造

不断改进业务流程是组织提高管理水平、增加竞争力的有效途径。通过对业务模型的分析有助于找到业务流程中需要优化的业务环节,改进现行业务流程,从而实现组织提出的愿景和期望。

3) 建立系统需求分析模型的基础

业务模型是系统需求分析阶段的重要输入,是建立系统需求分析模型的基础。

深入思考 3.2 需求是技术无关的,那么在业务建模时是否可以完全不考虑技术?

企业视角:理论上讲,在业务建模阶段,不但要保证需求的技术无关性,还要保证需求不要深入细节。因为在这个阶段,最重要的事情就是要了解业务的全貌,深入细节会舍本逐末。但在企业实践中,很难避免在业务建模阶段讨论技术。如果客户组织已有一个现行系统,就难以避免讨论新旧系统的兼容或者重新规划等问题。

详情请参见微课视频 3-2。

3. 业务建模类型

描述一个业务需要三个基本要素:业务主体、流程和数据。业务主体是指客户所属组织机构的部门或个人,也可以是其他软硬件系统;流程是指为达到特定的价值目标,由不同的业务主体合作完成的一系列活动;数据是指执行活动所需要的或在执行活动过程中产生的信息。业务需求分析过程将围绕这三个要素,从不同角度对业务需求进行业务建模。

1) 业务场景建模(从业务主体的角度看)

业务场景建模作为一种需求分析技术,用途十分广泛。什么是业务场景?业务场景就是企业和商家需要在某个特定的场景中,适时提供给消费者可能需要的以及关联的产品或服务。

业务场景建模成果:针对场景所要达成的业务目标,基于生态圈、价值链分析和业务部门需求进行需求调研,识别业务场景参与者;结合各参与者需求,分析业务目标和事件,识别业务场景,绘制业务场景模型,形成业务场景列表。

2) 业务流程建模(从流程的角度看)

业务流程建模的目的是帮助人们理解业务执行过程,了解部门职责及部门之间的业务衔接。

业务流程建模成果:针对某一个业务,识别所有业务活动并描述这些业务活动之间的关系,了解这些业务活动执行所需的信息、执行完毕后产生哪些数据,同时标识出这些业务活动所属的职责部门或岗位,绘制业务流程图。

3) 业务领域建模(从数据的角度看)

业务领域建模是在业务流程描述的基础上,针对每一个业务过程,识别出业务实体,确定实体之间的关系后生成业务对象模型。

业务领域建模成果:以面向对象的视角,建立描述现实世界中各种事物之间关系的业务类图(或称领域类图)。业务类图的建立将为在系统需求分析阶段构建分析类图打下基础。

4. 业务建模语言

目前,业务建模领域还没有出现大家普遍接受的业务建模语言,下面介绍两种影响比较大的业务建模语言。

(1)业务流程建模符号:业务流程建模符号(Business Process Modeling Notation,BPMN)是由非营利组织——业务过程管理组织(Business Process Management Initiative,BPMI)开发的一套标准。BPMI于2004年5月对外发布了BPMN 1.0规范。后来BPMI并入到对象管理组织(Object Management Group,OMG),OMG于2011年推出BPMN 2.0标准,对BPMN进行了重新定义。BPMN的主要目标是提供一些被所有业务用户容易理解的符号,从创建流程轮廓的业务分析到这些流程的实现,直到最终用户的管理监控。

(2)UML业务建模:统一建模语言(Unified Modeling Language,UML)是一种定义良好、易于表达、功能强大且普遍适用的可视化建模语言。1997年,UML被OMG采纳成为工业标准,UML的出现有力推动了建模技术在软件业的应用和推广。UML提供了一套标准的制图技术和模型符号,它不仅包含软件建模的功能,还包含了业务建模、流程建模等多种建模功能。目前80%的建模工具是在UML基础上加以变化或扩展形成的。

5. 业务建模工具

在业务建模过程中,选择的工具应支持上述建模语言或建模符号。主流的业务建模工具包括Microsoft Visio、Enterprise Architect(EA)、Rational Rose等。

本书案例从业务需求分析开始,采用UML作为建模语言,选用Microsoft Visio作为建模工具,介绍软件生命周期各阶段的建模成果。

3.2.2 UML 概述

从20世纪70年代开始,不断地有面向对象的建模语言面世,但新的问题也随之而来——没有统一的标准。面向对象的分析与设计方法(Object Oriented Analysis Design,OOAD)在20世纪80年代末至90年代中期得到了充分的发展,UML就是这个发展过程中的产物。

1. UML 发展历史

- 1991年,由James Rumbaugh等5人提出了面向对象的建模技术(Object Modeling Technology,OMT)方法,采用面向对象的概念,引入各种独立于语言的表示符号,所定义的概念和符号可用于软件开发的分析、设计和实现的全过程。该方法是一种面向对象的开发方法,开发工作的基础是对真实世界的对象建模,然后围绕这些对象使用分析模型来进行独立于语言的设计,面向对象的分析建模促进了对需求的理解,有利于开发更清晰、更容易维护的软件系统。
- 1994年,Jacobson提出了面向对象的软件工程方法OOSE,它是一种在OMT的基础上用于对功能模型进行补充指导的系统方法。其最大特点是面向用例,并在用例的描述中引入了外部角色的概念。
- 1994年10月,Grady Booch和James Rumbaugh首先将Booch 93和OMT-2统一,并于1995年10月发布了第一个公开版本UML 0.8。
- 1996年6月和10月,在Booch、Rumbaugh和Jacobson三人的共同努力下,发布了两个新的版本:UML 0.9和UML 0.91,并将UM重新命名为UML。
- 1996年,DEC、HP、IBM、Microsoft、Oracle、Rational Software等公司和组织成立了UML成员协会,职责是完善、加强和促进UML的定义工作。

- 1997 年 1 月,UML 1.0 版本发布。
- 1998 年,UML 1.2 版本发布。
- 1999 年,UML 1.3 版本发布。
- 2003 年,UML 1.5 版本发布。
- 2005 年 7 月,UML 2.0 版本正式发布,这是对 UML 的一次重大修订。
- 2011 年,UML 2.4 版本发布。
- 2012 年,UML 成为国际标准化组织(International Organization for Standardization, ISO)规定的国际标准规范。
- 2015 年,UML 2.5 版本发布。

2. UML 的特点

UML 称为统一建模语言,它的命名本身就体现了它的 3 个特点。

1) 统一(Unified)

统一表示 UML 是一种通用的标准,它被 OMG 认可,为软件工业界的一种标准。UML 表述的内容能被各类人员所理解,包括客户、领域专家、分析师、设计师、程序员、测试工程师及培训人员等。UML 为不同类型的人员进行充分沟通提供了一个统一的平台。

2) 建模(Modeling)

建模表示 UML 不是一种编程语言,而是从不同角度对系统进行描述。它可以用于业务建模、流程建模、数据库建模等多种应用领域。模型本质上是为参与系统开发的各类人员提供一种各方都能理解的语言,使他们能够基于此来理解业务、需求以及系统的体系架构。

3) 语言(Language)

语言表明 UML 是一种描述规范,而不是一种方法论或开发框架。UML 使用一套按照特定规则和模式组成的符号系统,包括图形符号、自然语言和形式语言相结合的方法来描述目标,为不同工作领域的人们沟通时提供标准化的建模语言,以便他们开发和交换有意义的模型。

3. UML 与 RUP

UML 是建模语言,能够用它的表示和规则为系统进行面向对象的建模,但它仅仅是一种系统建模语言,并没有告诉建模人员应该如何使用它。为了使用 UML,就需要软件过程来指导。

UML 独立于特定的编程语言和开发过程,可以将它运用于许多软件过程。由于 UML 是伴随面向对象技术产生的,在第 1 章中提到的 RUP 正是目前影响较大的、面向对象的软件开发过程。因此,可以说 RUP 是一种特别适应于 UML 的生命周期方法。RUP 提出了一整套以 UML 为基础的开发准则,它为软件开发人员有效地使用 UML 提供了指导。

4. UML 的图

本书不过多介绍 UML 中的元素和规则,主要结合软件过程介绍 UML 各种图的用法。UML 2.0 标准一共定义了 14 种图,分为结构图和行为图两大类,如图 3-5 所示。

1) 类图

类图描述了系统中对象的类型以及它们之间存在的各种静态关系,是系统静态对象结构的图形描述。

2) 对象图

对象图描述了一组对象及它们之间的关系。对象图是类图的一个实例,是系统在某个时间点的详细状态的快照。和类图一样,对象图给出系统的静态设计视图或静态进程视图。

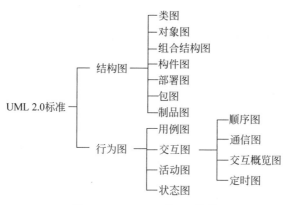

图 3-5　UML 2.0 的 14 种图

3）组合结构图

组合结构图描述了一个组合结构的内部结构以及它们之间的关系。组合结构图用于画出组合结构的内部内容。它用来表示系统中逻辑上的"组合结构"。

4）构件图

构件图展现了一组构件之间的组织和依赖。它与类图相关，通常把构件映射为一个或多个类、接口、协作。

5）部署图

部署图展现了运行处理结点以及其中的构件配置。部署图给出了体系结构的静态实施图。它与构件图相关，通常一个结点包含一个或者多个构件。

6）包图

包图描述了模型的组织。包可以把所建立的各种模型组织起来，形成各种功能或用途的模块，并可以控制包中元素的可见性，以及描述包之间的依赖关系。

7）制品图

制品图用于面向对象系统的物理建模。制品图展示了一组制品之间的组织及其依赖关系。利用制品图可以对存在于结点上的物理事物进行建模，物理事物是指可执行程序、库、表、文件和文档等。制品图实质上是针对系统制品的类图。制品图通常与部署图一起使用。

8）用例图

用例图是指由参与者、用例、边界以及它们之间的关系构成的用于描述系统功能的视图。它用来描述边界内部的系统与边界外部的用户（或其他系统）之间的交互视图，强调的是系统能够做什么，而不是系统如何工作。

9）顺序图

顺序图也可称为序列图，是一种交互图。顺序图展示了在用例的特定场景中，对象如何与其他对象交互。通过描述对象之间发送消息的时间顺序展示对象如何进行动态协作。

10）通信图

通信图也是一种交互图，它强调收发消息的对象或参与者的组织关系。顺序图和通信图表达了类似的基本概念，但它们所强调的概念不同。顺序图强调的是时序，通信图强调的是对象之间的合作关系而不是时间顺序。在 UML 1.X 版本中，通信图被称为协作图。

11）交互概览图

交互概览图是 UML 2.0 新增的交互图之一，它主要描述交互（特别是关注控制流），但是抽掉了消息和生命线，使用活动图的表示法，可以看作是活动图和顺序图的混合物。

12) 定时图

定时图也是一种交互图,它强调消息跨越不同对象或参与者的实际时间,而不仅仅是关心消息的相对顺序。

13) 活动图

活动图描述了具体用例的实现流程,说明活动之间的依赖关系。活动图对系统的功能建模和业务流程建模特别重要。

14) 状态图

状态图是对一个单独对象的行为建模,它用来表示指定对象在整个生命周期响应不同事件的不同状态,强调事件导致的对象状态的改变。状态图对于接口、类或协作的行为建模尤为重要。

3.3 业务场景建模

业务场景建模通常是从用户的角度来理解业务,一个业务场景可以通过以下 3 个要素来进行表述:

- 谁:识别参与者,用人或者系统描述。
- 在什么环境下:识别上下文,用时间、空间和状态描述。
- 干什么和遇到什么问题:识别完成的事情,用活动序列描述。

常见的场景建模技术包括上下文图、用例图、用户故事等。

1. 上下文图

上下文图是一个分析模型,通常在项目的早期使用,以确定调查的范围。特点:以系统为中心,被环境中的所有外部实体和交互系统包围,没有系统内部结构的细节。

2. 用例图

用例图是指由参与者、用例、边界以及它们之间的关系构成的用于描述系统功能的视图。特点:简洁、直观、站在用户的角度来描述系统和外部参与者之间的关系。

3. 用户故事

用户故事在软件开发过程中被作为描述需求的一种表达形式。为了规范用户故事的表达,便于沟通,用户故事通常的表达格式为:作为一个〈用户角色〉,我想要〈完成活动〉,以便于〈实现价值〉。

本书在业务需求分析阶段选择上下文图作为业务场景建模工具,在系统需求分析阶段选择用例图作为系统功能建模工具。

3.3.1 上下文图

根据范围界定的不同,上下文图分为业务上下文图和系统上下文图。

在业务需求分析阶段,业务上下文图以组织为边界,以业务为黑盒子,标识出参与业务的组织内部参与者和外部参与者及其发起的业务事件;在系统需求分析阶段,系统上下文图以系统为边界和黑盒子,标识出与系统进行交互的参与者及其发起的业务事件。

1. 业务上下文图

以茉莉餐厅的核心业务"就餐"业务为例,其业务上下文图如图 3-6 所示。

在图 3-6 中,外部的大矩形盒子代表"组织边界",在本例中为茉莉餐厅。内部的小矩形盒子代表"业务边界",在本例中为就餐业务。业务上下文图的建模步骤如下:

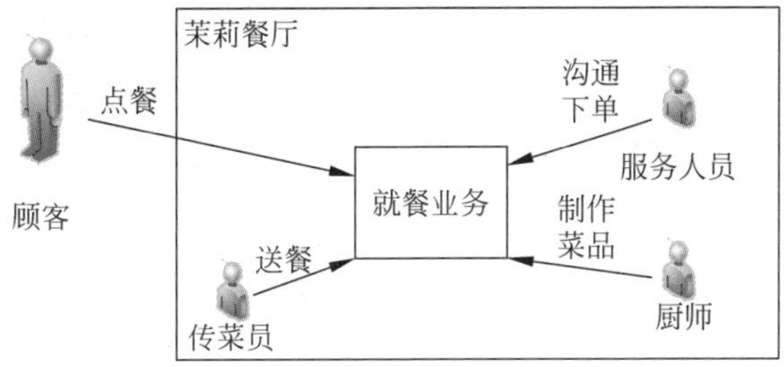

图 3-6 业务上下文图示例

（1）标识组织外部参与者。顾客是"茉莉餐厅"的外部参与者。

（2）明确组织外部参与者发起的业务事件。由顾客发起"点餐"业务事件。

（3）寻找业务相关的内部参与者。餐厅为了处理"就餐业务"，需要餐厅内部的服务人员、厨师和传菜员协同配合，各自执行负责的业务活动后，才能完成就餐业务。

在图 3-6 中，完成"就餐"业务需要四个参与者：顾客、服务人员、厨师和传菜员，业务上下文图揭示了组织内部和外部参与业务交互的参与者。需要特别说明的是，在下一步使用泳道图绘制业务流程图时，业务上下文图中的各个参与者将对应泳道图中的各个泳道。

深入思考 3.3 在图 3-6 中，厨师在就餐业务过程中发起的"制作菜品"事件是明显的人工环节，它和待开发的餐厅软件系统似乎无关，将这个参与者列出来是否多余？

参考答案： 在业务上下文图中列出所有的业务事件是业务需求分析的一个重要线索，业务事件是响应外部用户请求、实现组织价值的核心途径，因此也是组织进行业务流程再造的重要切入点。在业务需求调研的访谈过程中，向每个参与者提问的内容可能是："你现在面临的问题是什么？你在什么业务中遇到了这个问题？如果这个问题解决了，将会为组织带来什么好处？"以厨师为例，厨师的业务事件是"制作菜品"，在调研访谈时，厨师可能会提到："现在顾客下的单子虽然是打印出来按顺序放置的，但有时候不小心单子的顺序乱了，会导致早来的顾客等待时间比晚来的顾客还长，经常会被投诉，这是我遇到的最大问题"，那么针对这个问题，在业务流程再造时，就可以考虑为后厨安装一套"后厨餐饮管理系统"，将整个下单和出菜流程信息电子化。

因此，在绘制业务上下文图时，不要省略那些目前看来是人工完成的环节和业务事件，随着技术的进步和组织管理思维的转变，每个业务环节都有可能被优化。

详情请参见微课视频 3-3。

2. 系统上下文图

系统上下文图定义了所开发的系统和系统外部实体（如使用人员、硬件设备和其他软件系统）之间的边界和接口。系统上下文图的目标是通过明确系统相关的外部因素和事件，促进更完整地识别系统需求和约束。

例如，经过分析评判，认为茉莉餐厅目前存在的问题是：点餐环节花费的人力较多，顾客体验不够良好；后厨的出菜顺序和菜品数量管理混乱。拟通过运行智能餐厨系统来改善茉莉餐厅现状。"智能餐厨系统"上下文图示例如图 3-7 所示。

3.3.2 案例的业务场景建模

本节案例围绕社区养老服务的实际工作，从各干系人的角度出发，确定各自的业务目标，按照业务上下文图建模的基本步骤完成业务场景建模。

1. 识别组织边界

组织边界一般就是业务运行所属的组织。本案例的核心业务是养老服务，所属组织为养老服务的直接管理组织——社区。所以,"社区"就是本案例的业务组织边界。

图 3-7   "智能餐厨系统"上下文图示例

2. 寻找外部参与者参与的核心业务事件,确定业务列表

由于一个组织的价值是通过组织作用于外部用户产生的,所以首先寻找组织的主要外部用户,由他来激发组织内部的响应,也就是首先确认外部参与者。在本案例中,外部参与者为老年人/老年人亲属、养老服务提供商、接单人员、民政局养老负责人。然后确定每一个外部参与者与业务交互的主要目的,并从中抽取业务。业务抽取过程如下所述。

(1)老年人/老年人亲属希望社区提供相关的养老服务,如果服务出现问题,可以找社区进行投诉;养老服务提供商希望社区能公平、公正地对老年服务订单进行派单,同时自身也能向接单人员公平、公正地派单;接单人员希望能准确、方便地完成接单工作,能获得准确的老年人相关信息并完成客户的订单支付确认工作。据此抽象得到"养老服务订单处理"和"养老服务投诉处理"业务。

(2)民政局养老负责人希望社区能定期提供其养老服务的工作开展情况,以对社区工作进行评估;民政局养老负责人会定期为满足条件的老年人发放养老券,用以支付某些养老服务。据此抽象得到"养老服务评估"和"养老券发放"业务。

根据上述分析,获取社区在养老服务方面的业务列表是:养老服务订单处理、养老服务投诉处理、养老服务评估、养老券发放。

3. 绘制业务上下文图

下面以"养老服务订单处理"业务为例,绘制其业务上下文图,如图 3-8 所示。

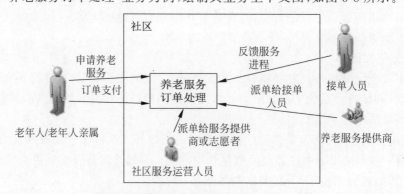

图 3-8   "养老服务订单处理"业务上下文图

在图 3-8 中,完成"养老服务订单处理"业务需要四个参与者。其中,三个外部参与者为老年人/老年人亲属、养老服务提供商、接单人员;一个内部参与者为社区服务运营人员。老年人/老年人亲属发起的业务事件为"申请养老服务"和"订单支付";接单人员发起的业务事件为"反馈服务进程";养老服务提供商发起的业务事件为"派单给接单人员";社区服务运营人

员发起的业务事件为"派单给服务提供商或志愿者"。

3.4 业务流程建模

业务场景建模通过业务上下文图确定了业务的内外部参与者及其发起的业务事件,那么对于业务流程如何运转,就需要将业务展开进行业务流程分析。对于流程简单的业务,可以通过文本进行描述;对于流程较复杂的业务,一般借助流程图来完成业务流程分析。

3.4.1 流程图模型

适用于描述流程的模型有很多,下面重点介绍三种常见的流程图:系统流程图、跨职能流程图、UML 活动图。

1. 系统流程图

系统流程图是概括描绘系统物理模型的传统工具,它的基本思想是用图形符号以黑盒子形式描绘系统里面的每个具体部件(程序、文件、数据库、表格、人工过程等),并表达数据在系统各个部件之间流动的情况。系统流程图的绘制通常采用自上而下、自左向右的顺序原则。

系统流程图中的某些符号与程序流程图中的符号形式相同,但是系统流程图与程序流程图是不同的。程序流程图表达了对信息进行加工处理的控制过程,重点在控制流;系统流程图表达了信息在系统各部件之间的流动情况,重点在数据流。

系统流程图的常用基本符号及含义如表 3-1 所示。

表 3-1 系统流程图常用基本符号

符 号	名 称	说 明
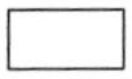 ▭	处理	表示能引起数据改变的处理功能
 ▱	输入输出	表示输入或输出
 ◇	判断	表示判断或开关类型功能
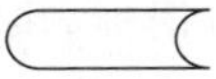 ⊐	联机存储	表示可以通过输入输出设备访问的数据库中的数据存储
 ⬚	文档	表示打印输出数据,也可表示打印端输入数据
 →	数据流	表示数据流动方向
 ⬭	数据库	表示存储数据的数据库
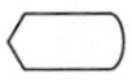 ⬠	显示	显示终端或部件,用于输入输出
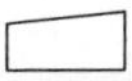 ▱	人工输入	人工输入的脱机处理
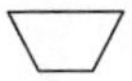 ▽	人工操作	人工完成的处理
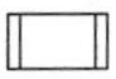 ▯	既定处理	表示已经命名好的处理
 ∽	通信链路	通过远程通信线路或链路传送数据

下面以"点外卖"业务流程为例,绘制系统流程图,如图 3-9 所示。

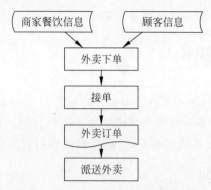

图 3-9 "点外卖"业务系统流程图示例

在图 3-9 中,系统首先获取商家餐饮信息和顾客信息,在两方面信息都具备的情况下可以完成外卖下单,然后商家接单生成外卖订单,最后将外卖派送到顾客手中。

系统流程图有两个缺点:

(1) 系统流程图虽然重点在于表达数据在系统各部件之间的流动,但是在绘制时,数据和加工是混合在一起的,数据流和控制流没有明确的区分。

(2) 系统流程图中的处理只有动作,无法表现执行动作的业务实体,使得业务流程无法清楚表述负责该业务的职能部门。

2. 跨职能流程图

跨职能流程图可以解决系统流程图表达上的缺陷。跨职能流程图是商业建模领域的标准工具。一个组织的业务流转通常需要各个职能部门的通力协作,很多业务流程不仅涉及组织内部的多个部门,甚至需要组织外部的机构配合完成。在这样的情形下,使用跨职能流程图(也称泳道图)定义各泳道的职责,能够使流程更加清晰。每条泳道代表一个人、部门或系统,每个泳道中的活动代表所属泳道的职责。因此,在业务需求分析过程中,业务流程图选用跨职能流程图是一个较好的选择。

下面以工厂生产的采购流程为例,绘制采购业务的跨职能流程图,如图 3-10 所示。由此案例初步认识跨职能流程图中的各种基本元素。

工厂生产通常的采购基本流程为:采购人员根据需求部门所提出的采购需求制定采购计划,采购计划需要满足公司生产计划所需。然后邀请一些潜在的供应商开始招标,供应商参加招标会竞标后确定供应商。选定供应商后,准备合同的签订(确定付款条件、货运方式、售后服务等),合同需要需求部门、法务部门、财务部门审查确认后才能够正式签订,生成采购订单。之后供应商发货,工厂收到货物后由质检部门验收,验收合格后进行财务结算付款。

在图 3-10 中,跨职能流程图特有的框架元素如下所述:

1) 泳道

共有 6 个部门参与完成采购业务流程。6 个部门分别对应 6 个泳道,包括采购部、需求部门、法务部门、财务部门、质检部门和供应商。每个部门负责的业务在各自的泳道中描述,职责清晰。

2) 任务阶段

采购业务分为两个阶段:签订合同前和签订合同后。将不同阶段要执行的业务活动划分清楚。

跨职能流程图的常用基本符号及含义如表 3-2 所示。

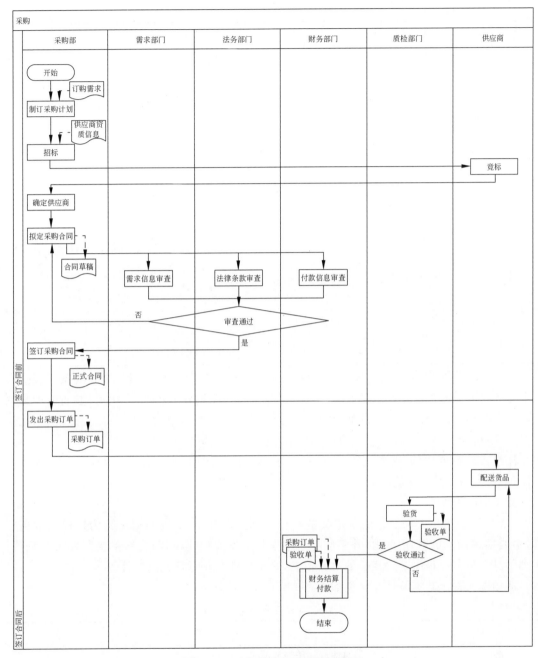

图 3-10 采购流程的跨职能流程图

表 3-2 跨职能流程图常用基本符号

符 号	名 称	说 明
	开始/结束	只能有一个开始结点,可以有多个结束结点
	判断	表示判断或开关类型功能
	处理	表示能引起数据等改变的单个操作
	文档	表示支持流程运行所需的文件、数据
——→	处理流	表示处理流程的流动方向

续表

符 号	名 称	说 明
- - - →	数据流	表示在处理执行时涉及的数据 箭头指向处理：代表处理所需的数据 箭头从处理向外指出：代表处理所产生的数据
跨职能流程特有的元素		
(泳池符号)	泳池	泳池是泳道图的一个外部框架,泳道、流程都包含于泳池里 泳池是随着泳道的拖放自动形成的,无需绘制
(泳道符号)	泳道	泳池里可以创建多个泳道 根据泳道摆放的方向不同,分为垂直泳道图和水平泳道图 泳道垂直于画布摆放,称为垂直泳道图 泳道水平于画布摆放,称为水平泳道图
(流程阶段符号)	流程阶段	通过任务阶段来区分,明确各个阶段需要处理的任务环节。如：售前—下单—售后 阶段划分是随着分割线的拖放自动形成的,无需绘制 如果没有放置分割线,则流程图不区分阶段,只有一个阶段
(分割线符号)	分割线	表示阶段的划分 水平分割线用于垂直泳道图的阶段划分 垂直分割线用于水平泳道图的阶段划分

图 3-10 中的实线线条代表采购业务所需的各种活动之间的跳转流程,虚线线条代表执行某个业务时所需的数据或产生的数据。不同的标识将活动跳转的控制流和活动执行时的数据流做出了明确的区分。例如：在执行"制订采购计划"活动时需要输入"订购需求"信息,在执行"签订采购合同"后会输出"正式合同"文档。

注意：图 3-10 中的"财务结算付款"使用了系统流程图中的"子流程"符号,代表"采购业务流程"走到财务结算步骤时,在此不展开说明,详情参见"财务结算付款"业务流程。

3. UML 活动图

UML 活动图是 UML 规范中定义的一种图,是 UML 对系统的动态行为建模的常用工具,主要描述活动的顺序,可以用来对业务过程和工作流程建模,与传统的流程图十分相似。活动图具有更多与程序开发相关的语义信息,对于软件开发更具有指导性。

活动图的常用基本符号及含义如表 3-3 所示。

表 3-3 活动图常用基本符号

符 号	名 称	说 明
●	开始	只能有一个开始结点
◉	结束	可以有多个结束结点
⬭	活动	表示一个动作、操作
→	控制流	表示活动跳转流程
◇	分支	可以有一个进入控制流和多个离开控制流 每个离开控制流都有一个判断条件,条件之间必须互斥,满足该条件时就执行它指向的活动
(分岔符号)	分岔	并行控制流。分岔有一个进入控制流和多个离开控制流,离开控制流是并发处理

续表

符 号	名 称	说 明
↓	汇合	并行控制流。汇合有多个进入控制流和一个离开控制流,进入控制流是并发处理
▯	泳道	泳道将活动图中的活动状态分组,每一组表示一个特定的类、人或部门,它们负责完成组内的活动 每个活动都明确属于一个泳道,不可以跨越泳道

下面以细化后的"点外卖"业务流程为例说明活动图的绘制。

顾客通过外卖平台点外卖的业务流程通常是:顾客浏览餐饮信息,选择好餐食下单,之后选择支付方式准备付款,若在规定时间内付款成功,则商家会接到订单,否则订单会被取消。商家接到订单后,在准备餐食的同时,有外卖小哥接到送外卖的派单并赶往商家,当外卖小哥到达和商家完成餐食打包这两个条件都满足时,即可进入派送途中,直到餐食被送至顾客手中,此次外卖交易结束。基于上述点外卖的业务流程绘制活动图,如图 3-11 所示。

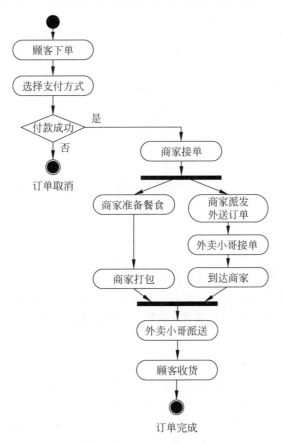

图 3-11 点外卖流程的活动图

在实际的控制流中,除了顺序、分支和循环结构外,还有一种是并发事件流,在 UML 活动图中,使用分岔与汇合来表示事件的并发处理。在图 3-11 中体现了分岔与汇合的用法。在本例中,当商家接单后,系统将并行处理两方面事务:一是餐饮商家根据订单信息开始餐食制作、打包;二是商家派发外送订单,外卖小哥接单后,赶往餐饮商家准备送货。这两类事件是并发处理,当这两个并发处理都完成时,控制流汇合,跳转到"派送"活动中。

图 3-11 所示的活动图为基本活动图,与系统流程图类似,基本活动图与系统流程图一样,同样无法体现每个业务活动是由哪个岗位或角色执行的。因此,在基本活动图的基础上,可以通过添加泳道来明确各个活动由谁负责,变形后的活动图称为"带泳道的活动图"。

对图 3-11 的基本活动图添加泳道后,形成带泳道的活动图,如图 3-12 所示。

点外卖流程中活动所涉及的角色包括:顾客、商家、外卖小哥,对应图 3-12 中的三个泳道。在图 3-12 中,每个活动、分支只能属于一个泳道,而分岔、汇合可以跨泳道。活动图中的箭头体现了活动控制流,泳道体现了负责泳道内活动的角色。

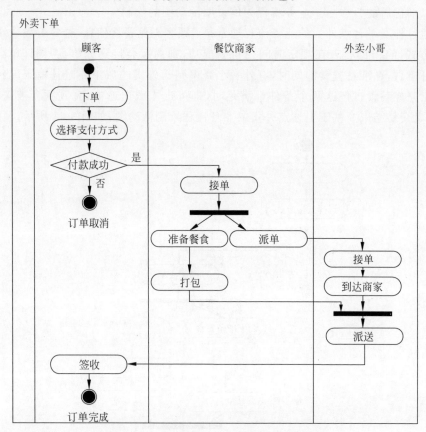

图 3-12　点外卖流程——带泳道的活动图

3.4.2　业务流程图

业务流程是指一组为客户创造价值并相互关联的活动。在业务需求分析过程中,业务流程图只是手段,不是目的。绘制业务流程图的目的是:在业务流程图建模完成后,对模型进行深入分析,帮助组织寻找业务流程中能够提升业务价值的环节加以改进。

本书选用"带泳道的活动图"作为绘制业务流程图的建模工具。

以图 3-6 茉莉餐厅上下文图中的"就餐"业务为例,根据"从上下文图中识别出的各个参与者正是下一步分析业务流程中泳道图对应的各个泳道"原则,获得"就餐"业务流程图的泳道为顾客、服务员、传菜员、厨师。

绘制现行的茉莉餐厅顾客就餐业务流程图,如图 3-13 所示。

通过业务流程图能够揭示出现有业务流程中的一些瓶颈环节,从而获得业务流程改进的启示和可能。改进后的茉莉餐厅顾客就餐业务流程图如图 3-14 所示。

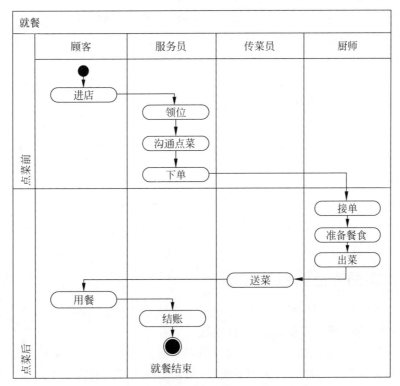

图 3-13 现行的茉莉餐厅顾客就餐业务流程图

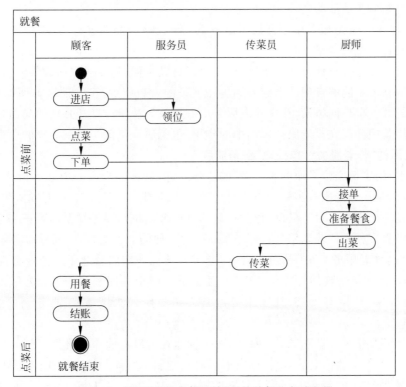

图 3-14 引入"自助点餐系统"后的就餐业务流程图

在图 3-13 的就餐流程中,服务员所在泳道的活动包括:配合顾客点菜下单;在就餐过程中配合顾客加单;当顾客询问菜品目前是否已开始烹饪时,到后厨确认以便答复顾客的问询。整体看就餐业务流程中服务员的工作量比较大,餐厅在此环节需要投入的人力较多。图 3-13 中原本由服务员负责的"点餐"和"付款"的业务活动,在图 3-14 中改进为交由顾客去完成,目前流行的小程序或公众号技术为点餐环节的业务流程改进提供了技术上的可能性。图 3-14 中,顾客也可以通过微信小程序自行查询目前菜品的进展,能够大大减少服务员的工作量,进而降低餐厅的人力成本。

当然,在改进业务流程的同时,也会面临其他相关问题。例如,顾客使用小程序或公众号自助结账,就有可能出现"逃单"的问题,如何避免或减少此类现象发生是餐厅需要考虑的;引入"自助点餐系统"的系统购置费用和人力成本的节约费用相比,需要从经济效益上进行分析,判断是否能够真正节约企业开支,等等。所以,当业务流程图建模完成后,对业务流程提出改进方案时,需要对流程改变带来的影响做预估,才能更好地减少变更带来的不利影响,最大化体现业务流程改进为企业带来的价值和意义。

3.4.3 案例的业务流程建模

本节以"养老服务订单处理"业务为例,进行业务流程建模。

1. 社区现行"养老服务订单处理"业务流程

目前,社区有一个"养老服务中心"为老年人提供各种服务,服务种类主要包括三种服务。

(1) 饮食:养老服务中心开设了怡老餐厅,如果老年人有饮食方面的需求,需要提前电话预约,然后在规定时间内自行出门到餐厅吃饭。

(2) 娱乐:养老服务中心开设了棋牌室,如果老年人有娱乐方面的需求,无需预约,可以自行到棋牌室参与各项活动。

(3) 日常体检:养老服务中心开设了医务室,无需预约,能够进行体重、身高、血压、心率、血糖等方面的日常检查。

社区目前的养老服务种类比较单一,而且对于行动不便、只能居家的老年人基本没有提供实质性的帮助。由于能够自理的老年人到餐厅就餐的人数较少,医疗健康方面的服务不专业使得医务室的开设也形同虚设,社区养老服务中心面临无法维持日常开销的局面,社区没有真正发挥出基层管理部门在养老服务方面中的作用,也无法真正落实国家倡导的居家养老政策。

2. 改进后的"养老服务订单处理"业务流程

本着"专业的事情交给专业的人去做"的业务理念,社区养老服务中心不再从事具体的养老服务事务,而是从养老服务实施中心变身为养老服务调度中心,为老年人群体和养老服务提供者之间搭建一个沟通平台。借助"智慧社区养老服务系统",以提供上门服务为主,可以为老年人群体提供更多种类的养老服务;充分兼顾行动不便的居家老人,全面覆盖老年人群体。

"智慧社区养老服务系统"投入运行后,老年人从社区获取养老服务的业务流程变更,如图 3-15 所示。图 3-8"养老服务订单处理"业务上下文图中的四个参与者:老年人/老年人亲属、养老服务提供商、接单人员、社区服务运营人员被转换为图 3-15 业务流程图中的四个泳道。

(1) 当老年人有养老服务需求的时候,有 3 种途径可以完成养老服务下单。

① 若老年人不愿意记电话号码,可以通过购买定制的智能手机来解决。定制手机的智能终端上有红绿两个按钮,绿色按钮代表日常的服务请求,红色按钮代表紧急求助,两个按钮都可以通过系统拨号连接到"智慧社区养老服务系统",系统能够显示拨号智能终端所绑定的老

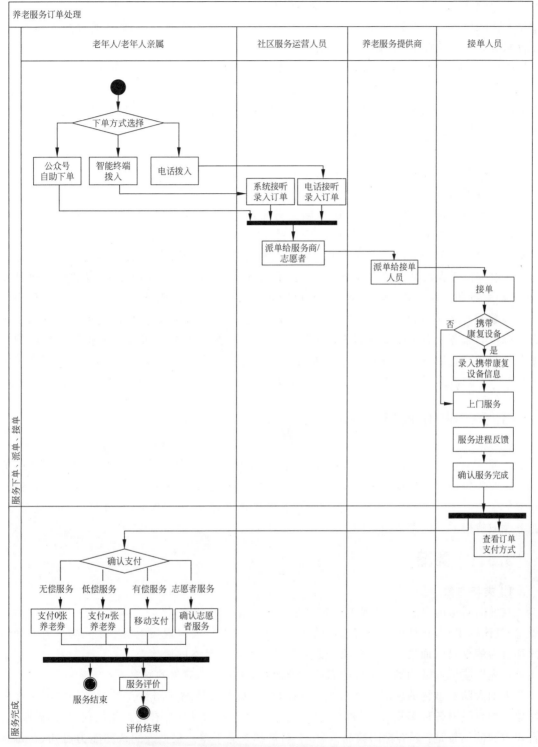

图3-15 "智慧社区养老服务系统"的"养老服务订单处理"业务流程图

年人年龄、住址等相关信息,方便社区服务运营人员快速处理老年人需求。

② 若老年人不愿意购买定制的智能终端,可以通过普通的手机打电话到社区养老服务中心,由社区服务运营人员将老年人的个人信息及服务需求录入到系统中,同样也可以满足老年人需求。

③ 为老年人亲属提供自助下单功能。针对有些不能自理的老年人,或者老年人亲属想为老年人在线申请一些养老服务,可以通过"智慧社区养老服务系统"开通的小程序或公众号,自行查阅服务种类及详情,选择合适的服务下单。

(2) 社区服务运营人员根据服务性质派单给养老服务提供商或者志愿者。

老年人如果只是比较烦闷,想找个人说说话或者陪同去商场购买东西等,这类需求可以派单给志愿者完成;如果需要理发、送餐、上门抽血等专业服务,则需派单给相应的养老服务提供商。养老服务提供商接单后在企业内部派单,接单人员接单后上门服务,如果需要使用康复设备,还应将设备使用信息录入系统。养老服务完成后,接单人员应及时确认。

(3) 老年人或老年人亲属应在服务完成后及时支付订单。

服务订单的支付方式分为 4 种:第 1 种是无偿服务,需支付 0 张养老券(即使如此也需要进行订单支付,以确认服务流程结束);第 2 种是低偿服务,需支付与服务类型相对应的养老券数量;第 3 种是有偿服务,需通过微信、支付宝等方式支付订单;第 4 种是志愿者服务,只需要确认志愿者服务完成即可。这 4 种支付方式其实分为三大类:第一类是养老券支付。养老券由政府部门根据社区管辖内的老年人年龄和身体状况,按照一定的养老券发放规则每月发放,无偿服务和低偿服务实际上是由政府以养老券的形式为养老服务买单,为老年人群体提供一定次数的养老服务,提高老年人群体生活满意度;第二类是自费支付。这种情况适用于只支持自费的服务或者可以支付养老券的服务但养老券已消费完毕,可将服务折算为相应的自费金额;第三类是志愿者服务。这种情况可以为志愿者累计义务服务的小时数,累积到一定数量后为志愿者发放志愿者服务证书予以表彰。

3.5　业务领域建模

业务领域建模的目标是了解这个业务领域中有哪些业务实体,它们之间存在什么样的关系。在业务领域建模的过程中,一般采用"先局部,后全局"的方法,先针对每个业务流程创建局部的领域类图,然后再将所有的局部领域类图进行合并、抽象和提取,形成全局的领域模型。业务领域建模的产物主要是类图。

3.5.1　类图

1. 类与对象

在面向对象的思想中,将现实世界中的万物都看作是对象,这符合人类的思考习惯。"对象"是具体的事物,每种事物都有自己的属性和行为。"类"是对现实生活中某一类具有共同属性和行为的事物的抽象。类与对象是面向对象思想中最基本的概念。

首先以餐厅点餐的场景来理解面向对象思想,了解类和对象的概念。

人的大脑对事物的理解有个归类的过程,会把每个具体物体归类在某个类别之下。面向对象思想也是对各种事物进行归类。思考每个顾客点餐的场景都有什么相似性,如何做归类?直观看到的场景是:顾客翻阅菜品信息,然后选择菜品下单。根据人的认知能力可知,在每张餐台就餐的顾客对象是一类事物,可以抽取为一个类,就是"顾客"类,张先生和李女士就是具体的顾客对象。同理,被翻阅的每一道菜品,可以抽取为"菜品"类,红烧鱼和土豆丝就是具体的菜品对象。点餐场景中还有一类具有抽象性的事物就是顾客下单的内容,可以将其抽取为"订单"类。

类的对象需要执行特定的行为才能描述一个特定的场景。从上述点餐场景中抽取的类有哪些行为呢？顾客把"查询菜品"这件事交由"菜品"类负责（或称把查询菜品消息传递给菜品），"菜品"类就执行"查询"行为，同时接收执行"查询菜品"行为所需的相关信息——"菜品名称"；顾客把"下单"这件事交由"订单"类负责（或称把下单消息传递给订单），"订单"类就执行"下单"行为，同时接收执行"下单"行为所需的相关信息——"菜品"。点餐场景中类之间的交互关系如图 3-16 所示。

图 3-16 呈现了面向对象方法中对象之间的消息传递机制：在面向对象的世界中，对象间的相互联系是通过传递"消息"来完成的。对象之间通过"消息传递"驱动对象执行一系列的操作，从而完成某一任务。换句话说，行为的启动是通过将"消息"传递给对此行为负责的对象来完成的，同时还将附加执行该行为所需的信息（参数），收到消息的对象则会执行相应的"方法"（行为）来实现传达消息者的要求。

总之，在面向对象的思想中，用类和对象描述现实世界中的事物，用消息和方法模拟现实世界中对象之间交互所构成的场景。

2. 类的表示法

在类的 UML 图中，使用一个长方形描述一个类的主要构成。将长方形垂直地分为 3 层：第 1 层是类名，第 2 层是属性，第 3 层是操作，在属性和操作之前的符号代表可见性。当类图重点表示类之间的关系时，下面两层可以省略，以突出重点研究内容。类的表示法示例如图 3-17 所示。

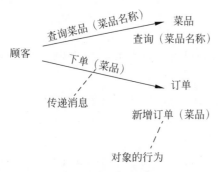

图 3-16　点餐场景中类的交互关系

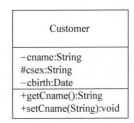

图 3-17　类的表示法示例

1）类名

给类命名时，应遵守下列规则：

- 如果类名使用英文单词，那么类名的首字母应大写。在图 3-17 中，顾客类被命名为"Customer"。类名也可以使用中文进行命名，尤其在业务需求建模阶段，可以帮助客户方理解，便于沟通。
- 类名应见名知义，最好使用业务领域中的术语，不要随意造词。类名应具有明显的可识别度，命名为"A、B"之类的名称就不合适，因为无法从"A、B"这样的名称中初步判断类的含义。类名应含义明确，在餐厅就餐场景中，"顾客"比"用户"就描述得更精准。
- 当类名由几个英文单词复合而成时，应遵循"驼峰规则"：类名每个单词的首字母使用大写。例如，餐厅经理类可命名为 DinnerManager。

2）属性

- 属性用于描述类的本质特征。在面向对象编程中，属性被称为类的成员变量。在图 3-17 中，使用 cname（顾客姓名）、csex（顾客性别）和 cbirth（顾客生日）三个属性来描述每个具体的顾客对象。需要注意的是，只有软件系统需要使用的那些属性才应抽取出来。例如，如果顾客的职业和软件系统运行无关，则无需列出该属性。

- 属性的命名规范也应遵循"驼峰规则":属性的首字母使用小写,其余单词的首字母使用大写。例如,下单日期属性可命名为 orderDate。
- 属性层描述属性的语法格式是:"可见性 属性名:数据类型"。数据类型既可以是基本数据类型(整数、实数、布尔型等),也可以是复杂数据类型(类、接口、枚举、数组等)。

3) 操作

- 操作用于刻画类的功能。在图 3-17 中,getCname()是一个用于获取顾客姓名的操作,在面向对象编程中也称为成员方法。
- 方法的命名规范也应遵循"驼峰规则":方法的首字母使用小写,其余单词的首字母使用大写。例如,修改顾客姓名方法可命名为 setCname(String)。
- 方法名后面有一对小括号,括号内是对象接收传递消息时所附加的信息,称为参数。参数可以没有,也可以是一个或多个。当参数有多个时,参数之间用逗号分隔。参数的命名同属性的命名规则。例如,获取两个整数的最大值的方法可命名为 getMax(int,int)。
- 操作层描述方法的语法格式是:"可见性 方法名(参数列表):返回值类型"。参数列表中只需要标明每个参数的类型即可,不需要写参数名称。返回值类型表示调用方法后,被返回数据的类型。如果没有返回值,则用 void 表示调用方法后无返回数据。

4) 可见性

属性和操作名称前面的符号表示属性或操作的可见性,UML 类图中表示可见性的符号有四种:

＋:表示 public(公用的),对所有类可见;

♯:表示 protected(受保护的),对该类的子孙可见;

－:表示 private(私有的),只对该类本身可见;

～:表示 friendly(友好的),或称包访问权限,只对同一包下声明的其他类可见(什么符号都不使用也可以表示友好权限)。

3. 类之间的关系

日常生活中需要解决的问题经常是复杂的、高度抽象的,从问题中抽象出的类之间往往也是有关系的。类之间的关系通常可以分为以下几种:泛化关系、实现关系、依赖关系、关联关系、聚合关系和组合关系。在 UML 类图中,类之间的关系概览如表 3-4 所示。

表 3-4　类之间的关系

序号	关系名	关系描述	图　符
1	泛化关系	描述了一般事物与该事物中的特殊种类之间的关系	空心三角实线箭头 ──▷
2	实现关系	描述了一个类实现了一个接口的关系	空心三角虚线箭头 ------▷
3	依赖关系	表示一个类依赖于另一个类的定义	虚线箭头 ------→
4	关联关系	表示两个类之间存在某种语义上的联系,它是所有关系中最通用的	实线 ──→

续表

序号	关系名	关 系 描 述	图 符
5	聚合关系	表示"整体与部分"之间的弱关联关系	空心菱形箭头
6	组合关系	表示"整体与部分"之间的强关联关系	实心菱形箭头

1) 泛化关系

泛化关系的本质是继承关系。如果一个类(称为子类)继承另外一个类(称为父类),此时可以说,子类从父类继承而来,父类则是子类的泛化。在 UML 类图中,表示继承关系的空心三角实线箭头由子类指向父类。

图 3-18 是一个继承关系示例,很多情形下父类是抽象类,在 UML 类图中用斜体表示。在图 3-18 中,Animal(动物)是抽象父类,Dog(狗)和 Cat(猫)是子类。Dog 和 Cat 继承了 Animal,也可以说 Dog 和 Cat 可以被泛化为 Animal。

2) 实现关系

实现关系描述了一个类实现接口的功能。实现是类与接口之间最常见的关系。接口是一组规则的集合,它规定了实现接口的类必须拥有的一组规则。接口由类去实现,以便使用接口中的方法。一个类可以实现多个接口。在 UML 类图中,接口用<< interface >>标识,表示实现关系的空心三角虚线箭头由实现类指向接口。

图 3-19 是一个实现关系示例。Car(汽车)是一个实现类,它实现了两个接口 MusicPlayer (音乐播放器)和 Usb(USB)。同一个接口 Usb 可被不同的实现类 Car 和 PC 实现。由示例可知:多个无关的类能够实现同一接口;一个类能够实现多个无关的接口。

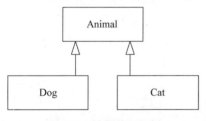

图 3-18 继承关系示例

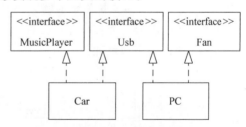

图 3-19 实现关系示例

3) 依赖关系

依赖关系是类之间最弱的关系,是指一个类依赖于另一个类的定义。这种依赖关系具有偶然性、临时性,是非常弱的关系。在 UML 类图中,表示依赖关系的虚线箭头由依赖类指向被依赖类。

图 3-20 是一个依赖关系示例。OldMan(老年人)类的 use(使用)方法只有传入一个 SmartDevice(智能设备)device 对象,调用 device 对象的 dial(拨号)方法才能发挥作用,因此可以说 OldMan 类依赖于 SmartDevice 类。

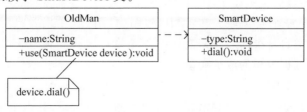

图 3-20 依赖关系示例

　　从示例中看到：若 A 类依赖 B 类,则 B 类将作为参数或返回值类型在 A 类某个方法中使用,所以依赖关系也可以称为 A 类"use"B 类。表示依赖关系还有两种情形,B 类作为 A 类方法中的局部变量;B 类中的静态方法在 A 类方法中被直接调用,本书不再赘述。

　　4) 关联关系

　　关联关系指类与类之间的连接,关联关系是比依赖关系更强的一种关系,两个类之间可以长期合作。关联关系又可进一步分为单向关联、双向关联。两个类之间是一个层次的,不存在部分跟整体之间的关系。

　　(1) 单向关联。

　　图 3-21 是一个单向关联关系示例。OldMan 类把 SmartDevice 类作为 OldMan 类的一个成员变量,则称 OldMan 类关联 SmartDevice 类。从语义上理解,可以说老年人拥有自己的智能设备,因此关联关系也可以称为 A 类"has"B 类。

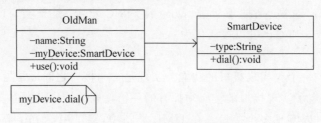

图 3-21　单向关联关系示例

　　在 UML 类图中,表示单向关联关系的两个类使用带箭头的实线来连接,若 A 类关联 B 类,那么 B 类通常是作为 A 类的成员变量出现,箭头的方向由 A 类指向 B 类。

　　(2) 双向关联。

　　图 3-22 是一个双向关联关系示例。OldMan 类既可以把 SmartDevice 类作为 OldMan 类的一个成员变量,表示老年人拥有自己的智能设备;SmartDevice 类也可以把 OldMan 类作为 SmartDevice 类的一个成员变量,表示智能设备拥有自己的主人,它表达了一个双向关联。

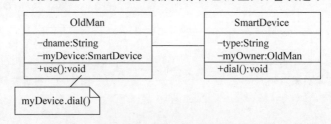

图 3-22　双向关联关系示例

　　在 UML 类图中,表示双向关联关系的两个类用一个不带箭头的实线来连接,双向关联的双方各自持有以对方类作为数据类型的成员变量。

　　(3) 自关联。

　　图 3-23 是一个自关联关系示例。Person(人)类的 children(子女)属性的数据类型是 Person 类自身,即人的子女也是人,它表达了一个自关联。在 UML 类图中,用一个带箭头的实线由类自身指向自身来表达自关联关系,类持有以自身类作为数据类型的成员变量。

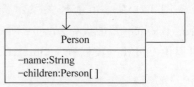

图 3-23　自关联关系示例

　　(4) 关联关系的多重性。

　　关联关系的多重性表示两个关联对象在数量上的对应关系,其表示格式为"$n..m$",n 为连接对象的最小数目,m 为连接对象的最大数目,当数目不确定时用"*"表示,表示多重性的符号应标注在关联关系连线的两端。

关联关系按照多重性划分,可分为一对一、一对多和多对多三种关系。若 A 类和 B 类之间有关联关系,多重性表示方法及含义如表 3-5 所示。

表 3-5 多重性分类、表示方法及含义

多重性分类	A 类多重性	B 类多重性	含　　义
一对一	1	0..1	表示 1 个 A 类对象与 0 个或 1 个 B 类对象关联
	1	1	表示 1 个 A 类对象与 1 个 B 类对象关联
一对多	1	*	表示 1 个 A 类对象与 * 个 B 类对象关联,数量上限和下限均不确定
	1	0..*	表示 1 个 A 类对象与 0 个或多个 B 类对象关联,数量上限不确定
	1	1..*	表示 1 个 A 类对象与 1 个或多个 B 类对象关联,数量上限不确定
多对多	*	* 0..* 1..*	表示多个 A 类对象与多个 B 类对象关联

注意:多重性的表示格式为"$n..m$",因此多重性的上下限不一定是 0 或 1,例如:多重性可以表示为:"$4..*$"(下限为 4,上限不确定)或"$*..100$"(下限不确定,上限为 100)或直接是一个数字 n(精确的 n 个对象)。

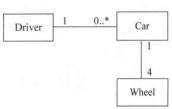

图 3-24 关联关系多重性示例

在类图中添加了关联关系多重性的示例如图 3-24 所示。Driver(司机)类与 Car(汽车)类之间关联关系多重性为 1 对 $0..*$,从语义上理解即为 1 个司机可以有 0 台汽车或多台汽车。Car 类与 Wheel(车轮)类之间关联关系多重性为 1 对 4,从语义上理解即为 1 辆汽车必须有 4 个轮子。所以,在类图中添加了多重性表示后,类图的含义会更加清晰。

5)聚合关系

聚合关系是关联关系的一种特例,它体现的是整体与部分的关系,强调"整体"包含"部分",但是"部分"可以脱离"整体"而存在,是一种"弱拥有"的关系。在 UML 类图中,表示聚合关系的两个类使用空心菱形箭头连接,部分类通常是作为整体类的成员变量出现,空心菱形箭头指向整体类。

图 3-25 是一个聚合关系示例。Wheel(轮胎)是 Car(汽车)的组成部分,Car 类与 Wheel 类之间的关系就是整体和部分的关系。在现实世界,汽车包含轮胎,但是轮胎可以脱离汽车而存在,因此两者之间是聚合关系。在类图建模中,Wheel 类(部分类)作为 Car 类(整体类)的成员变量形式出现。

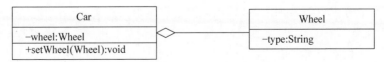

图 3-25 聚合关系示例

需要注意的是:虽然聚合关系和关联关系相似,也表达的是"has"的关系,但是关联关系

中的两个类是同一层次的,而聚合关系中的两个类是整体和部分之间的关系。

6) 组合关系

组合关系也是关联关系的一种特例,它体现的也是一种包含关系,但这种关系比聚合关系更强,也称为强关联。组合关系与聚合关系最大的不同点在于:"部分"不能脱离"整体"而独立存在。在 UML 类图中,表示组合关系的两个类使用实心菱形箭头来连接,部分类通常是作为整体类的成员变量出现的,实心菱形箭头由部分类指向整体类。

图 3-26 是一个组合关系示例。Hand(手)和 Foot(脚)是 Person(人)的组成部分,Hand类、Foot 类与 Person 类之间的关系就是整体和部分的关系。在现实世界,人有手有脚,并且手脚不能脱离人而独立存在,因此两者之间是组合关系。在类图建模中,Hand、Foot 类(部分类)作为 Person 类(整体类)的成员变量出现。

图 3-26　组合关系示例

总结一下:泛化关系和实现关系体现的是一种类与类或者类与接口之间的纵向关系;其他四种关系体现的是类与类之间的横向关系,这四种关系所表现的关联程度的强弱性从强到弱依次为:组合关系>聚合关系>关联关系>依赖关系。

类图的基本语法并不复杂,可能最多学习两三天就可以掌握,然而要真正做到活用类图则需要不断地实践。

3.5.2　业务类图

业务类图是用来描述领域对象模型的一种手段,它以面向对象的视角,描述现实世界中各种事物之间的关系。"业务类"在其他书籍中还有很多叫法,如业务实体、概念类、领域类、实体类等,实质上表示的都是在业务流程中涉及的各种业务主体、信息实体、数据实体等业务对象。

在进行业务类图建模时,最重要的任务是从问题域中抽取类,并定义类之间的关系。在实际工作中,一般先把复杂的问题分解为多个问题域,针对不同的问题域构建业务类图片段,然后再合并、提炼为全局的业务类图。

本书将一个业务作为一个问题域,针对每一个业务进行业务类图建模。业务类图建模的基本步骤如下。

1. 标识类

1) 寻找候选类

寻找候选类的一个常用方法:从业务流程文字描述和业务流程图中,提取一些重要的业务参与者、概念、业务术语等名词或名词短语,把它们作为候选类。

2) 确定业务类

并不是每一个候选类都是合适的业务类。有些名词在业务流程中出现只是为了阐述相关背景,对于系统的运行并没有起什么作用;有些名词实际上是某些业务实体的属性。这些名词都不应该单独抽取为业务类。将候选类列表经过筛选之后,得到的就是业务对象模型所需的业务类。

2. 确定类之间的关系

确定了业务类之后,接下来就是明确类之间的关系。在业务对象模型中,最常见的就是关联关系。绘制好类之间的关系后,还需要进一步完成多重性分析,在类图上进行数量关系的标识。

3. 明确类的属性

经过上面两个步骤后,业务类图的初步框架已经形成。这一步就要把业务类的各个属性加入类图。用类图进行业务建模时,一般不需要将操作标识出来。业务类图的建模过程涉及的信息庞杂,类图的生成也需要经过不断的修改、迭代,逐步完善。

3.5.3 案例的业务类图建模

本节以"养老服务订单处理"业务为例,将"养老服务订单处理"业务作为一个问题域,根据业务流程文字描述及业务流程图,按照业务类图建模的基本步骤逐步构建业务类图模型。

1. 标识类

1)寻找候选类

首先,仔细阅读"养老服务订单处理"业务流程文字描述及业务流程图,将重要的业务参与者、概念、业务术语等名词或名词短语提取出来,把它们作为候选类,得到如下的候选类列表:

老年人、养老服务、社区、智慧社区养老服务系统、智能终端、日常的服务请求、紧急求助、社区服务运营人员、老年人年龄、老年人住址、社区养老服务中心、服务需求、老年人亲属、不能自理的老年人、公众号、服务种类及详情、服务性质、养老服务提供商、志愿者、接单人员、设备、设备使用信息、订单支付方式、无偿服务、养老券、养老券发放规则、低偿服务、有偿服务、电子结账方式、志愿者服务、志愿者服务证书。

2)确定业务类

在选择候选类的时候,是无差别地保留业务流程中的相关名词,在筛选时则需要将不合适的名词排除或将表达同一个实体的名词进行合并。

- "老年人"无疑是一个重要的类,而对于"老年人年龄""老年人住址""老年人亲属""不能自理的老年人"这些名词,可以从中提取出"出生年月""住址""亲属""自理状况"等名词,作为描述"老年人"实体的属性。

- "社区""社区养老服务中心"这些名词是否应抽象为业务类,要取决于"智慧社区养老服务系统"是只限于在某一个特定的社区运行实施还是要推广到多个社区使用。如果该系统只在一个社区使用,当然无需把"社区""社区养老服务中心"抽取出来,因为只是一个业务背景的发生地而已。但若从系统未来的扩展性上考虑,最好把"社区"抽取为业务类,以便未来区分不同的"社区"实体。

- "智慧社区养老服务系统""公众号"指的是要开发的系统本身及前端交互形式,需要排除掉它们。

- "养老服务"指社区能够为老年人提供的服务,是一个很重要的业务类。"日常的服务请求""紧急求助"是按服务紧急程度划分的两种养老服务种类;"服务种类及详情"是描述服务的相关信息;"服务性质"实际指的是"服务提供者性质",据此进行划分,可分为养老服务提供商和志愿者;"订单的支付方式"也是服务的一个属性,"无偿服务""低偿服务""有偿服务""志愿者服务"都是这个属性的取值集合中的一个值。根据订单支付方式不同,每一种支付方式还对应着"养老券张数"或"自费金额",应作为养老服务的属性。根据上述分析,提取业务类"养老服务",将"服务紧急程度""服务提供者性质""服务种类""服务种类详情""订单的支付方式""养老券张数""自费金额"等作为"养老服务"业务类的属性。

- "服务需求"指一次具体的服务要求信息,可以给它更名为业务类"服务订单",以便于沟通和理解,将支付订单的"电子结账方式"作为其属性。
- "智能终端"是一个相对比较独立的业务类,描述智能终端的型号、厂家、编号等信息,每一个投入运行的智能终端都应和一个老年人信息进行绑定。
- "社区服务运营人员""养老服务提供商""志愿者""接单人员"都是业务流程图中重要的业务参与者,对应的不是一个人而是一种角色,实际对应了多个业务参与者对象,所以应该抽取为业务类。
- "志愿者服务"记录的是每一个志愿者的服务种类、服务小时数、服务情况。如果每次从全部的养老服务记录中去筛选某个志愿者的服务记录,效率会较低,因此,"志愿者服务"比较特别,它是"订单支付方式"属性中的一个取值,同时它也应另外重命名为"志愿者服务记录"后独立为一个业务类。相应地,如果需要记录"志愿者服务证书"的发证时间、发证机关等信息,它就应该独立成为一个业务类。

经过上述分析,确定案例的业务类列表为:老年人、养老券发放规则、社区、养老服务、服务订单、智能终端、社区服务运营人员、养老服务提供商、志愿者、接单人员、志愿者服务记录、志愿者服务证书。

2. 确定类之间的关系

确定了业务类之后,接下来的任务就是厘清类之间的关系,绘制"养老服务订单处理"业务的业务类图如图 3-27 所示。

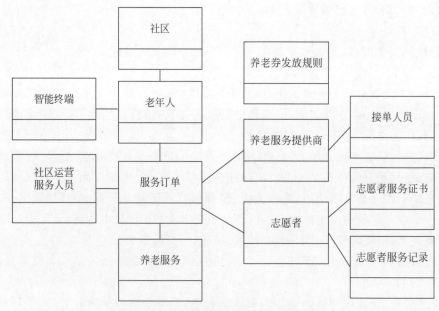

图 3-27 "养老服务订单处理"业务类图

业务类之间通常是关联关系居多,通常应在图 3-27 的基础上,进一步明确标识业务类之间的关联多重性,以更准确地反映业务规则和现实语义,添加多重性后的业务类图如图 3-28 所示。

在图 3-28 中,通过添加多重性传递了更多业务类之间的关联细节,例如:

- 一个老年人身份信息只能绑定一个智能终端,一个智能终端也只能绑定一个老人。

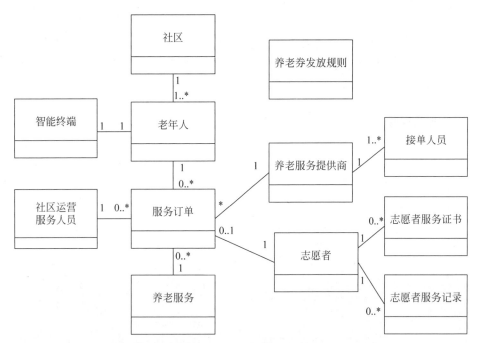

图 3-28　添加多重性后的"养老服务订单处理"业务类图

- 一个社区能包含多个老年人,而一个老年人只能属于一个社区。
- 一个服务订单只能由一个社区服务运营人员来进行派单,只能派给一个养老服务提供商或志愿者,一个订单只能包含一项养老服务。
- 养老服务提供商旗下至少有一名接单人员。
- 志愿者只有完成服务后,才会有相应的志愿者服务记录,并在满足一定小时数后获得志愿者服务证书。

深入思考 3.4　图 3-28 中,"志愿者"与"服务订单"之间的关联关系为什么不是一对多的关系?

参考答案:在《UML 和模式应用》书中提到:多重性的值是指在特定时刻(而不是在某个时间跨度内),一个类有多个实例与对方类的一个实例发生联系。业务类图中的多重性与数据库设计的 E-R 图中实体与实体间的联系有区别,在 E-R 图中更偏重的是数据间的关系,一个志愿者可以对应多条服务订单历史记录,是一对多的关系;而业务类图中的多重性标识更侧重于业务规则的体现:在同一时刻,一个志愿者要么没有进行服务,联系多重性为"0";要么只能服务一个订单,联系多重性为"1"。

详情请参见微课视频 3-4。

在图 3-28 中,还可以看到一个孤零零的类"养老券发放规则",它和其他业务类之间都没有联系。这是什么原因造成的呢?

图 3-28 中的业务类图是从"养老服务订单处理"业务流程描述中提取的业务类关联之后,得到的业务对象模型片段,它只是整个业务类图的一部分。而"养老券发放规则"业务类虽然出现在了"养老服务订单处理"业务流程描述中,但它主要用于"养老券发放"业务,形成的业务类图模型简图如图 3-29 所示(业务流程详情不再赘述)。

按照上述建模过程,针对每一个业务,创建局部的业务领域类图片段。最后,案例的全局业务类图将由图 3-28、图 3-29 和更多的业务类图片段合并后,加以抽象、提炼得到。

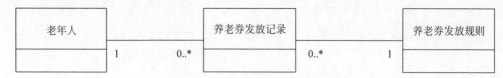

图 3-29 "养老券发放"业务类图

3. 明确类的属性

在找到反映问题域本质现象的业务类,并描述了它们之间的关系之后,结合需求分析为每一个类添加属性。本节案例通过在图 3-28 的基础上添加属性后,得到更加细化的业务类图,如图 3-30 所示。

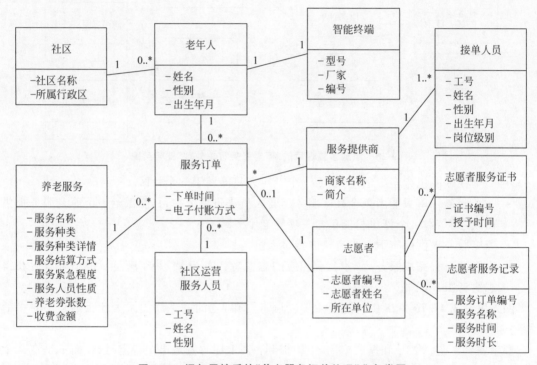

图 3-30 添加属性后的"养老服务订单处理"业务类图

 习题

一、选择题

1. 下列不属于非功能需求的是(　　)。
   A. 页面间跳转时间≤2s　　　　　B. 支持并发用户数为 50
   C. 提供运行日志管理功能　　　　D. 能够下单购物

2. 下列不属于需求开发阶段的是(　　)。
   A. 需求可行性分析　B. 需求获取　　C. 需求分析　　D. 需求定义

3. 下列哪一项不是描述一个业务所需的三个基本要素?(　　)
   A. 业务实体　　　B. 模型　　　　C. 流程　　　　D. 数据

4. UML 是一种(　　)?
   A. 编程语言　　　B. 建模工具　　C. 建模语言　　D. 软件开发过程

5. 下列哪一项不属于 UML 常用的图?(　　)

  A. 部署图   B. 流程图   C. 包图   D. 顺序图

6. 业务上下文图以什么为边界？（   ）

  A. 组织   B. 系统   C. 业务   D. 事件

7. 泳道图中，每条泳道不能代表下列哪个选项？（   ）

  A. 人   B. 系统   C. 活动   D. 部门

8. 在类的 UML 图中，下列哪一项不能用于描述一个类的主要构成？（   ）

  A. 类名   B. 对象名   C. 属性   D. 操作

9. 下列哪一项用于描述类的本质特征？（   ）

  A. 功能   B. 对象   C. 属性   D. 操作

10. 下列四种关系中表现关联程度最强的是哪一项？（   ）

  A. 组合   B. 聚合   C. 关联   D. 依赖

二、判断题

1. 业务需求更多的是从技术的角度整理出的需求。   （   ）

2. 软件需求是指用户对系统在功能、行为、性能、设计约束等方面的期望。   （   ）

3. 需求开发为需求管理提供支持和保障。   （   ）

4. 业务模型是系统需求分析阶段的重要输入。   （   ）

5. 业务流程图是业务流程建模成果。   （   ）

6. 在面向对象的思想中，用消息和方法来模拟现实世界中对象之间的交互。 （   ）

7. 上下文图常被用于描述系统和外部参与者之间的关系。   （   ）

8. 系统流程图表达了信息在系统各部件之间的流动情况，重点在控制流。   （   ）

9. 在 UML 活动图中，使用分岔与汇合来表示事件的并发处理。   （   ）

10. 类是对对象的抽象。   （   ）

三、综合题

1. "进书"业务的主要业务流程如下：书商将采购单和新书送至采购员处进行送检；采购员进行验收，如果新书不合格就退回给书商重新送检，合格就送至编目员；编目员按照国家标准进行分类编号，填写包含书籍基本信息的入库单；库管员验收入库单和新书，如果合格就入库，并更新入库台账；如果不合格就退回。

  请用 UML 活动图画出上述"进书"业务流程图。

2. 某慕课平台的在线作业批改系统的核心业务是"批改作业"，业务流程如下：学生通过在线方式提交作业；教师从系统中下载学生提交的作业，对每个题目进行批改、给出分数和评价，之后教师将批改后的作业上传；教务人员抽取批改后的作业样本进行抽检，给出抽检意见形成抽检报告。

  (1) 请用跨职能流程图画出上述"批改作业"业务流程图。

  (2) 画出该业务的业务类图。

3. 类图练习

  (1) Windows 操作系统中通过文件夹与文件进行资源管理，文件夹中可能又包含文件夹，请用类图表达出文件夹与文件的关系。

  (2) 农业专家要对苹果、橘子、梨、香蕉等水果做水分、蛋白质、脂肪、膳食纤维、钙、铁、胡萝卜素、维生素等多方面的营养成分分析，请用类图对上述场景进行建模。

第 4 章
CHAPTER 4

系统需求分析

通过第 3 章的业务需求分析,对业务、业务流程等各方面有了充分了解之后,从本章开始进入软件生命周期的一个重要阶段:系统需求分析。这个阶段的基本任务是回答"系统要做什么"这个问题。

在需求分析阶段,可以使用多种需求分析技术完成需求建模工作,本章将重点介绍结构化分析技术和面向对象分析技术。两种需求分析技术的主要内容如图 4-1 所示。

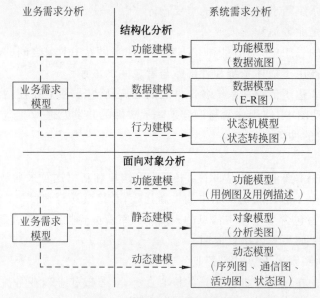

图 4-1　系统需求分析主要内容

在图 4-1 中,竖直实线将需求分析分为业务需求分析和系统需求分析两个阶段,系统需求分析在业务需求分析成果的基础上展开。水平实线划分了两种常用的需求分析技术研究内容。水平实线上方介绍了传统软件工程学采用的结构化分析技术,包括:用于功能建模的功能模型、用于数据建模的数据模型和用于行为建模的状态机模型等内容;水平实线下方介绍了现代软件工程学中常用的面向对象分析技术,包括用于系统功能建模的功能模型、描述系统静态结构的对象模型和描述系统动态行为的动态模型。系统需求分析阶段提交的阶段性成果是"软件需求规格说明书"。

深入思考 4.1　在实际企业软件系统开发中,如何选择系统需求分析方法?

企业观点:在企业实践中,无论在系统需求分析阶段还是在系统设计阶段,结构化分析方法和面向对象分析方法这两种方法并不是完全对立的,应根据实际情况将两种方法相结合,发挥各自优势,灵活地选择运用。

详情请参见微课视频 4-1。

4.1 系统需求分析概述

系统需求分析阶段在回答"系统要做什么"这个问题时,需要从功能需求和非功能需求两方面展开描述。虽然在可行性研究阶段已经粗略地阐述了系统需求,但是由于可行性研究的重点在于对初步的系统模型进行可行性评估,因此很多需求细节并没有详细展开,对于需求细节的补充需要在系统需求分析阶段完成。

本书的系统特指软件系统,"系统需求分析"也可以称作"软件需求分析"或"需求分析"。系统需求分析是指在前期需求调研获取的各种相关资料基础上,使用一定的系统分析技术,将从用户那里获取的非形式化的需求转化为完整的、规范化的系统需求。

系统需求分析阶段的任务是构建一个完整的系统需求模型,以回答"系统要做什么"的问题。系统需求模型不但要能追溯到上一阶段建立的业务模型,还要为后续的系统设计、开发、测试和部署等阶段打下基础。

系统需求模型是将问题域中各种隐含的需求信息加以明确后得到的系统逻辑模型。在建立系统需求模型时,首先要进行需求转化,将业务需求转化为对软件系统行为的明确期望,帮助软件开发人员对系统需求形成恰当和准确的理解。采用的需求分析方法不同,生成的系统需求模型也不同。

系统需求分析形成的直接成果是"软件需求规格说明书"。在需求分析过程中,需求分析工程师应以顶层需求为最终目标,详细了解具体的业务需求,运用相关的需求分析技术,将由业务需求转化而来的系统需求分析结果文档化,以书面形式准确描述软件的数据、功能、行为、性能、设计约束、验收标准等与系统需求相关的信息,形成"软件需求规格说明书"。

描述系统需求的方法灵活多样,可以采用图表、示例图、文字等多种方式,还可以采用更为直观的原型系统方式。需求分析方法主要分为以下 3 种类型。

1) 结构化分析(Structured Analysis,SA)方法

早期的软件需求分析方法都不成体系,自 20 世纪 70 年代开始,人们开始尝试使用标准化的方法,开发和推出各种名为"结构化分析"的方法论。结构化分析方法是传统的分析法,它根据业务框架确定系统的功能范围以及每个功能的处理逻辑和业务规则等。它是一种面向数据流进行需求分析的方法。

结构化分析方法强调功能抽象和模块化,采取了分块处理问题的方法,把一个复杂的问题分解为若干个容易处理的部分,从而降低了问题处理的难度。但是同时带来的问题是,在面对变化的用户需求时,这种对问题的模块化层次分解方法不能快速做出调整,因此不适用于开发复杂的大型软件系统。

2) 面向对象分析(Object-Oriented Analysis,OOA)方法

到 20 世纪 90 年代,结构化分析方法的不足越来越凸显,这促使面向对象分析技术迅速发展。面向对象分析技术的关键是识别出问题域内的类与对象,并分析它们之间的关系,最终建立面向对象的模型。面向对象分析方法具有以下优点:

(1) 面向对象分析方法的抽象逻辑和人的逻辑思维方式相近,建立的系统分析模型容易被客户所理解,能有效改善分析阶段各类人员之间的沟通交流。

(2) 对需求变更有更好的适应性,可以更好地满足客户需求。

(3) 面向对象分析、面向对象程序设计和面向对象编程都是基于面向对象的思想,实现了

贯彻软件生命周期的一致性。

(4) 对象的封装提高了软件的可复用性,减少了代码编写量。

3) 面向问题域的分析(Problem Domain Oriented Analysis,PDOA)方法

面向对象分析方法也存在着很多不足,这促使一些新的分析技术不断涌现,PDOA 方法就是其中一种。与结构化分析方法和面向对象分析方法相比,PDOA 的需求建模风格明显不同,它是一种面向问题域进行需求分析的方法。

PDOA 方法的基本过程分为 3 步:

(1) 搜集需求信息,界定和描述问题及问题域;

(2) 划分问题域并开发相关问题框架;

(3) 根据问题框架的类型进一步描述问题域的相关特性。

不管采用哪种方法,需求分析的过程都是提取系统需求的过程。需求分析工程师需要通过与用户和业务专家的充分交流,在对业务背景充分理解的基础上,对业务需求进行分析和转化,以文档形式表达转化后的系统需求。本节选取最具代表性的结构化分析方法和面向对象分析方法,简要介绍这两种方法常用的系统需求分析模型。

1. 结构化分析方法

1) 结构化分析方法的基本思想

结构化分析方法是面向数据流的需求分析方法。结构化分析方法的基本思想是:自顶向下,逐层分解。把一个大问题分解成若干个小问题,每个小问题再分解成若干个更小的问题,直到每个问题都是易理解、易解决的,复杂的问题就在这样的逐步分解的过程中被分而治之。

2) 结构化分析方法的任务

结构化分析方法的实质是着眼于数据流,自顶向下,逐层分解,建立系统逻辑模型的过程。使用结构化分析方法建立的结构化分析模型如图 4-2 所示。

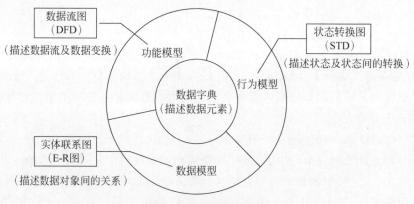

图 4-2　结构化分析模型

在图 4-2 中,结构化分析模型的核心是数据字典。围绕这个核心有三种模型:用数据流图(Data Flow Diagram,DFD)表达的功能模型、用实体联系图(E-R 图)表达的数据模型、用状态转换图(State Transform Diagram,STD)表达的行为模型。这三个模型有着密切的关系,它们的建立没有严格的先后顺序。

2. 面向对象分析方法

1) 面向对象分析方法的基本思想

面向对象分析方法按照面向对象的思想来分析业务。面向对象分析方法的基本思想是:

用面向对象的观点看待世界,运用面向对象分析方法对问题域进行分析和理解,从问题域的词汇表中找到类和对象,做进一步需求分析。

2)面向对象分析方法的任务

面向对象分析方法的基本任务是:对前期的系统需求调研结果进行归纳和抽象,找出使用系统的参与者;站在参与者的角度描述参与者利用系统能完成的任务;对参与者与系统的交互过程进行建模;将交互过程中所涉及的事物和概念抽取为类;定义类的属性、职责以及类之间的联系;以抽取的类为依据,描述对象间的协作过程;分析对象在软件生命周期内的不同状态及状态间转换的触发事件。通过上述分析,最终建立一个符合用户需求,并能直接反映问题域和系统功能的面向对象分析模型,如图 4-3 所示。

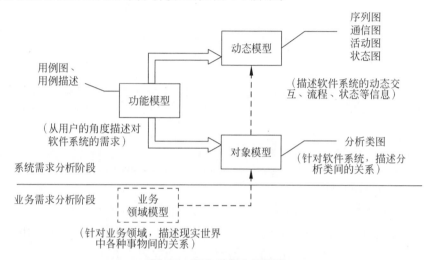

图 4-3 面向对象分析模型

在图 4-3 中,面向对象分析模型有三种模型:功能模型、对象模型和动态模型。功能模型从用户的角度描述软件系统的需求,通过用例图和用例描述表达;对象模型在功能模型和业务领域模型的基础上推导而来,通过分析类图表达;动态模型通过描述对象模型中分析类之间的交互,阐述功能模型中的用例实现过程,并能描述业务事件的发生触发对象的状态变化等。常见的动态模型建模工具包括序列图、通信图、活动图和状态图。

4.2 结构化需求分析建模

本节围绕结构化分析的任务,详细阐述结构化分析模型中的功能模型、行为模型和数据字典。由于创建对象模型的数据建模工具 E-R 图同时也是数据库设计阶段中概念模型的表达工具,为了知识结构的完整性,本书将此部分内容放到第 5 章的数据库设计小节讲解。

4.2.1 功能建模——数据流图

1. 数据流图的概念和符号

1)数据流图概念

数据流图是一种用来描绘软件系统功能模型的图形化技术,它使用图形方式描绘数据流从输入到输出的过程中所经历的一系列加工环节,表达各加工环节之间的数据联系,但并不考虑这些加工环节如何实现,不涉及技术细节。数据流图是系统需求分析人员与用户之间进行交流的有效手段,是结构化分析方法的主要表达工具。数据流图一般在软件生命周期的早期阶段开始绘制,在软件生命周期后续阶段不断改进、完善和细化。

2)数据流图的基本符号

数据流图有一系列图形符号元素,其中包含四种基本符号:外部实体、数据流、数据加工和数据存储,如表 4-1 所示。在不同的书籍中,数据流图的基本符号不尽相同,本书给出了两套最常见的数据流图的基本符号图符系列 1 和图符系列 2。对于数据加工和数据存储,还分别给出了不带编号和带编号的图符。

表 4-1 数据流图的基本符号

图符系列 1	图符系列 2	名　称	说　明
□	 □或⌐□	外部实体	指位于系统以外、和系统有联系的人或事物,它说明了数据的外部来源和去处
 数据 →	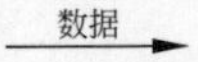 数据 →	数据流	表示数据流动方向
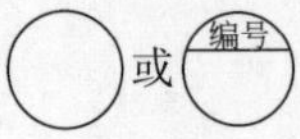 ○或⊙编号	 □或▢编号	数据加工	表示输入数据流经过何种加工环节后变成了输出数据流
 ──	 ▭或▭编号	数据存储	表示通过数据文件、文件夹等方式静态存储的数据

3)数据流图的附加符号

在数据流图中,有时会发生两个以上的数据流入或流出同一个加工环节,此时多个数据之间往往存在一定的关系。为了表示这些数据流之间的关系,需要在数据流图中附加对应的加工标记符号。常见的几种数据流图附加符号图例及说明如表 4-2 所示。

表 4-2 数据流图附加符号

附加符号出现位置	图　例	说　明
加工前的流入环节	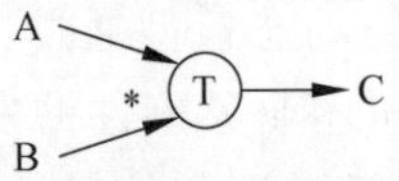 A、B → *T → C	"＊"表示"与"关系(同时存在) 即数据 A 和数据 B 同时流入才能变换成数据 C
	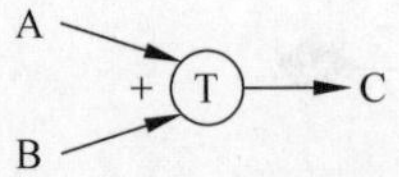 A、B → +T → C	"＋"表示"或"关系 即数据 A 或 B 或 A 和 B 同时流入变换成数据 C (图例存在三种流入情况)
	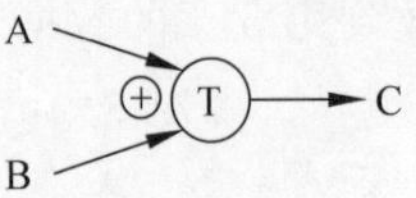 A、B → ⊕T → C	"⊕"表示只能从中选一个(互斥关系) 即只有数据 A 或只有数据 B 流入时变换为数据 C,但数据 A、B 不能同时流入 (图例存在二种流入情况)
加工后的流出环节	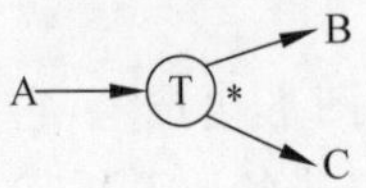 A → T* → B、C	"＊"表示"与"关系(同时存在) 即数据 A 变换成数据 B 和 C(数据 B 和 C 同时流出)

续表

附加符号出现位置	图 例	说 明
	A —→ T + B, C	"+"表示"或"关系 即数据 A 变换成数据 B 或 C 或同时变换为数据 B 和 C (图例存在三种流出情况)
	A —→ T ⊕ B, C	"⊕"表示只能从中选一个(互斥关系) 即数据 A 只能变换成数据 B 或 C,但不能同时流出变换为数据 B 和 C (图例存在二种流出情况)

2. 数据流图的基本元素

下面以"在线考试系统"的数据流图为例,介绍数据流图的各个元素,如图 4-4 所示。

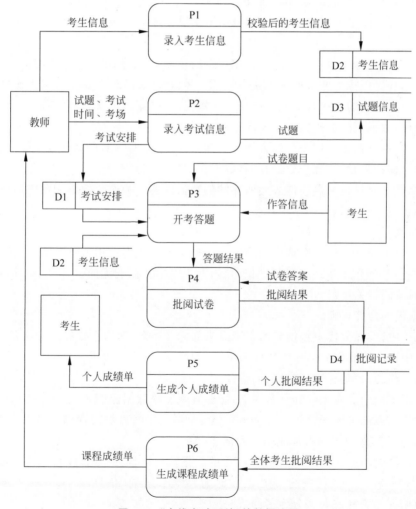

图 4-4 "在线考试系统"的数据流图

1) 外部实体

外部实体(Entity)指系统以外和系统有联系的人或事物,它表示数据输入的源点或数据输出的终点。通常外部实体在数据流程图中用正方形框表示。在数据流图中,为了避免出现数据流交叉使得图形看起来复杂难懂,允许同一个外部实体在同一个数据流图中出现多次。

在图 4-4 中,与在线考试系统有联系的人或事物是"教师"和"考生",它们被称为在线考试系统的外部实体。"考生"在图 4-4 中出现了 2 次,是因为从 P5 指向"考生"时,若不添加左侧的"考生"外部实体,而是指向右侧的"考生"外部实体,则会出现数据流交叉,使得图形线条不清晰。

2) 加工

加工(Process)又称为处理,加工是对数据进行处理的单元。它接收数据输入,对数据进行处理,并产生数据输出。由于加工是一个动作,所以加工的命名必须包含动词,动词在前或在后都可以,要合理命名每个加工以概括地说明对数据的加工行为。例如:在图 4-4 中,"批阅试卷"或"试卷批阅"都可以作为加工的命名,但是最好选用动宾词组,即动词在前、名词在后。因此,"批阅试卷"比"试卷批阅"作为加工的名称更合适。

当分层绘制数据流图时,通常会使用编号标识数据加工在层次分解中的位置。此时,加工的符号无论使用何种图符都会分成上、下两部分:上面是加工编号,用于标识加工,加工编号应具有唯一性,以"P"开头;下面是加工名称,用于描述加工的功能。

3) 数据存储

数据存储(Data Store)表示系统中存储数据的地方,数据存储的本质作用是存储加工执行后的输出数据和提供执行加工所需的输入数据。对于数据存储主要有两大类操作:读和写,操作类型通过数据流的方向来标识。如果是读操作,数据流的箭头方向由数据存储指向外部;如果是写操作,数据流的箭头方向由外部指向数据存储。

同样地,数据存储也使用编号以方便说明和管理。此时,数据存储符号分成左、右两部分:左侧是数据存储编号,用于标识数据存储,数据存储编号应具有唯一性,以"D"开头;右侧是数据存储名称,数据存储的命名应能表达所存储的数据内容。为避免数据流图中出现交叉线,同一数据存储也可以在数据流图中出现多次。

4) 数据流

数据流(Data Flow)由一个或一组确定的数据组成。数据流用带有名字的实线箭头表示,名字称为数据流名,用于描述流经的数据内容,箭头表示数据的流向。

3. 数据流的相关规则

1) 数据流的命名规则

在图 4-4 中,大部分代表数据流的实线箭头都标注了名字,有关数据流命名的相关规则通过从图 4-4 中取出的局部数据流图片段来说明,如图 4-5 所示。

(1) 数据流的命名应是名词或名词组合。

(2) 数据流的命名应该做到见名知义,能够直观反映数据流的含义。

(3) 对流入或流出数据存储的数据流不需标注名字,因为数据存储本身的命名就能够说明数据流信息。其他位置的数据流则必须标注名字。

例如:在图 4-5(a)中,流入数据存储 D1 的数据流可以标注"考试安排",流出数据存储 D1 的数据流即使不标注,也能够表达流出的数据流为"考试安排"信息。

(4) 数据流是否允许同名分为三种情况。

① 流入流出同一个数据存储的数据流允许同名。

例如:在图 4-5(a)中,若标注流出数据存储 D1 的数据流名称为"考试安排",与流入数据存储 D1 的数据流名称相同,这是允许的。

② 流出数据存储的数据取的是流入数据存储数据的一部分时,尽量不要同名。

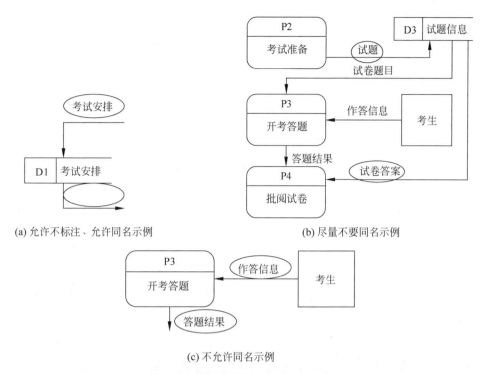

(a) 允许不标注、允许同名示例　　　　(b) 尽量不要同名示例

(c) 不允许同名示例

图 4-5 数据流图命名规则示例片段

例如：在图 4-5(b)中，流入数据存储 D3 的数据"试题"信息包含题目和答案两部分，流入加工 P3"开考答题"的数据只是题目部分，则流入数据流命名为"试卷题目"；而流入加工 P4"批阅试卷"的数据只是答案部分，则流入数据流命名为"试卷答案"，通过不同的命名对数据流进行精准区分。

③ 流入流出同一个加工的数据流不允许同名。

例如：在图 4-5(c)中，从考生流入加工 P3"开考答题"的数据流命名为"作答信息"，考生在考试过程中可以随时修改"作答信息"。从加工 P3"开考答题"流出的数据流是 P3 执行完毕试卷提交后的最终作答信息，因此命名为"答题结果"。"作答信息"和"答题结果"的含义是不同的，必须从命名上加以区分。

深入思考 4.2 在图 4-4 中，还有哪些示例可以说明"当流出数据存储的数据取的是流入数据存储数据的一部分时，尽量不要同名"这一规则？

参考答案：请参见微课视频 4-2。

2) 数据流的流向规则

数据流表示了数据在外部实体、加工和数据存储三种元素之间的流动，但是并不是任意两个元素间都可以用数据流来连接。数据流的流向分为三种情况：从加工流向加工；从加工流向数据存储或从数据存储流向加工；从外部实体(源点)流向加工或从加工流向外部实体(终点)。数据流的流向规则利用从图 4-4 中取出的数据流图片段来说明，如图 4-6 所示。

(1) 从加工流向加工。在图 4-6(a)中，"答题结果"数据流由加工 P3 指向加工 P4，说明"答题结果"数据流由加工 P3 执行完毕后生成，并没有进入数据存储，而是直接交由加工 P4 做下一步处理，是执行加工 P4 所需的运行时数据。

(2) 从加工流向数据存储。在图 4-6(b)中，"试题"数据流由加工 P2 指向数据存储 D3，说明加工 P2"考试准备"处理完成后生成了"试题"数据，并需将其存储到数据存储 D3"试题信

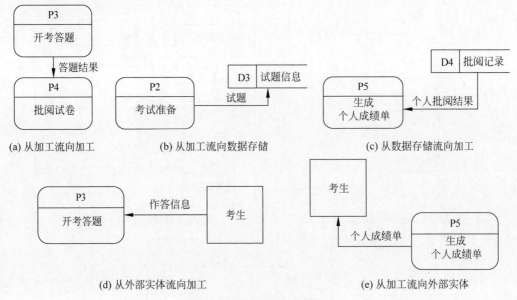

图 4-6   数据流的流向规则

息"中。

(3) 从数据存储流向加工。在图 4-6(c)中,"个人批阅结果"数据流由数据存储 D4 指向加工 P5,说明执行加工 P5"生成个人成绩单"时,需要从数据存储 D4"批阅记录"中获取"个人批阅结果"数据。

(4) 从外部实体(源点)流向加工。在图 4-6(d)中,"作答信息"数据流由外部实体"考生"指向加工 P3,说明执行加工 P3"开考答题"时,需要从外部实体"考生"获取"作答信息"数据。

(5) 从加工流向外部实体(终点)。在图 4-6(e)中,"个人成绩单"数据流由加工 P5 指向外部实体"考生",说明加工 P5"生成个人成绩单"处理完成后生成了"个人成绩单"数据,提供给外部实体"考生"查看。

4. 数据流的常见错误

1) 错把控制流作为数据流

数据流图与传统的程序流程图不同,数据流图是从数据的角度描述一个系统,而流程图则是从数据加工的角度描述系统。数据流图中的箭头是数据流,而流程图中的箭头则是控制流,它表达的是程序执行的次序。在程序流程图中,采用从循环处理终点指向循环起点的控制流来表示循环控制流程,但是在数据流图中不应出现控制流。一个将控制流作为数据流的错误示例如图 4-7 所示。

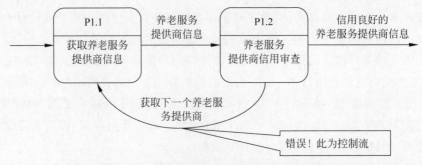

图 4-7   一个将控制流作为数据流的错误示例

在图 4-7 中,由于存在多个养老服务提供商,所以在执行"养老服务提供商信用审查"的程序流程时,审查完一个养老服务提供商后,需要再获取下一个养老服务提供商信息进行新一轮审查。但在数据流图中,这种循环控制流不应画出,它的重点在于描述养老服务提供商信息的流向,至于它出现多少次,则不在数据流图表达的范围内。

2)在数据流上错误标识了加工执行条件

通常在数据流图中不显示加工执行的条件,一个将加工执行条件标识在数据流图中的错误示例如图 4-8 所示。

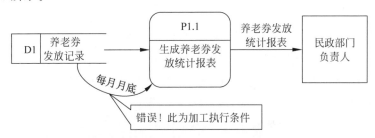

图 4-8　一个将加工执行条件标识在数据流图中的错误示例

在图 4-8 中,每月月底才会生成养老券发放统计报表,所以"每月月底"是"生成养老券发放统计报表"加工执行的条件,这个条件不需要在数据流图中画出。也就是说,数据流图只展现数据的流转,而无需体现数据的流转时刻。

3)数据流的起点和终点都不是"加工"元素

数据流图的一个重要规则是:数据不能自行转换成另一种形态,必须经由加工后才可以被分发出去。通过这条规则,可以得到一个重要结论:数据流一定是流入某个加工或从某个加工流出,数据流的起点和终点至少有一个是加工。

若数据流的两端都与加工无关,则该数据流一定是错误的。错误示例及正确画法如表 4-3 所示,表中 E1、E2 泛指外部实体,D1、D2 泛指数据存储,P1 泛指加工。

表 4-3　"数据流两端无加工"错误示例及正确画法

错误现象	错误示例(×)	正确画法(√)	说　明
外部实体→外部实体	E1 → E2	E1 → P1 Process → E2	未经加工,外部实体不能将数据传送至另一个外部实体
外部实体→数据存储	E1 → D1 DataStore	E1 → P1 Process → D1 DataStore	未经加工,数据不能直接从实体移动到数据存储
数据存储→数据存储	D1 DataStore → D2 DataStore	D1 DataStore → P1 Process → D2 DataStore	未经加工,数据不能直接从数据存储移动至另一个数据存储
数据存储→外部实体	D1 DataStore → E1	D1 DataStore → P1 Process → E1	未经加工,数据不能直接从数据存储传送至实体

4)加工缺少输入数据流或输出数据流

每个加工至少应有一个输入数据流和一个输出数据流。输入数据流反映加工数据的来源,输出数据流反映加工数据的结果。如果加工缺少输入数据流或输出数据流,会出现以下三种情况：黑洞、白洞和灰洞。"加工缺少数据流"的错误示例如图 4-9 所示。

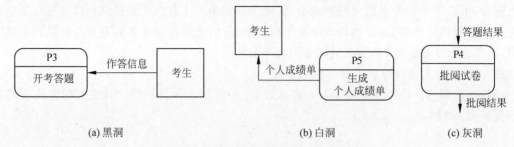

(a) 黑洞　　　　　　　　　(b) 白洞　　　　　　　　　(c) 灰洞

图 4-9　"加工缺少数据流"错误示例

（1）黑洞：加工只有输入数据流，没有输出数据流。

在图 4-9(a)中，考生向加工 P3 输入了"作答信息"数据，但是没有任何数据输出，那么这个加工就没有存在的意义，没有产生任何有价值的数据。

（2）白洞：加工只有输出数据流，没有输入数据流。

在图 4-9(b)中，加工 P5 向考生输出了"个人成绩单"数据，但是没有任何数据输入，那么这个加工的结果从何而来呢？即加工结果没有任何数据来源。

（3）灰洞：加工的输入数据信息不够，不足以产生输出数据。

在图 4-9(c)中，"答题结果"输入数据流经过加工 P4"批阅试卷"处理后产生了"批阅结果"输出数据流，但是仅仅有"答题结果"就能获得"批阅结果"吗？显然不行，还需要"试题答案"进行比对，才能完成加工 P4 的工作。

图 4-9 中的各个错误示例经修订后生成的修订示例如图 4-10 所示。

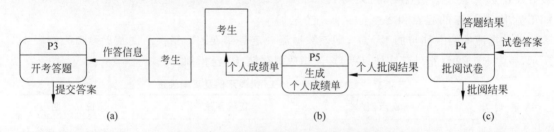

(a)　　　　　　　　　(b)　　　　　　　　　(c)

图 4-10　"加工缺少数据流"错误示例修订

5）数据存储缺少输入数据流或输出数据流

每个数据存储至少应有一个输入数据流和一个输出数据流，输入数据流反映数据存储需要存储信息的来源，输出数据流反映系统其他部件从数据存储中获取的信息。同样，如果数据存储缺少输入数据流或输出数据流，会出现两种情况：黑洞和白洞。"数据存储缺少数据流"的错误示例如图 4-11 所示。

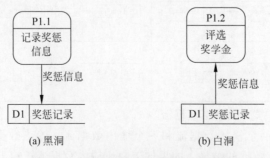

(a) 黑洞　　　　　　　　　(b) 白洞

图 4-11　"数据存储缺少数据流"错误示例

（1）黑洞：数据存储只有输入数据流，没有输出数据流。

在图 4-11(a)中，加工 P1.1"记录奖惩信息"将"奖惩信息"数据写入了数据存储 D1"奖惩记录"中，但是没有任何向外输出的数据流，这就意味着系统中没有任何一个加工需要用到"奖惩信息"相关数据，那么存储它就没有意义了。简而言之，数据"只存不取"没有存在意义。

（2）白洞：数据存储只有输出数据流，没有输入数据流。

在图 4-11(b)中，加工 P1.2"评选奖学金"从数据存储 D1"奖惩记录"中取出了"奖惩信息"数据用于处理，但是却没有任何数据流输入到数据存储 D1 中，这就意味着"奖惩信息"数据凭空出现，显然不合理。简而言之，数据"只取无存"如无源之水不合常理。

图 4-11 中的错误示例经修订后，合并生成了修订示例如图 4-12 所示。在图 4-12 中，清晰地展示了加工 P1.1"记录奖惩信息"提供奖惩信息，经由数据存储 D1"奖惩记录"，为加工 P1.2"评选奖学金"提供评选的数据依据。

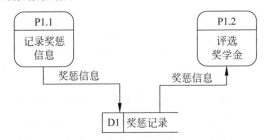

图 4-12 "数据存储缺少数据流"错误示例修订

需要注意的是，在完整的系统数据流图中，对于每一个数据存储，都必须既有从数据存储读取的数据流又有向数据存储写入的数据流，但在某一张数据流图子图中，可能只有读、没有写，或者只有写、没有读，这种情况是允许的。

5. 分层绘制数据流图

1）数据流图分层思想

结构化分析方法的思路是依赖于数据流图进行自上而下的分析。通常难以在一张图上将系统所有的数据流和加工、数据存储等元素描述清楚。为了解决这个问题，数据流图提供了一种分层表现系统高层和低层概念的机制，即：先绘制一张较高层次的数据流图，然后在此基础上，对其中的加工进行分解，分解成为若干个独立的、低层次的、详细的数据流图，这样逐层分解下去，直至系统被清晰地描述出来。数据流图分层思想示意图如图 4-13 所示。

2）数据流图分层绘制步骤

（1）识别待开发系统的外部实体。确定外部实体和系统之间的输入输出数据交换，绘制顶层数据流图。

（2）将整个系统分解成几个加工（子系统），确定每个加工的输出数据流和输入数据流以及与这些加工有关的数据存储，绘制一层数据流图。

（3）根据自顶向下、逐层分解的原则，对上层图中全部或部分加工继续进行分解，绘制下层数据流图。

（4）重复步骤（3），直到逐层分解结束。

6. 数据流图绘制案例

下面以"在线考试系统"案例为例，绘制其分层数据流图，以此来说明结构化分析功能模型的建模方法和过程。注意，图 4-4 在线考试系统数据流图只是一个介绍数据流图各元素的示

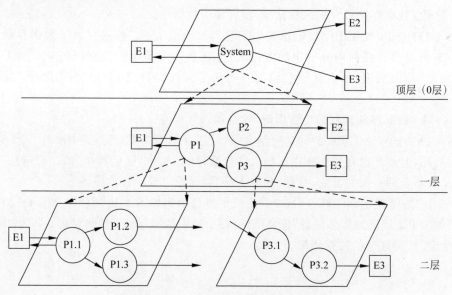

图 4-13   数据流图分层思想示意图

例,与本节的分析绘制结果并不矛盾。

在线考试系统的业务流程如下:教师在考试前需做好相关准备工作,将考试时间、考试地点、考试说明、考生信息等录入系统,录入完毕后,将考试通知发布给考生备考。考生应按照考试安排通知的时间和考场登录系统。在线考试开考后考生需经过身份核验才能进入答题界面。考试结束后,考生提交试卷,由系统根据教师录入的试题答案自动批阅并给出考生的成绩。所有考生考试结束后,考生、教师、教务处可以分别导出个人成绩单、课程成绩单和班级各科成绩单。

1) 绘制顶层数据流图

(1) 首先分析与系统之间有数据交换的人或事物,识别待开发系统的外部实体。"在线考试系统"的外部实体有教师、考生和教务处。

(2) 然后标识外部实体与系统间交互的输入输出数据流。在数据输入方面,教师通过向系统输入考试准备信息、考生通过向系统输入作答信息直接与系统进行交互。在数据输出方面,考前系统向学生发送考试通知;考中教师能查看考生考试状态(在考、已考、未考);考后系统向各方输出不同类型的成绩单。

识别出"在线考试系统"的外部实体及各外部实体与系统间的输入/输出数据流后,就可以据此绘制顶层数据流图,如图 4-14 所示。

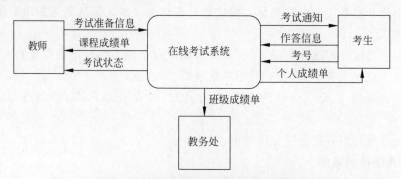

图 4-14   "在线考试系统"顶层数据流图

深入思考 4.3 从形式上看,系统顶层数据流图与第 3 章中的系统上下文图非常类似,它们有什么区别?

参考答案:请参见微课视频 4-3。

2)绘制一层数据流图

对图 4-14 的"在线考试系统"顶层数据流图进行功能分解,将考前、考中和考后这三个大的业务阶段划分为:P1"设置考试信息"(考前)、P2"在线考试"(考中)和 P3"成绩统计"(考后)三个加工,绘制一层数据流图,如图 4-15 所示。

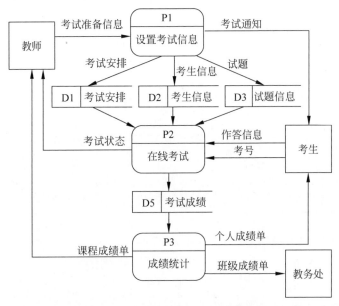

图 4-15 "在线考试系统"一层数据流图

在图 4-15 中,P1"设置考试信息"的主要功能是完成考试前的相关准备工作,将考试准备信息录入系统,录入完毕后,将考试通知发布给考生备考;P2"在线考试"的主要功能是考生通过系统完成在线考试,提交后系统能够自动阅卷判分;P3"成绩统计"的主要功能是为外部实体输出成绩单。

3)绘制二层数据流图

对图 4-15 一层数据流图中的三个加工进一步分解,得到二层数据流图,如图 4-16 所示。

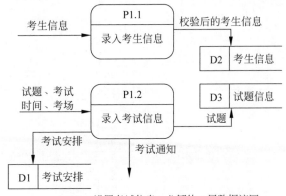

(a)P1"设置考试信息"分解的二层数据流图

图 4-16 "在线考试系统"二层数据流图

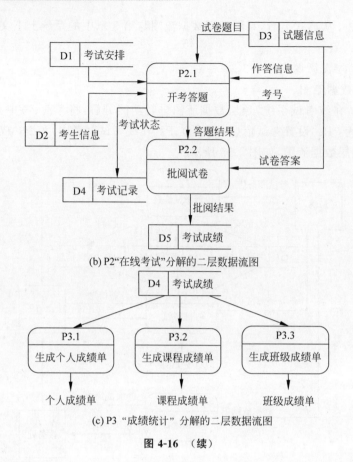

(b) P2"在线考试"分解的二层数据流图

(c) P3 "成绩统计" 分解的二层数据流图

图 4-16 （续）

4）绘制三层数据流图

在图 4-16 中，P2.1"开考答题"依然不能够清晰表达业务流程中的数据流转，需要对 P2.1 做进一步分解，得到其三层数据流图，如图 4-17 所示。

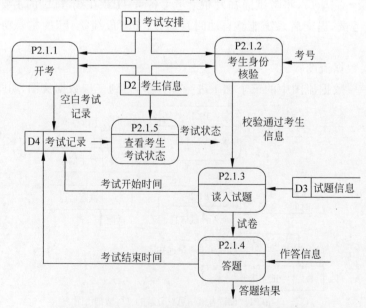

图 4-17 P2.1"开考答题" 分解的三层数据流图

在图 4-17 中，开考后系统将会根据考试安排和考生信息生成对应的空白考试记录。考生输入考号,系统根据考试安排核验考生的身份,只有考点正确、考号正确的考生才能进入答题环节,并把匹配的试题显示出来。考试过程中,教师可以查看考生的考试状态(在考、未考、已考)。考生作答完毕后,将答题结果提交系统。

深入思考 4.4　如果把业务流程中的"考生考试结束后"导出成绩单,改为"在考试安排规定的结束时间点后"导出成绩单,数据流图该做如何修改?

参考答案:请参见微课视频 4-4。

7. 数据流图绘制注意事项

1)统一编号

为了清楚地表示数据流图中的各个元素,可以在编号前冠以字母,表示不同的元素。用 P 表示加工或处理(Process)、用 D 表示数据存储(Data Store)、用 E 表示外部实体(Entity)、用 F 表示数据流(Flow)。在实际绘制中,主要是"加工"和"数据存储"使用的编号较多。

数据流图的分层是针对"加工"自上而下逐步分解细化的,所以加工的编号应体现它所在的层次。顶层数据流图中的加工实质就是整个系统,所以通常以系统名表示顶层的加工,不需要编号。在一层数据流图中的加工通常以 P1,P2,P3,…,Pn 来编号。在二层数据流图中的加工通常以 P1.1,P1.2,P2.3,…,P$m.n$ 来编号。再向下分层的加工编号规则依此类推(说明:有的书籍将顶层数据流图之后的一层图层编号为 0 层,本书认为顶层即为 0 层,一层加工编号为 Pn,二层加工编号为 P$m.n$。无论如何编号,只要能够将数据流图中的细节阐述清楚即可)。

由于数据存储是属于整个系统的,并不会因为所在分层不同而不同,所以数据存储的编号无论在数据流图的哪一层出现,一般均采用"D+数字"的形式。

2)数据流图的平衡原则

分解以后,一个数据流图下层图中的数据流和上层图中的数据流应当守恒,即上层图中加工的输入输出数据流必须与下层图对应分解加工的输入输出数据流在数量上和名称上保持一致。如果上层图中的一个输入(输出)数据流对应下层图中一个或几个输入(输出)数据流,那么下层图中组成这些数据流的数据项全体应正好是上层图中的这一个数据流,如图 4-18 所示。

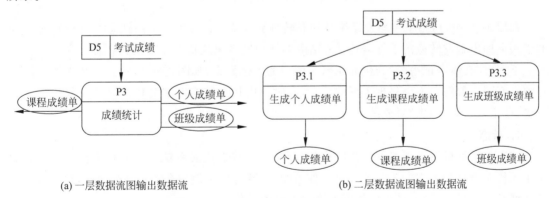

(a)一层数据流图输出数据流　　　　　　　(b)二层数据流图输出数据流

图 4-18　数据流图上下层数据流平衡示例

在图 4-18 中,一层数据流图的 3 个输出数据流"课程成绩单""个人成绩单""班级成绩单"和二层数据流图对应分解加工的 3 个输出数据流在数量和名称上都保持了一致。

深入思考 4.5　"在线考试系统"数据流图中,还有哪一个数据流体现了"如果上层图中的一个输入(输出)数据流对应下层图中一个或几个输入(输出)数据流,那么下层图中组成这些数据流的数据项全体应正好是上层图中的这一个数据流"。

参考答案：请参见微课视频 4-5。

4.2.2 行为建模——状态转换图

在进行系统需求分析时,有时需要建立系统的行为模型。例如:系统中的某些对象在不同事件触发下会呈现不同的状态,此时,应使用状态转换图来分析对象的状态变迁,以便正确认识对象的行为。状态转换图通过描述系统的状态和引起系统状态转换的事件来表示系统的行为。

状态转换图的常用基本符号及含义如表 4-4 所示。

表 4-4 状态转换图常用基本符号及含义

名　　称		符　号	含　　义
状态	初　态	●	初始状态
	终　态	◉	最终状态
	中间态	状态名称 状态变量 活动表	中间状态
状态转换		——事件——→	两个状态之间由事件触发转换

使用表 4-4 中的基本符号来表达状态转换图的典型转换模式,如图 4-19 所示。

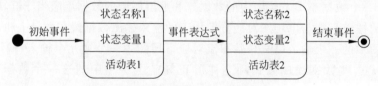

图 4-19 状态转换图的典型转换模式

在图 4-19 中,初始事件触发系统从初态转换到状态 1;从状态 1 向状态 2 进行状态转换的箭头上标出触发转换的事件表达式;结束事件触发系统从状态 2 转换到终态。

下面以"在线考试系统"为例介绍状态图中的各个元素,如图 4-20 所示。系统中的"考生"对象在不同事件触发下会呈现不同的状态,此时使用状态转换图来分析"考生"对象的状态变迁,以便正确认识"考生"对象的行为。

1. 状态

状态是任何可以被观察到的系统行为模式,一个状态代表系统的一种行为模式。状态规定了系统对事件的响应方式。系统对事件的响应,既可以是做一个或一系列动作,也可以是仅仅改变系统本身的状态,还可以是既改变状态又做动作。

在状态图中定义的状态有三种:

(1)初态:系统的初始状态,用实心圆表示。

(2)终态:系统的最终状态,用一对同心圆(内圆为实心圆)表示。

(3)中间态:系统的中间状态,用圆角矩形表示。中间态分为上中下三部分:上部为状态名称,这部分必须存在;中部为状态变量的名字和值,这部分可选;下部为活动表,这部分可选。活动表的语法格式为:"事件名(参数表)/动作表达式"。其中,"事件名"可以是任何事件

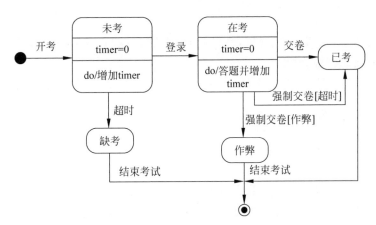

图 4-20　"在线考试系统"考生状态转换图

名称，常用的 3 种标准事件为：entry 事件（指定进入该状态的动作）、exit 事件（退出该状态的动作）、do 事件（在该状态下的动作）；参数表在需要时可以为事件指定参数；动作表达式描述应该做的具体动作。

　　在一张状态转换图中只能有一个初态，而终态则可以有 0 到多个。

　　状态转换图既可以描述系统循环运行过程中的状态转换，也可以描述系统单程生命期中的状态转换。当描述循环运行过程时，通常并不关心循环是怎么启动的。当描述单程生命期时，需要标明初态和终态。

　　图 4-20 中描述的在线考试过程是一个单程生命期，需要标明初始状态和最终状态。"考生"只有一个初态，就是系统未开考前的状态；"考生"有一个终态，就是系统结束考试后的状态；"考生"有五个中间态：缺考、已考、作弊、未考和在考。

2. 状态转换

　　在状态转换图中，状态转换表示从一个状态到另一个状态的转换，用实线箭头表示，箭头表明转换方向。状态转换通常是由事件触发的，此时，应在表示状态转换的箭头线上标出触发转换的事件表达式；如果在箭头线上未标明事件，则表示执行源状态的内部活动后自动触发转换。

　　事件是指在某个特定时刻发生的事情，它是对引起系统从一个状态转换到另一个状态的外界事件的抽象。简而言之，事件就是引起系统转换状态的控制信息。如果事件的发生是有条件的，那么可以在事件名后面加一个方括号，方括号内写上状态转换的条件，当且仅当方括号内所列出的条件为真时，该事件的发生才引起箭头所示的状态转换。

　　在图 4-20 中，在线考试系统运行过程中，"考生"对象发生了如下几种状态转换。

　　（1）考试未开考前是系统的初始状态。当教师设置好相关考试安排参数，发出"开考"指令后（"开考"事件发生），所有考生的状态都被置为"未考"。

　　（2）从考生状态转换为"未考"那一刻，系统内部计时器开始计时，根据考试规则（如：30 分钟内不得入场考试），超时未登录（"超时"事件发生）的考生状态转换为"缺考"。

　　（3）开考后，考生应在考试规则规定时间内（例如：30 分钟内）登录（"登录"事件发生），开始在线考试，正常登录的考生状态转换为"在考"。

　　（4）从考生状态转换为"在考"那一刻，系统内部计时器开始计时，根据考试规则（如：考试时间为 90 分钟），在规定时间内考生正常交卷（"交卷"事件发生）或者超时未交卷的考生被系统强制交卷（"强制交卷［超时］"事件发生），这两种事件中任意一种发生，状态都将转换为

"已考"。

（5）若考试中考生发生作弊现象，教师根据考试规则将该考生强制交卷（"强制交卷[作弊]"事件发生），状态转换为"作弊"。

（6）考生状态无论是"缺考""作弊"还是"已考"，在考试结束后都进入终态。

4.2.3 数据字典

数据字典（Data Dictionary，DD）是在系统分析模型（主要是系统数据流图）的基础上，进一步以词条的形式为系统分析模型中出现的数据对象加以定义和说明，以便需求分析工程师和用户在对某个数据含义有异议时进行沟通。换句话说，对数据流图上所有元素定义和解释的描述集合就是数据字典。数据字典是数据分析的重要工具，为系统设计阶段进行数据库设计提供参考依据。

数据字典中一般有 6 类条目，分别是数据项、数据结构、数据流、数据存储、加工逻辑和外部实体。不同类型的条目有不同的属性描述。数据项是数据的最小组成单位，若干个数据项可以组成一个数据结构。数据字典通过对数据项和数据结构的定义来描述数据流、数据存储、外部实体和加工逻辑。

数据流图配以数据字典可以从图形和文字两方面对系统的需求逻辑模型进行完整描述。它为软件的分析、设计及维护提供了有关数据元素准确、一致的定义和详细描述。

数据字典的编撰方式有两种：卡片式和表格式。卡片式描述具体内容清晰、美观，便于查找，但对于数据对象较多的系统来说，数据字典量大，不易查找。表格式较为实用，但有时数据描述内容过多时，跨页显示导致的不连续会造成阅读不便。软件开发组织可以根据系统数据量的大小和工作习惯选择数据字典的编撰方式。下面以卡片式为例说明数据字典的用法。

1. 数据项条目

数据项是数据的最小组成单位，例如，考号、课程名等。数据字典对数据项的描述，应该包括数据项的名称、编号、别名、简述、类型、长度和取值范围等。

"在线考试系统"中的"考号"条目描述卡片如下。

数据项名称：	考号
编号：	I201
别名：	exam_id
简述：	考生的准考证号
类型：	字符串
长度：	10
取值范围：	前 4 位为年份（2022—2099），中间 2 位为考试科目编号（01～99），后 4 位为考生编号（0001～9999）

2. 数据结构条目

数据结构用于描述某些数据项之间的关系。一个数据结构可以包括若干个数据项，也可以包括若干个数据结构，还可以同时包括数据项和数据结构。数据结构的描述重点是说明数据结构包括哪些成分。数据字典描述数据结构时，应该包括数据结构的名称、编号、别名、简述、组成等。

"在线考试系统"中的"考试基本安排"和"考试科目"条目描述卡片如下。

```
数据结构名称：    考试基本安排
      编号：    DS101
      别名：    无
      简述：    考试安排的基本信息
      组成：    考试时间(I202)＋考试科目(DS102)
```

```
数据结构名称：    考试科目
      编号：    DS102
      别名：    无
      简述：    考试科目的基本信息
      组成：    考试科目名称(I301)＋考试科目等级(I302)
```

3．数据流条目

数据字典对数据流的描述应包括数据流的名称、编号、简述、来源、去处、组成和数据流量（含高峰时期的流通量）。

"在线考试系统"中的"考试通知"条目描述卡片如下。

```
数据流名称：    考试通知
      编号：    F02
      简述：    教师录入考试安排后,系统发给每个考生的考试安排
                相关信息
      来源：    加工 P1.2
      去处：    考生
      组成：    考号(I201)＋考点(I203)＋ 考试基本安排(DS102)
   数据流量：    50 条/次
```

4．数据存储条目

数据字典对数据存储的描述应包括数据存储的名称、编号、简述、组成、关键字、输入来源、输出去向等。

"在线考试系统"中的"考生信息"条目描述卡片如下。

```
数据存储名称：    考生信息
      编号：    D02
      简述：    考生的基本信息
      组成：    考号(I201)＋身份证号(I204)＋ 性别(I205)＋ 登录
                密码(I206)
    关键字：    考号
  输入来源：    P1,P1.1
  输出去向：    P2,P2.1,P2.1.5
```

5．加工逻辑条目

数据字典仅对数据流图中最底层的加工逻辑进行说明。数据字典对加工逻辑的描述包括加工的名称、编号、简述、输入数据流、处理过程、输出数据流关键字、处理频率。对加工的描

述,只需要有基本定义即可,不需要描述具体的处理逻辑,目的在于使分析阶段的人员对加工的功能有一个比较明确的了解。

"在线考试系统"中的"开考"条目描述卡片如下。

加工名称:	开考
编号:	P2.1.1
简述:	开考指令发出后应完成的任务
输入数据流:	考试安排,考生信息
处理过程:	根据考试安排的时间、地点、科目和考生信息生成空白的考试记录,每个考生的默认初始考试状态均为"未考"
输出数据流:	空白考试记录
关键字:	考号
处理频率:	一场考试一次

6. 外部实体条目

外部实体是数据的来源和去向,数据字典对外部实体的描述应包括外部实体的名称、编号、简述、外部实体向系统输入的数据流、外部实体接收系统输出的数据流和该外部实体的数量。

"在线考试系统"中的"考生"条目描述卡片如下。

外部实体名称:	考生
编号:	E2
简述:	在考试安排中存在的需参加在线考试的人
输入系统的数据流:	考号、作答信息
系统输出的数据流:	考试通知、个人成绩单
数量:	每个考场 50 人

4.2.4　加工逻辑说明

"加工"是结构化分析工具数据流图对数据处理单元的称谓。加工逻辑是对数据的处理过程,描述了加工的策略和规则。无论使用哪一种软件工程方法,都需要对加工的逻辑和规则进行说明。

描述加工逻辑或业务规则的常用方法除了文本描述外,还有图表工具描述方法,包括决策表和决策树。

下面以某市养老券的发放规则为例,说明决策表和决策树的概念及使用。养老券的发放规则为:50～59 周岁、低收入、能力评估等级为 3 级及以上的老年人,每月可领取面额为 130元的养老券;50～59 周岁、低收入、能力评估等级为 3 级以下的老年人,每月可领取面额为100 元的养老券;60～79 周岁、能力评估等级为 3 级以下的老年人,每月可领取面额为 130 元的养老券;60～79 周岁、能力评估等级为 3 级及以上的老年人,每月可领取面额为 150 元的养老券;80 周岁及以上、能力评估等级为 3 级以下的老年人,每月可领取面额为 150 元的养老券;80 周岁及以上、能力评估等级为 3 级及以上的老年人,每月可领取面额为 200 元的养老券。

1. 决策表

决策表又称判定表,是一种采用表格方式描述加工逻辑的图形工具,适用于描述处理判断条件比较多,各条件相互组合,并且有多种决策方案的逻辑关系,可以清楚地表达决策条件、决策规则和应采取行动之间的关系。

用决策表描述的养老券发放规则,如表 4-5 所示。

表 4-5　养老券发放规则决策表

序　号			1	2	3	4	5	6
条件	年龄	50～59 周岁	Y	Y	—	—	—	—
		60～79 周岁	—	—	Y	Y	—	—
		80 周岁及以上	—	—	—	—	Y	Y
	收入	低收入	Y	Y	—	—	—	—
		非低收入	—					
	能力评估等级	3 级以下	Y	—	Y	—	Y	—
		3 级及以上	—	Y	—	Y	—	Y
动作	发放养老券	100 元	√					
		130 元		√	√			
		150 元				√	√	
		200 元						√

决策表的缺点是建立过程复杂,不如决策树直观方便。

2. 决策树

决策树又称判定树,也是用来表达加工逻辑的一种图形化工具,它比决策表直观、更易理解,但当条件较多时,不容易清楚地表达整个判断过程。

用决策树描述的养老券发放规则如图 4-21 所示。

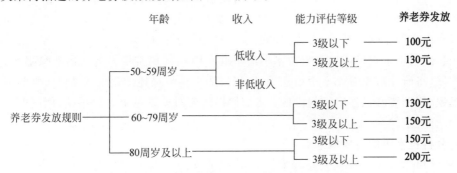

图 4-21　养老券发放规则决策树

深入思考 4.6　在不同的软件工程书籍中,使用决策树/决策表来描述业务规则这部分知识,有的放在需求分析阶段,有的放在系统设计阶段,那么在实际企业软件系统开发中,业务规则到底应该在哪一个阶段描述?

企业观点:在企业实践中,早期开发通常把业务规则放在系统设计阶段,将其视为程序逻辑的一部分。这样做的后果是业务规则越复杂,则程序的控制逻辑也越复杂。一旦业务逻辑发生变化,则不得不重新修改程序的控制逻辑,由此引起的一系列变动可能会导致系统出现连锁性的错误。因此,企业实践中对业务规则的处理一般采取如下做法:

(1)业务规则分析最好放在系统需求分析阶段,以便设计人员在设计阶段能够将一些重要和经常变动的业务规则从控制逻辑中分离出来,单独管理,以减少业务规则变化给编程带来的变动影响。

（2）为了实现程序的灵活性和可维护性,面向对象方法通常将每一个业务规则单独抽取为一个类,具体的业务规则由规则类定义方法(方法参数可用来表示业务规则的条件)来进行逻辑判断和计算,并返回相应的结果。规则调用类只需要调用业务规则类的方法就能得到结果,实现了控制逻辑与业务规则相分离。

（3）若业务规则很简单,只牵涉到一个实体类,则可以选择不单独抽取规则类,直接由实体类处理。

（4）若业务规则的实现需要很复杂的算法,对于算法的描述可以放在系统设计阶段。

详情请参见微课视频 4-6。

■ 4.3 面向对象需求分析建模

面向对象需求分析是对业务需求进行分析、抽取和整理,建立系统问题域模型的过程。分析过程中需要需求分析工程师和业务专家及用户反复交流、沟通,以便准确地理解真实的系统需求。下面将从功能建模、对象建模、动态建模三方面详细阐述面向对象需求分析建模的过程和使用的技术。

4.3.1 功能建模——用例

功能建模是从用户的角度描述软件系统的功能需求,建立的功能模型通过用例分析技术中的用例图和用例描述来表达,也称为用例模型。用例模型是软件生命周期后续阶段工作的基础,也是最后系统测试与验收的依据。

1. 用例分析技术概述

用例分析技术并不是为了软件需求分析而创造的。实际上,用例分析技术的创建源于实践,是 Ivar Jacobson 于 1986 年在爱立信公司研发电话交换机时总结而成的。此后,用例分析技术被广泛地应用于软件开发,受到越来越多软件开发者的推崇。

用例技术运用了现代需求分析技术中最贴近人们观察现实世界的面向对象思想,从用户的角度出发,将研究对象看作一个黑盒子,以用户的视角来描述黑盒子的功能。如果研究对象是一个组织,用例能够描述组织提供的业务;如果研究对象是一个软件系统,用例能够描述软件系统的功能。

用例分析技术中的重要概念有:

- 参与者(Actor)：任何具有行为的人或事物。
- 被设计系统(System under Design)：研究对象本身。
- 干系人(Stakeholder)：关注被设计系统的人或物。也称为涉众、相关利益人或利益攸关者。
- 主要参与者(Primary Actor)：发起与被设计系统的交互,从系统中直接获得可度量价值的用户,是用例图中最直接的用户。
- 辅助参与者(Supporting Actor)：为被设计系统提供服务的外部执行者。
- 用例(Use Case)：从用户角度观察到的被设计系统能够完成的一个完整的、有价值的交互序列的集合。
- 范围(Scope)：界定被设计系统。
- 前置条件(Pre-condition)：在用例开始时系统必须处在什么状态,可以触发用例开始。

- 后置条件(Post-condition)：在用例结束时系统处在什么状态。例如：用例结束后生成了何种持久化数据。
- 场景(Scenario)：参与者和系统的交互过程，由若干行为和会话组成的特定序列构成。
- 主成功场景(Main success scenario)：参与者和系统的交互过程中最常见的业务场景，反映的是被设计系统要实现的基本业务。
- 备选场景(Alternate scenario)：在场景执行过程中出现的与主成功场景流程不同的分支。

2. 用例图

需求定义了用户期望系统做什么，需求的表达可以从非结构化的文本到形式化的模型，有多种方式。为系统的需求建模只需要规定系统做什么，而不需要知道系统怎么做。

在面向对象需求分析中，系统的功能需求表达为用例，可以使用 UML 的用例图来描述一组用例、参与者及它们之间的关系。用例图具有如下特点：从用户的角度描述系统功能；参与者是系统功能的外部因素；用例是功能单元。

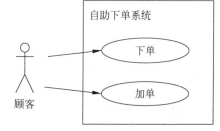

图 4-22 "自助下单系统"用例图示例

以餐厅"自助下单系统"为例，建立"自助下单系统"的用例图示例，如图 4-22 所示。

在图 4-22 中，用例图包含 4 种基本元素：参与者、用例、边界和关联关系，各基本元素图符如图 4-23 所示。

图 4-23 用例图图符

1) 边界

在 UML 用例图标准中，方框表示系统边界，用来定义被设计系统的界限，在方框的上方框线内侧标识系统名称。需要注意的是，这里的系统并不特指软件系统，正如前面所述，用例分析技术并不是针对软件系统开发而提出的，它的应用领域很广。如果这个边界指的是一个组织(可以是一个公司或者公司的某一个部门)，那么该用例图就称为业务用例图；如果这个边界指的是一个系统(软件系统或硬件系统)，那么该用例图就称为系统用例图。

在图 4-22 中，系统边界为"自助下单系统"，这意味着被研究对象只限于开发一个满足顾客自助下单的系统。至于餐厅服务人员还可以通过手持移动设备中的点菜 APP 完成下单则不在系统的考虑范围内。所以，边界的划定很重要，它决定了项目的研究范围。

2) 参与者

在 UML 用例图标准中，使用 ☆ 表示参与者，在人形符号下方标识参与者名称。参与者是位于系统之外、与系统有交互的人或事物。在其他书籍中还常翻译为"执行者"，其实从用例在需求分析中的应用角度来看，参与者更适合称为"角色"，即某一种角色能够通过系统完成何种功能。但由于角色(Role)这个词语在 UML 中已经被占用，因此，本书仍然沿用"参与者"的称谓。

参与者涵盖的范围很广，只要遵循"与系统有交互的人或事物"这一原则，都可以作为参与者。在图 4-22 中，参与者是"顾客"。

常见的参与者包括：人、第三方系统、硬件设备和时间。

（1）人：系统外部的用户、组织内部的人员、第三方组织等。例如：在开发"企业订货系统"时，企业产品用户可以通过系统下产品订单，原材料供应商可以通过系统获取原材料订单，企业内部销售部的相关人员可以通过系统获取上下游订单统计信息，他们都是系统的参与者。

（2）第三方系统：当系统运行需要与第三方系统交互时，第三方系统也是参与者。例如：在开发"自助下单系统"时，顾客下单后通过手机自助付款时，系统需要与第三方支付系统交互。此时，第三方支付系统就是一个参与者。

（3）硬件设备：当系统运行需要与硬件设备交互时，硬件设备也是参与者。例如：在开发"超市收银软件系统"时，收银员通过收银台进行结账时，系统需要与条形码扫码枪交互，此时，条形码扫描枪就是一个参与者。

（4）时间：当系统需要定时触发业务事件时，时间就是参与者。例如：在开发"电商购物平台"时，如果顾客发起的退款请求24小时内商户没有及时处理时，系统会自动发起退款流程，此时，时间就是一个参与者。

3）用例

在 RUP 中，用例被定义为：在系统中执行的一系列动作，这些动作将产生特定执行者可见的、有价值的结果。这个定义比较抽象难理解，通俗点说，用例表达的是系统对外提供给参与者的、对参与者有价值的服务，一个用例就是系统能够提供给参与者的一个特定功能。在 UML 用例图标准中，使用椭圆表示用例，在椭圆的中间标识用例名称，用例的命名通常是一个动宾词组。

在图 4-22 中，有两个用例"下单"和"加单"。与参与者和系统边界两个元素结合起来，用例的作用可以表述为：**顾客**能够通过**自助下单系统**完成**下单**和**加单**业务，也可以表述为：**自助下单系统**能够为**顾客**提供**下单**和**加单**功能。

4）参与者和用例之间的关系

在 UML 用例图标准中，一根实线表示参与者和用例之间的关联，这根实线可以带箭头也可以不带箭头，都认为是正确的。本书倾向于使用带箭头的实线来表示参与者与用例之间的关联关系，通过箭头的方向来区分主要参与者和辅助参与者。

（1）主要参与者：当箭头的方向由参与者指向用例时（大部分属于此种情况），表示该用例是由参与者主动发起交互的，此时的参与者称为主要参与者。

（2）辅助参与者：当箭头的方向由用例指向参与者时，表示该用例的交互序列需要参与者辅助才能完成，此时的参与者称为辅助参与者。

在图 4-22 中，关联关系的箭头由参与者"顾客"指向用例"下单"和"加单"，那么"顾客"就是主要参与者，"下单"和"加单"用例是由"顾客"主动发起与系统交互的。

将图 4-22 加以完善，把结账业务加入进来，完善后的"自助下单系统"用例图如图 4-24 所示。在图 4-24 中，"结账"是由顾客发起的，所以"顾客"是主要参与者；而"结账"的过程需要位于系统之外的"第三方支付机构"来配合完成，所以"第三方支付机构"是系统的辅助参与者。

3. 用例和用例之间的关系

用例间的关系包括三种：包含关系、扩展关系和泛化关系。

1）包含关系

从两个或两个以上的用例中提取公共行为时，通常将这些公共行为提取为一个单独的用例。被提取出来的公共用例称为被包含用例，原始用例称为基用例，基用例和被包含用例之间使用包含关系来表示。包含关系在用例图中使用虚线箭头来表示，由基用例指向被包含用例，

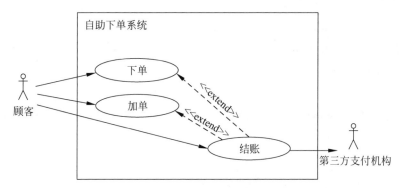

图 4-24 完善后的"自助下单系统"用例图示例

且在箭头线上标注关键词≪ include ≫。包含关系图例如图 4-25 所示。

例如：在图书馆管理系统的日常运行中，在读者借书时发现他有逾期未还的书，则不再借出；在读者还书时发现他有逾期的书，则需要缴纳罚款。也就是说无论是"借书"业务还是"还书"业务，都需要对图书进行"逾期检查"，此时就可以把"逾期检查"这个公共行为抽取出来作为"借书"用例和"还书"用例的公共用例，如图 4-26 所示。

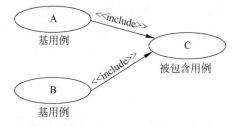

图 4-25 包含关系≪ include ≫图例

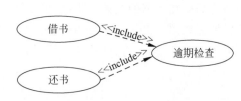

图 4-26 图书管理系统中的"包含关系"用例

在用例间的包含关系中，被包含用例是不能独立存在的，它是基用例中的一部分。这也就意味着，被包含用例是一定会被执行的，它是基用例执行过程中的一个相对独立的业务片段。在图 4-26 中，"逾期检查"是"借书"和"还书"两个功能执行过程中必然要执行的部分。

当有两个或两个以上的用例存在公共执行部分，使用包含关系能够避免在描述多个不同用例的事件流时，重复描述同样的事件流，减少用例描述中的冗余。也可以防止同样的事件流在不同用例中的描述不一致。当需要修改这段公共行为时，只需要修改被抽取出来的公共用例，可避免同时修改多个基用例而产生的不一致和重复性工作。

因此，在用例建模过程中，如果出现被包含用例只有一个基用例的情形，通常情况下这是错误的用例关系画法，错误图例如图 4-27 所示。在图 4-27 中，用例 B 和用例 C 在完整的系统用例图中，只被用例 A 包含，那就没有被抽取出来的必要性，用例 B 和用例 C 只是用例 A 中的一个片段而已。

当然也有特例，当某个用例的事件流过于复杂时，为了简化用例的描述，也可以将某段事件流抽象成一个被包含的用例，单独在用例图中画出。此时，允许它只有一个基用例。

2）扩展关系

如果一个用例在指定的扩展点隐式地包含另一个用例的行为，称这两个用例间有扩展关系。被扩展的用例称为基用例，包含扩展行为的用例称为扩展用例。扩展关系在用例图中用虚线箭头表示，由扩展用例指向基用例，且在箭头线上标注关键词≪ extend ≫。扩展关系图例如图 4-28 所示。

图 4-27　包含关系<< include >>错误图例　　　图 4-28　扩展关系<< extend >>图例

例如:在图书馆管理系统的日常运行中,在读者还书过程中,若发现他有逾期的书,则需要缴纳罚款。也就是说在执行"还书"业务的过程中,"缴纳罚款"事件流可能发生也可能不发生,此时就可以把"缴纳罚款"这个行为抽取出来作为基用例"还书"的扩展用例,扩展点为"逾期",如图 4-29 所示。

在用例间的扩展关系中,扩展用例是可选的、可以独立存在的,它是基用例在满足特定条件下执行的行为。这也就意味着,扩展用例可能执行,也可能不执行,取决于运行场景中是否有特定条件的发生。例如:在图 4-29 中,一方面"缴纳罚款"扩展用例是可选的,还书时不一定需要缴纳罚款;另一方面"缴纳罚款"用例也可以不在还书的过程中执行,而是独立执行。

一个用例可能有多个扩展点。例如:在图书管理业务中,开通高级会员可以免于 3 次逾期罚款。那么在还书的业务过程中,可以把"开通高级会员"业务加入进来,对"还书"业务进行一个扩展。在图 4-29 的基础上增加一个"开通高级会员"扩展用例就可以表达这种业务场景,扩展点为"会员升级"。扩展后的用例图如图 4-30 所示。

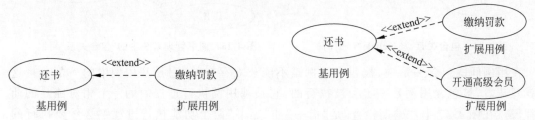

图 4-29　图书管理系统中的"扩展关系"用例　　图 4-30　图书管理系统中的多个扩展点"扩展关系"用例

图 4-30 表达的系统功能为:在还书的基本业务流程中,若有逾期的书则走缴纳罚款流程;若有会员升级需求则走开通高级会员流程,扩展用例执行完毕后再跳转回到还书的基本业务流程中。

每个扩展点也可能出现多次。例如:在图 4-24 中,顾客既可以选择餐后走单独的结账流程,也可以选择在餐前下单时结账或者加单时结账。"结账"用例是"下单"用例和"加单"用例的扩展用例,也就是说"结账"这个扩展点可能出现多次,使得"结账"行为在不同的基用例中扩展执行。

3) 泛化关系

当多个用例共同拥有一种行为特征的时候,可以将它们的共性抽象称为父用例,体现这个共性行为的用例称为子用例,二者之间的关系称为泛化关系。泛化关系在用例图中使用带空心三角的实线箭头来表示,箭头方向由子用例指向父用例。泛化关系图例如图 4-31 所示。

例如,同样是"身份验证"功能,系统可以提供多种身份验证的方式,如:密码验证、指纹验证、人脸验证等。虽然每种验证方式在具体的交互流程与细节上有所差异,但本质上都是身份验证,所以它们都是父用例"身份验证"的子用例,如图 4-32 所示。

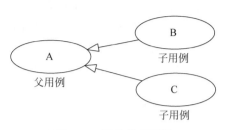

图 4-31 泛化关系图例

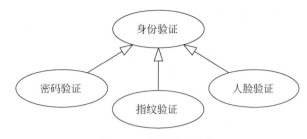

图 4-32 泛化关系示例

4. 参与者之间的关系

参与者之间的关系只有一种,那就是泛化。在参与者之间使用泛化关系可以有效降低用例模型的复杂度。

例如:在图 4-33 所示的用例图中,某购物平台的规则是所有的顾客都能下单购物,但只有金卡会员能够进行积分兑换。如果将每种会员能够执行的用例都直接表达出来,则生成图 4-33 左侧的用例模型。通过深入分析发现,无论是普通会员还是金卡会员,它们都可以泛化为顾客,只要是顾客就能下订单,通过参与者泛化简化后的用例模型如图 4-33 右侧所示。比较图 4-33 左、右两个用例模型,可以看到右侧用例模型更加简洁清晰。

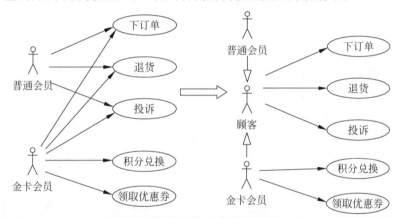

图 4-33 参与者泛化前后用例模型对比

5. 常见用例问题

1)将业务流程片段当作用例

一个用例是指系统提供给参与者的一个完整功能,而不是一个业务流程片段。图 4-34 和图 4-35 给出了两种典型的"将业务流程片段当作用例"错误示例。

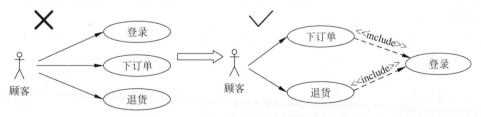

图 4-34 "将业务流程片段当作用例"错误示例一

在图 4-34 中,左边的用例模型将"登录"抽象为一个用例是个典型的将业务流程片段当作用例的错误。因为一个顾客在一个购物平台上不会完成登录之后就离开,这不是他的最终目的。登录不会给顾客带来任何有价值的结果,它不是一个完整的功能,所以它不是一个独立的基用例。但它是执行多个功能所需的一个公共事件流程,所以它可以被提取为一个被包含用例。修正后的用例模型如图 4-34 右侧所示。需要说明的是,图 4-34 右侧所示的用例图从理论上是正确的,但是由于大部分软件系统的业务都需要登录之后才能执行,所以如果让所有的用例都与"登录"用例间有<< include >>关系的箭头,会使得用例图显得线条杂乱,因此通常情况下,选择不把"登录"用例单独抽取出来。

在图 4-35 中,一个基用例"网银转账"包含了多个未被其他用例使用的被包含用例,而这些所谓的被包含用例"输入转账金额""检查对方账户""生成转账确认单"实际上只是转账业务的一些中间事件流片段,它们是"转账"这个完整行为的 3 个步骤,独立存在是没有意义的。这也是典型的将业务流程片段或业务步骤当作用例的错误。

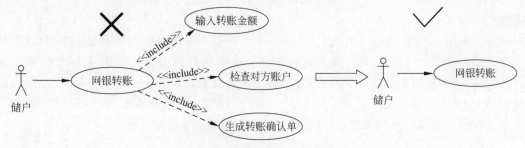

图 4-35 "将业务流程片段当作用例"错误示例二

2) 用例的命名误区

因为用例代表了一个功能,通常用动宾词组来命名。所以许多初学者在命名用例时,使用一系列的"管理××"来标识用例,然后再用 include 包含关系包含"新增××""修改××""删除××""查询××"。例如:管理客户、管理订单等,如图 4-36 所示。

实际上,大部分情形下如图 4-36 所示的命名是不合适的。这样的命名是从信息系统管理信息

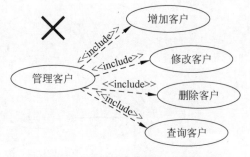

图 4-36 "用例的命名误区"错误示例

的角度,将所有的信息管理操作都看作简单的增删改查,虽然用例的命名符合动宾词组的规则,但图 4-36 中的示例却忘记了用例是从用户的角度来看系统,而不是从技术实现的角度来观察。例如:是由于客户在购物平台上注册,系统才增加了客户,那么所谓"增加客户"用例的执行者其实是"客户";销售经理想要查看客户群体的特征信息,那么所谓"查询客户"用例的执行者是"销售经理"。图 4-36 把不同参与者的用例强行合并到一个基用例"管理客户"中显然是错误的。

正确的用例抽取原则是:从用户的角度看,系统能为用户提供何种有价值的、完整的功能,这个功能就是一个用例。基于上述用例抽取原则,对图 4-36 做如下修改:

- 将"增加客户"用例改为客户发起的"注册账户"用例;
- 将"修改客户"用例改为客户发起的"修改个人信息"用例;
- 将"删除客户"用例改为系统管理员发起的"拉入黑名单"用例(实质上系统也不会删除这个客户信息,只是不再为他提供服务,客户信息仍然留存于系统中);
- 将"查询客户"用例改为系统管理员发起的"统计客户特征"用例。

修改后的用例图如图 4-37 所示。

但有时候用"管理××"或"维护××"的形式来命名用例也是正确的,这种情形通常发生

在系统管理员需要管理系统运行所需的基础数据时。例如,餐厅系统管理员在餐厅日常正常运行前需要维护菜品信息、餐桌信息、厨师信息等,这些信息维护的共同特点是:增加、删除、修改这三个功能都是由一个参与者(餐厅系统管理员)进行的,并且只涉及了系统中的同一个实体(菜品/餐桌/厨师)。此时可以使用一个用例来绑定彼此密切相关但不同的功能(增、删、改),如图 4-38 所示。

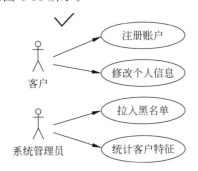
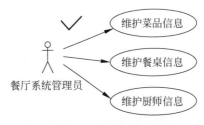

图 4-37 "用例的命名误区"错误示例修订后用例图 　　图 4-38 "用例的命名误区"正确示例

那么用例到底如何命名才能够真正体现从用户的角度看系统?除了刚刚提到的当系统管理员需要管理系统运行所需的基础数据时,用例的命名可以用"管理××""维护××"来命名,绝大部分情况下,用例的命名要从业务的角度看,从业务流程中获取,用业务术语来命名。

深入思考 4.7 在超市管理系统中的退货业务,命名为"管理退货"用例是不正确的,那么如何修改才能体现用例的命名是从用户的角度看系统提供的功能?

参考答案:请参见微课视频 4-7。

3)辅助参与者的识别误区

在用例图中,当箭头的方向由用例指向参与者时,表示该用例的交互序列需要参与者才能完成,称此时的参与者为辅助参与者,图 4-24 中的"第三方支付机构"就是辅助参与者。由用例指向辅助参与者的箭头含义是:用例的执行需要辅助参与者的配合。而有些读者在识别辅助参与者时,会误把箭头理解为用例在执行过程中,把数据传输给了辅助参与者。

例如,在线考试系统提供的一个功能是教师能够通过系统发送考试通知给考生。那么有些读者绘制了一个错误的用例图,如图 4-39 左侧所示。为什么说它是错误的呢?结合辅助参与者的定义思考:教师发送考试通知这个业务是否需要考生的配合?答案显然是不需要,不管考生是否收到教师发送的考试通知,教师要做的这个业务已经完成了。教师将"考试通知"数据发送给考生,但是"发送考试通知"是不需要考生配合的,因此考生不是该用例的辅助参与者。修改左侧用例图的结果如图 4-39 右侧所示。

6. 识别系统用例

用例图的绘制看起来很简单,但是如何准确地从用户需求中抽取系统用例,实际上是一件经常困扰需求分析工程师的事情。本书主要介绍两种常用方法。

1)从需求描述中获取用例

对于一些中小型项目或者创新型项目,没有很清晰的业务流程或者缺少成熟的业务事件流,也没有做第 3 章所讲述的业务需求分析建模。在软件项目启动初期,人们并不能确切地了解软件系统的功能范围(它决定了未来软件项目开发组织的工作边界),此时就适合直接从用户的原始需求出发来抽取用例。

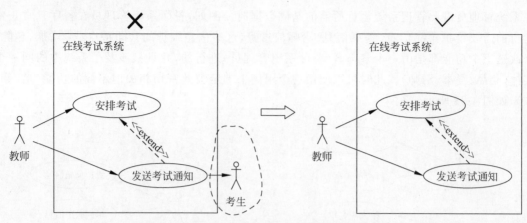

图 4-39 "辅助参与者的识别误区"错误示例及修订

该方法主要步骤如下:

(1) 从原始的需求描述中确定候选的参与者。

(2) 进一步分析候选参与者使用系统所完成的工作,从而明确系统的边界,也就是功能范围。在识别用例的同时,也明确了系统的功能范围,这两者是密不可分的。

(3) 借助一些工具让用户的原始需求得以梳理和表达,让一些有争议的是否应被包含在功能范围内的主题得以确认。

(4) 抽取功能范围内的业务行为作为用例。

(5) 确定被其他用例使用的用例(包含关系)和扩充其他用例的扩展用例(扩展关系)。

(6) 在用例图中绘制参与者、用例及它们之间的关系。

以智能餐厨系统为例,表 4-6 给出了一个讨论系统功能范围的列表示例,它隐含了用例图的三要素(参与者、用例、边界),通过使用这个表格工具可以区分系统功能范围内外的需求,同时列出系统为参与者提供的服务列表,即开发目标。

表 4-6 智能餐厨系统用例抽取列表示例

主要参与者	需 求 简 述	用 例 抽 取	系统功能范围	
			内	外
顾客	通过社交软件的扫一扫功能,扫描桌面二维码,点菜下单	下单	√	
	等餐期间,通过社交软件的扫一扫功能,扫描桌面二维码,获取未结账的菜单,继续点菜加单	加单	√	
	通过社交软件的扫一扫功能,扫描桌面二维码,自助完成结账	结账	√	
	等餐期间,通过社交软件的扫一扫功能,扫描桌面二维码,可以随时查看菜品烹饪进程	查看本桌菜品进度	√	
	等餐期间,通过社交软件的扫一扫功能,扫描桌面二维码,可以查看当前正在烹饪的现场视频	查看菜品制作现场视频		√
服务员	通过移动终端,输入桌号,点菜下单	下单		√
	通过移动终端,选择某餐桌的某道菜品,向后厨发出加急指令	加急	√	
	通过移动终端,查看所有未结账的餐桌的菜品烹饪进程	查看全部菜品进度	√	

续表

主要参与者	需 求 简 述	用 例 抽 取	系统功能范围	
			内	外
厨师	在移动终端上,按照一定的排序规则形成了待烹饪列表,根据列表顺序,确认接单后开始烹饪	接单	√	
	烹饪完成后,确认该菜品已完成	完成确认	√	
	当待烹饪列表中,有相同的几道菜品时,厨师可以选择合并订单,一次烹饪完成	合并接单	√	
	在移动终端上,可以查看某道菜品的制作方法	查看菜谱		√

将表 4-6 中的主要参与者转换为用例图中的参与者,将用例抽取结果转换为用例图中的用例。在此基础上,对用例图中的参与者和用例之间的关系进行补充和细化。将上述分析结果,绘制成智能餐厨系统的用例图,如图 4-40 所示。在图 4-40 中,增加了"第三方支付机构"为辅助参与者,确定了"结账"与"下单""加单"用例之间为扩展关系。

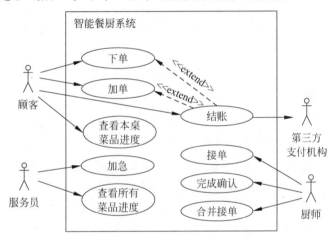

图 4-40　"智能餐厨系统"用例图示例

2) 从业务流程中获取用例

另外一种常用的用例获取方法是从各个描述业务处理过程的业务流程图中,按照一定的步骤,推导出相应的用例。在第 3 章中介绍了多种表达业务流程的流程图模型,本节选用 UML 带有泳道的活动图来阐述从业务流程图推导用例的过程。

泳道代表了业务活动是由哪个岗位或角色执行的。很显然,泳道就是用例图中的候选参与者,该泳道的活动就是候选用例。如果候选参与者需要直接与系统交互,它就是系统的参与者;如果候选用例所对应的业务活动属于系统的功能范围,它就是真正的系统用例。

下面以引入"智能餐厨系统"改进后的业务流程图为例,来说明如何从业务流程图中推导出系统用例,从业务流程图推导参与者和用例的过程和标识,如图 4-41 所示。

(1) 识别参与者。

对业务流程图中的每个泳道进行判断甄别,确定系统外部的参与者。对于每个泳道,只需要回答:"该泳道代表的岗位或角色需要使用系统吗?"如果答案是否定的,则排除它为系统参与者,并且该泳道内所有的活动也被排除在系统功能范围外。对于那些答案是肯定的泳道,就被确定为系统的外部参与者。

在图 4-41 中有 4 个泳道,它们就成为候选参与者:顾客、服务员、传菜员和厨师。根据上述规则,逐个判断哪个泳道代表的岗位或角色将要使用系统,将与系统有交互的泳道用

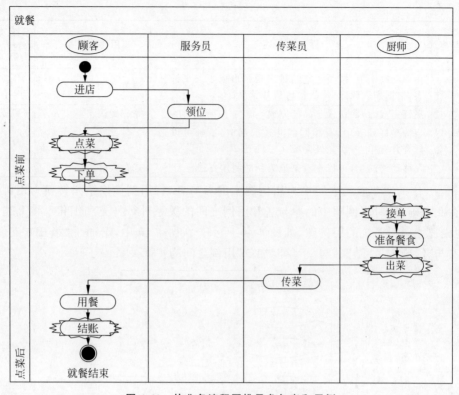

图 4-41 从业务流程图推导参与者和用例

圈画出来。识别出"智能餐厨系统"的参与者为:顾客、厨师(注意:这里仅仅是"就餐"业务流程图分析导出的系统参与者,并不是完整的系统参与者列表)。

需要注意的是,如果业务流程中的泳道是组织中的一个部门,当泳道活动只涉及一个岗位时,可以把负责该泳道活动的岗位人员确定为参与者(例如:泳道是教务处,参与者可以根据业务活动性质抽象为"教务处负责人"等具体岗位);如果泳道活动涉及了同一个部门的不同岗位,一般应把不同岗位的人员均抽象为参与者(例如:泳道是财务部,可以根据不同的业务活动性质抽取"核算人员""出纳人员"等具体岗位作为参与者)。

(2) 识别系统用例。

系统用例是从确定的系统参与者所在泳道内的业务活动派生而来的。候选参与者泳道内的活动都是候选用例,但并不是每一个候选用例都与系统有关,只有属于系统功能范围之内的候选用例将被作为重点分析目标。

在图 4-41 中,对于每一个用 ⬭ 圈画出来的泳道,通过和用户进行需求沟通,确定泳道中哪些活动属于系统要处理的范畴,用 ⬭ 圈画出来,那么这些圈画出的活动将被重点分析,并将分析结果抽取为用例。

通过图 4-41 中的标识,辨析出各参与者与系统有关的活动。

- 参与者"顾客"有三个活动与系统有关:点菜、下单、结账。通过进一步分析,点菜实际上属于下单前的一个步骤,可以把"点菜"和"下单"活动合并为"下单"用例。"结账"活动既可以在餐后进行也可以在下单时就完成,因此,"结账"可以独立为一个用例,同时也作为"下单"的扩展用例。

- 参与者"厨师"有两个活动与系统有关:接单、出菜。通过对需求的深入探讨,为了提高后厨效率,对同样的菜可以合并烹饪,就从"接单"用例中衍生出"合并接单"用例;

"出菜"活动对于系统来说实际上是"确认烹饪完成",因此为了让用例图更易理解,将"出菜"活动重命名为"完成确认"用例。

（3）绘制系统用例图。

经过上述分析后,得到了从"就餐"业务流程图推导而来的系统参与者和系统用例,由此绘制智能餐厨系统的用例图片段,如图 4-42 所示。

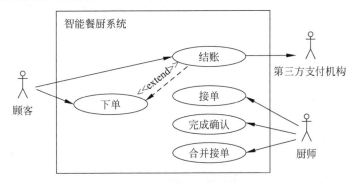

图 4-42 "智能餐厨系统"用例图片段

与图 4-40 相比,系统的核心用例已经体现,但还有一些参与者和用例没有被抽取出来。这时候上述的两种提取用例的方法都可以使用:一方面可以通过绘制其他业务流程图,继续通过推导的方式来完善系统用例图;另一方面可以通过从需求描述中发现缺少的用例,将其合并和补充到用例图中去。也就是说,这两种方法并不对立,在实际分析过程中可以互为补充。

7. 用例描述

许多读者在刚开始接触到用例分析技术时,误以为用例图就是用例分析技术的全部内容。实际上,用例分析技术除了用例图之外,还包括一个很重要的内容——用例描述。因为用例图只是显示了参与者与用例之间的关系,用例是黑盒子,并没有显示用例的场景。因此,需要将用例黑盒子打开,使用"用例描述"为用例配上结构化描述的文本来叙述不同的场景。

用例描述通常采用"用例描述模板"来组织相关内容。用例描述模板并没有一个统一的标准,每个软件开发组织采用的模板也不尽相同,但主要内容一般都包括:主要参与者、辅助参与者、干系人、前置条件、后置条件、基本事件流、可选事件流、业务规则和约束等。

下面给出了一个用例描述模板,如表 4-7 所示。

表 4-7 用例描述模板

用例编号	［系统中每一个用例都应有唯一的编号,一般命名为"UC＋编号"（如:下单用例可以命名为:"UC_XD"）的格式,编号规则可以自定］
用例名称	［能够直观反映系统完整功能的一个动宾词组］
主要参与者	［主动发起用例执行的人、物或系统等］
辅助参与者	［被动参与用例执行的协作者］
用例概述	［描述用例的实现目标,为用户提供何种功能］
前置条件	［描述用例启动时,系统应处于何种状态］
干系人利益	［描述系统中其他利益相关人员,对用例执行结果的期望］

续表

基本事件流	步骤	活动 [描述从用例开始直到结束,所有用户的触发事件和系统的响应动作全过程]
	1	
	2	
	3	
	…	
可选事件流	步骤	可选流程 [描述用户的可选分支和异常情况]
	2a	
	2b	
	4a	
业务规则	[用例执行过程中需要考虑的行为规则、数据规则等]	
补充约束	[用例执行过程中需要考虑的非功能性需求、设计约束等]	
后置条件	[描述用例执行结束后,系统发生了何种变化]	

下面以图 4-24 所示的自助下单系统用例图为例,按照表 4-7 的用例模板,给出"下单"用例的用例描述,如表 4-8 所示。

表 4-8　"下单"用例描述

用例编号	UC_XD
用例名称	下单
主要参与者	顾客
辅助参与者	无
用例概述	顾客能够选择菜品并下订单。在选择菜品过程中,顾客可以修改或删除所选择的菜品
前置条件	无
干系人利益	(1) 顾客:期望自助下单系统能够在下单时提供足够的图片、文字等信息以便抉择,并且希望先来先就餐 (2) 餐厅经理:期望下单流程简单易用,使顾客能够无需求助餐厅服务人员就能快速、自助完成下单操作。一方面节省餐厅的人力,另一方面提高用户的就餐体验 (3) 厨师:希望下单和加单的数据准确,不要出现重复或遗漏,能传递顾客的忌口要求

基本事件流	步骤	活动
	1	顾客使用移动设备中的小程序扫描餐桌上的二维码,用例开始
	2	系统显示是否允许授权获取个人信息
	3	顾客确认授权,系统显示餐厅的点菜界面
	4	顾客浏览点菜界面中每项分类下的菜品,对于感兴趣的菜品,将其加入购物车
	5	菜品选择完毕后顾客确认提交,系统进一步提示人数选择及忌口选择,顾客确认人数和忌口后,提交下单
	6	系统显示顾客所选菜品列表预览,询问是否确认下单。顾客确认下单,系统反馈下单成功,用例结束

续表

步骤	可选流程	
可选事件流	3a	顾客否认授权,系统退出,用例结束
	4a	修改购物车: 4a1.顾客在选择菜品过程中,可单击购物车,系统显示当前准备下单的菜品列表 4a2.顾客可以对购物车的某个菜品增加或减少份数,当从1减少为0时,则该菜品从购物车中被删除
	4b	菜品不可选 4b1.顾客在浏览菜品过程中,当日不提供的菜品应直接在菜品名称旁醒目处标识"今日无货"
	4c	搭配菜单推荐 4c1.顾客单击感兴趣的菜品,系统显示菜品的介绍详情,并在下方显示推荐搭配菜品,顾客勾选某推荐菜品,加入购物车
	6a	重新选择菜品 顾客否认即刻下单,重新返回选择菜品界面,跳转回第4步
	6b	扩展至"结账" "下单成功"确认界面中,显示有"结账"的操作,若顾客选择"结账",则直接跳转入"结账"用例流程
	6c	异常反馈 系统由于网络等原因未能及时反馈是否下单成功,顾客可退出平台软件,重新进入后,扫描二维码,查看下单状态
业务规则		(1)餐桌上的二维码内应包含:餐饮品牌名称、分店名称、地理位置、餐桌号码信息 (2)菜品数量选择每单不能超过10份 (3)系统最多允许4人同时在线下单。确认下单前,位于餐厅内的移动设备扫描餐桌上的二维码都可看到当前购物车中的菜品,并在当前看到的购物车基础上添加菜品。单击购物车会自动刷新每位下单人员添加的菜品至最新状态 (4)系统进入授权前,应检测移动设备所在的地理位置,不允许距餐厅距离超过200m的移动设备点单
补充约束		(1)界面间切换时间不超过3秒 (2)购物车刷新时间不超过3秒
后置条件		系统已为顾客所在餐台生成新订单

软件工程领域的专家 Rebecca Wirfs-Brock 在描述事件流时使用了一种会话方式的表格,左边是主要参与者的动作,右边是系统的响应动作。这种会话方式的事件流描述很清晰,能够帮助工程师设计用户界面,因为它们包含了更详细的界面跳转过程。但这样的双列事件流描述的缺点是篇幅往往太长。表4-9给出了双列事件流描述模板片段,表4-10给出了"下单"用例的双列事件流描述示例片段。

表 4-9 双列事件流描述模板片段

	参与者 [描述参与者的动作]	系统 [描述系统的响应动作]
基本事件流	1.	
		2.
	3.	
	4.	

表 4-10 "下单"用例的双列事件流描述示例片段

	参与者	系统
基本事件流	1. 顾客使用移动设备中的小程序扫描餐桌上的二维码,用例开始	
		2. 系统显示是否允许授权获取个人信息
	3. 顾客确认授权	
		4. 系统显示餐厅的点菜界面
	……	

在表 4-8 的基础上,对用例描述模板中的各项主要内容逐一进行更深入的分析与说明,以帮助读者提高用例描述的编写质量。

1) 参与者

参与者分为主要参与者和辅助参与者。通常一个用例只有一个主要参与者,如果一个用例出现多个参与者,则要考虑多个参与者是否应泛化为同一个角色;对于辅助参与者,要注意辨析数据的发送对象并不是辅助参与者(见用例常见错误之"辅助参与者的识别误区")。大部分用例并没有辅助参与者,此时在填写用例描述模板时,该项填写"无"即可。

2) 干系人利益

需要特别强调的是,"参与者"和"干系人"是两个不同的概念。对于需求分析工程师而言,干系人就是任何对需求有贡献或者感兴趣的人。

需求分析的第一步不是去了解业务的细节,而是去发现与业务目标相关的人和物,即发现和定义干系人。因为凡是与项目有利益关系的人和事都可能对系统建设造成影响。通常参与者是干系人中的一部分,但干系人的范围比较广,它可能是组织内部人员也可能是与组织业务相关的外部组织或实体。确定干系人并分析各个干系人对系统的期望,对全面分析系统有重要意义。

例如:在"自助下单系统"项目中,"下单"用例的参与者是顾客,而干系人除了顾客之外,还有餐厅经理、厨师。顾客期望自助下单系统能够在下单时提供足够的图片、文字等信息以便抉择,并且希望先来先就餐;餐厅经理期望系统提供的下单和加单功能流程简单易用,使顾客无需求助餐厅服务人员就能快速完成下单操作,真正节省餐厅的人力;厨师希望下单和加单的数据准确,不要出现重复或遗漏,如果顾客有忌口也能通过系统提交到后厨,以免再通过服务人员转告造成遗忘。可以看到,餐厅经理和厨师虽然不是下单用例的直接交互参与者,但是作为"下单"用例的干系人,他们的期望对开发人员的工作会有重要的影响。

3) 前置条件和后置条件

前置条件是指用例启动时系统所处的状态,后置条件是指用例结束时系统所处的状态。前置条件和后置条件所指的系统状态应该是系统能检测到的,并且应该是有意义的。

关于前置条件和后置条件应该如何书写,应该避免哪些常见错误,表 4-11 给出了一些简单描述示例。

需要特别注意的是:对于每一个用例,前置条件和后置条件不是必须填写的,要根据实际情况有针对性地填写。

表 4-11　前置后置条件描述示例

	不恰当的前置条件描述	原因
前置条件	系统运行正常,网络连接正常	这是所有用例正常执行所必需的约束,不是针对特定用例的,不能作为前置条件
	厨师已拿到服务员送来的订单	厨师是否拿到订单,这是系统无法检测到的
	商品的库存足够	库存值只有在用例开始运行到某个环节后才去检测,在用例开始之前系统是无法检测到的
	恰当的前置条件描述	**原因**
	教师已登录系统	这是系统能够检测到的,可以作为前置条件。但它的意义不大,除非特别强调已登录的状态,否则可以不写
	存在待审批的报销单	这是系统能够检测到的,可以作为"审批报销单"用例的前置条件
后置条件	**不恰当的后置条件描述**	**原因**
	客户拿着回执单离开	顾客是否离开,系统是无法检测到的
	恰当的后置条件描述	**原因**
	系统已增加用户的基本信息	系统能够检测到的
	系统已向考生发出考试安排短信通知	系统能够检测到的
	系统已删除商品的基本信息	系统能够检测到的

4）基本事件流和可选事件流

每个用例都可以用事件流来定义用例的行为。用例的事件流描述了完成用例规定的系统功能所需要的事件。

在描述事件流时,应该包括如下内容:

- 用例是如何开始的。
- 用例是如何结束的。
- 描述用例和参与者之间的标准事件流顺序。
- 描述用例的可选事件流是在什么样的条件下发生以及可选事件流顺序。
- 用例模板中描述了两种事件流:基本事件流和可选事件流。
- 基本事件流:是上述事件流内容中提到的"描述用例和参与者之间的标准事件流顺序",它是大部分情况下用户所遇到的、预期的主成功场景,是对用例中常规、预期事件流的描述。
- 可选事件流:主要包括可选分支(用户的不同选择)下和异常情况下的备选场景事件流。

在事件流的描述过程中,最好不要出现单击鼠标、按下键盘某键、弹出窗口、点击下拉菜单、单击按钮等具体的关于用户界面操作的信息,这是因为一方面过多的细节会破坏流程的整体脉络,另一方面一旦后期界面设计改变,用例中的这些细节内容也需要改变,既无必要又显冗余。

当事件流的描述中出现数据传递时,应指明所传递的信息。例如:"客户输入个人信息"在事件流中就不是一个好的描述,因为个人信息概念比较笼统也不明确。如果传递数据较少,则直接在事件流中明确这些信息,例如:客户输入卡号和密码;如果传递数据较多,则可以通过把数据定义为业务对象,使得用例描述不至于陷入细节中,例如:客户输入姓名、性别、卡号、电话号码、住址、身份证号等就显得很冗长,可以改为客户输入个人信息(个人信息数据结构参见业务对象 Customer)。

总结事件流描述的基本原则：使用明确的主语来区分参与者的动作以及系统的响应；注意把握事件流过程描述的详略得当；把基本事件流和可选分支、异常事件流明确区分，使得需求分析阶段的各方人员从用例描述中能快速获得事件过程的清晰脉络。

5) 业务规则和补充约束

业务规则是系统在实现时应考虑的，而约束则是对技术手段选择起到限制作用的各种条件。

业务规则既包括和业务处理逻辑相关的行为规则，也包括和业务实体属性相关的数据规则。常见的业务规则描述示例如下：

- 订单生成 24 小时后不付款就被取消。
- 同一个餐台顾客未结账时，不能下新的订单，只能加单。
- 年龄超过 18 岁的人才能注册为游戏会员。
- 销售人员的提成为销售额的 1%。
- 用户名长度不能超过 20 个字符。

大部分情况下约束指的是对整个系统的约束。在可行性分析中曾讨论过各种约束，如果有一些约束是针对特定用例的，则在用例描述的补充约束中指出。

常见的针对用例的约束描述示例如下：

- 选课要求支持同时在线人数上限为 5000。
- 报名二维码支持离线显示。
- 厨师的操作环境是站立式。

总之，用例描述从用户的角度而非开发人员的角度考虑系统需求，重视从系统外部观察对系统的使用，建立需求和系统功能之间清晰的追溯关系，能够更好地应对现代用户需求的快速迭代更新。

在实践过程中，读者很快会发现，对于同样的系统需求，不同的人绘制的用例图会各不相同，用例描述也不尽相同。但是不用担心这个问题，因为这种情况几乎是无法避免的，只要用例模型能够充分体现系统需求，最终得到各方认可就体现了它作为功能模型的作用。

在需求分析阶段，当各方人员对用例模型进行讨论沟通时，引起争执的原因有很多，集中体现在以下几点：

(1) 编写用例的人和阅读用例的人使用的是不同的业务词汇，从而造成矛盾。

(2) 由于人们对业务领域知识的认识深度不同，导致不同的人对同一件事情会有不同的理解，每个人都更强调各自所能理解的那部分内容。

(3) 用例的使用者关心系统的实现目标，也就是用例的顶层描述，而软件开发组织是用例的实现者，他们更关心用例在细节需求上的表达。

(4) 有经验的人在抽取用例时会避开一些常见错误，而初学者还没有很好地掌握抽取用例的方法，会发生用例间的功能交叉或者遗漏。

(5) 用例只描述了系统会发生什么，而在讨论过程中经常会过度细化需求。

(6) 系统的运行场景可能和用户的业务使用场景发生冲突。

(7) 写出高质量用例需要时间，而项目的开发时间是有限的。

因此，在编写用例前，对系统要解决的问题进行深入、细致的调研和全方位沟通，做好用例编写时间和需求精细度的均衡，是获取高质量用例的前提。

4.3.2　对象建模——分析类

对象建模的主要任务是建立问题域的对象模型。对象模型描述了客观世界的实体与对象以及实体之间的关系,描述了系统的数据结构。对象模型是在用例模型和业务需求分析阶段生成的业务领域模型二者基础上抽象而来,通常使用 UML 类图建立分析类模型来表达对象模型。

1. 类模型的演化

在软件开发的不同阶段都会使用类模型,但这些类模型表示了不同阶段的抽象。类模型随着系统需求分析、设计阶段的推进而不断演化,演化过程如图 4-43 所示。在图 4-43 中,三种类模型处在不同的软件开发阶段,每个阶段所建立的类模型所承担的任务也各不相同。

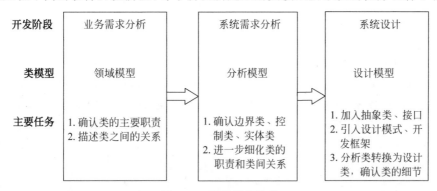

图 4-43　类模型的演化

在业务需求分析阶段,对象建模的任务是从问题域中抽取类,并定义类之间的关系,最终得出一个真实反映现实世界的领域模型。领域模型是以面向对象的视角看待现实世界的结果,通过类图来描述现实世界中各种事物之间的关系。

在系统需求分析阶段,对象建模的任务是识别出实体类、控制类和边界类,建立分析模型。分析模型和领域模型很相近,分析模型主要是针对软件系统的分析,领域模型更多偏重对业务领域的分析。

在系统设计阶段,对象建模的任务是在分析模型的基础上,对分析类进行细化和改进,建立设计模型。因为分析阶段是一个发现需求的过程,所以不会细化类的属性和方法。而设计模型中类的属性会更加完善,并且会加入抽象类、接口等设计元素,同时会引入设计模式、开发框架(引入何种框架与选用何种编程语言直接相关)等,设计模型将能够直接对编程予以指导。

2. 分析类

1) 分析类概述

分析类用于获取系统中主要的“职责簇”,它代表了系统中具备职责和行为的事物的早期概念模型。分析类有三种构造型:边界类(Boundary Class)、控制类(Control Class)和实体类(Entity Class),它们的表示方法如图 4-44 所示。在图 4-44 中,给出了两套分析类的表示符。

分析类是从业务需求向系统设计转化过程中最重要的模型,是跨越需求到设计的桥梁。一方面在需求分析阶段可以被没有技术背景的用户所理解,另一方面为开发人员完成下一阶段的设计工作打下基础。

2) 边界类

边界类位于系统与外界的交接处,用于描述外部的参与者与系统之间的交互,它的作用是将用例的内部逻辑与外部环境进行隔离,使得外界的变化不会影响到内部的逻辑部分。

对于现实世界来说,边界类的呈现形式可能是系统为参与者操作提供的一个人机交互界

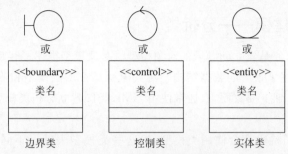

图 4-44 三种分析类的构造型

面(Graphical User Interface,GUI),也可能是系统与其他外部系统之间进行交互的接口。常见的边界类包括:

- 用户界面类:为系统用户提供操作界面(例如:窗口)。
- 系统接口类:负责与外部系统进行通信(例如:各类通信协议、打印机接口等)。
- 设备接口类:负责为监测外部事件的硬件设备提供接口(例如:传感器、各种终端等)。

总之,识别边界类的基本原则是,针对参与者和用例之间的每一个关联关系可以定义一个边界类。也就是说,每个用例参与者至少有一个边界类,它担负着协调系统与参与者之间交互的职责。

3)控制类

控制类本身并不处理具体的业务,而是调度其他类来完成具体的任务。在 UML 的定义中,认为控制类主要起到协调对象的作用。例如:边界类通过控制类访问实体类,实体类通过控制类访问另一个实体类。

当系统参与者通过边界类执行用例时,产生控制类对象;当用例执行完毕后,控制类对象会被销毁。通常情况下,一个用例对应一个控制类。但是也允许其他复杂情况出现。当一个用例的流程比较复杂,分支比较多的时候,一个用例可能出现多个控制类;当多个用例之间关系密切时,也可能出现几个用例共用一个控制类;当用例非常简单时,甚至可以不必使用控制类,而直接使用边界类操作实体类来实现业务逻辑。但是通常情况下,从提高系统的可复用性角度出发,一般仍然使用控制类将业务逻辑独立于实体类和边界类,使得控制类专注于业务逻辑事件流的控制和调度。

总之,识别控制类的基本原则是,为每个用例确定一个控制类。在实际应用中也可灵活处理,对于那些复杂的用例,允许定义多个控制类来处理不同的业务逻辑。

4)实体类

实体类通常是用例中的参与对象,对应着现实世界的事物,源于业务模型中的业务实体。实体类用于对必须存储的信息和相关行为建模。实体类通常都是持久性的,从开发角度看主要位于数据持久层。

总之,识别实体类的基本原则是,分析用例事件流中的名词、名词短语,从业务实体词汇表或业务领域模型中寻找所需的实体信息。不过与边界类和控制类不同,实体类通常并不是某个用例实现所特有的,很有可能被多个用例所共用。

5)三种分析类之间的协作

分析类的三种构造型实际上是模型—视图—控制器(Model-View-Controller,MVC)设计模式的体现。MVC 设计模式中的 M(Model)是指业务模型,V(View)是指用户界面,C(Controller)是指控制器,使用 MVC 的目的是将 M 和 V 的实现代码分离,从而使同一个程序可以使用不同的表现形式。

分析类中的实体类对应着 M(业务模型),边界类对应着 V(用户界面),控制类对应着 C

（控制器），边界类对系统中依赖于环境的部分进行建模，实体类和控制类对独立于系统外部环境的部分进行建模。根据 MVC 设计模式的理念，如果需要改变系统提供的输入输出方式、操作界面 GUI 或者外部接口，只需要修改边界类就可以了，无需修改控制类和实体类。

三种分析类之间的协作过程如下：系统外部的参与者先把消息发给边界类对象，边界类对象再将消息发给控制类对象。控制类对象就像调度中心一样，不做具体工作，只负责将任务分解后分配给实体类对象。实体类对象完成任务后，由控制类对象将结果反馈给边界类对象，完成一个交互回合。

6）分析类案例

识别分析类的过程就是从用例描述中定义边界类、控制类和实体类这三种分析类的过程。以"下单"用例为例，从表 4-8"下单"用例描述的事件流程中，说明识别分析类。

（1）边界类：OrderForm，用于顾客下单操作的界面，在本例中是窗口。

（2）控制类：OrderControl，负责执行下单的功能逻辑。

（3）实体类：Customer（顾客）、Cart（购物车）、Order（订单）、OrderItem（菜品）。

获取分析类之后，下一步将在此基础上绘制动态模型，描述分析类之间的交互行为。

深入思考 4.8　为了简化分析，上面的分析类案例中忽略了顾客通过打开社交软件，扫一扫二维码完成登录的环节，而是直接从进入点单界面开始进行分析类识别。若考虑到登录环节，请结合"下单"用例描述中的事件流程，把上述分析类加以细化。

参考答案：请参见微课视频 4-8。

4.3.3　动态建模概述

对象建模描述了系统的静态组织和结构，而动态建模的任务是描述系统的动态行为和动作。在绘制功能模型时，用例实际上是一个功能黑盒，只知道系统能做什么，但不知道系统的工作过程。动态建模是在对象模型基础上，将功能模型中的用例黑盒打开，通过描述分析类的交互过程来表达用户与系统的交互、事物状态信息等，如图 4-45 所示。

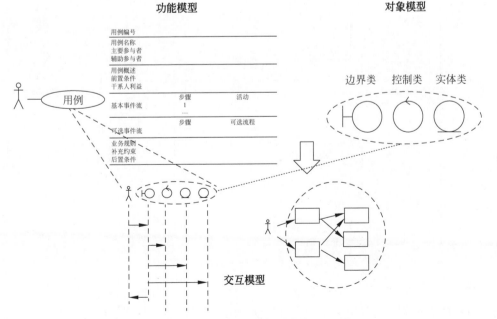

图 4-45　从功能模型、对象模型到交互模型

通过 UML 技术建立的动态模型中,常见的交互模型有序列图、通信图、定时图和交互概述图,其中最常见的是序列图和通信图。交互模型将用例和分析类对象联系在一起,把用例的行为分配到所识别的分析类中,利用交互模型中分析类对象间的消息发送,体现用例描述中的事件流。绘制交互模型的过程能够帮助开发人员发现和补充遗漏的分析类,因为边界类和控制类在分析阶段只是一个逻辑概念,所以在绘制分析序列图和协作图时根据用例映射相应的边界类、控制类即可,主要精力应放在完善实体类上。

4.3.4　序列图

序列图(Sequence Diagram)也称为顺序图,是一种最常用的交互模型表示工具。序列图按照对象之间消息发送的顺序来展示对象之间的交互。

序列图可以用于软件生命周期的多个阶段。在业务需求分析阶段,序列图显示不同的业务对象如何交互,用于描述业务流程的事件过程,建立的业务流程图能够作为系统用例分析的依据;在系统需求分析阶段,序列图显示分析类对象之间如何交互,用于描述系统用例场景的事件流,建立的分析类序列图能够为开发人员的设计提供依据;在系统设计阶段,序列图显示不同的设计类对象如何交互,在此阶段生成的序列图对于开发人员编码有直接的指导作用。

以图 4-24 自助下单系统用例图中的"下单"用例为例,根据从"下单"用例描述中识别的分析类,绘制"下单"用例的序列图,如图 4-46 所示。

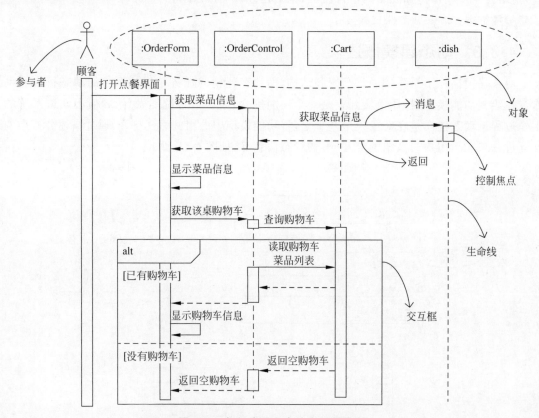

图 4-46　标识常见元素的序列图示例

在图 4-46 中,序列图用一个二维结构图描述交互关系。纵向表示时间轴;横向排列着参与交互的各独立对象。对象用一个带有垂直虚线的矩形框表示,垂直虚线是对象的生命线,表示对象在某段时间内存在。当对象接收到消息时,开始执行操作,对象处于激活状态,使用生命线上的一个细长矩形框表示激活状态。利用对象生命线间的消息传递实现对象间的通信,使用带有消息的箭头表示消息调用,箭头按照时间顺序从上到下排列。

序列图包含下列几种常用基本元素:参与者、对象、生命线与控制焦点、消息与调用和交互框。

1. 参与者

参与者和用例图中的参与者概念一致,表示发起序列图中本次交互行为的人、系统或设备。参与者是位于系统之外的元素。

2. 对象

序列图上最顶部的一排矩形框(也可以使用图符,例如:图 4-44 中的边界类、控制类、实体类图符)称为对象。在序列图中,参与交互的对象为具体的事物,一个对象代表现实世界中的某个东西。例如,":Cart"作为 Cart 类的一个实例,代表一个特定的购物车对象。

关于对象的命名有三种情况:

- 对象名:类名:最完整的对象表述形式。例如:在表述 orderControl:OrderControl 中,orderControl 是对象名,OrderControl 是类名。
- :类名:只显示类名,表示一个匿名对象。例如::OrderControl。
- 对象名:只显示对象名不显示类名。例如:orderControl。

3. 生命线与控制焦点

每个对象都有自己的生命线,对象生命线是一条从对象图标向下延伸的垂直虚线,表示对象存在的时间。在生命线所代表的时间内,对象一直可以被访问,也就是可以随时发送消息给它。在交互过程中可以创建新的对象,创建对象的消息被发送给新对象自身的生命线,如图 4-47 所示。创建对象的消息用关键词 new、create 等来命名,形式上常用一条带箭头的虚线来表示。

控制焦点是细长的矩形,它表示对象执行一个动作的时间段,如图 4-48 所示。矩形的顶端和动作的开始时刻对齐,开始时刻执行的事件称为开始事件;矩形的底端和动作的结束时刻对齐,结束时刻执行的事件称为结束事件;对象获取控制焦点或执行持续的时间由开始事件时刻和结束事件时刻决定,执行的结果常用返回消息来标记。

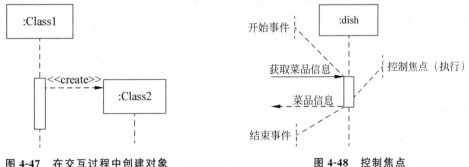

图 4-47　在交互过程中创建对象　　　　图 4-48　控制焦点

4. 消息与调用

在面向对象的分析和设计中,对象之间的交互行为可以看作对象间发送消息,因此,对象的行为也被称为消息传递。通常,当一个对象调用另一个对象中的行为就意味着完成了一次消息传递。通过对象之间的消息传递驱动接收消息的对象执行一系列的操作,从而完成某一任务。换句话说,对象 A 将"消息"传递给对象 B,收到消息的对象 B 则会执行与消息对应的"方法"(行为)来实现传达消息者对象 A 的要求,执行的方法属于对象 B。

消息在序列图中通常按时间顺序从上到下,从左到右排列。第一个消息总是在纵向从顶端开始,在横向从左侧开始,之后的消息在纵向上一般比前面的消息位置稍微低些,以表达消息发生的顺序。

消息的基本类型包括同步消息、异步消息、返回消息和自关联消息。

1) 同步消息

一个对象向另一个对象发出同步消息后,将处于等待状态,直到另一个对象回应后才能继续其他操作。操作的调用是一种典型的同步消息,每条消息从发送对象指向接收对象,表示发送对象要调用接收对象的一个操作。同步消息用一条带有实心箭头的实线➡来表示。

2) 异步消息

一个对象向另一个对象发出异步消息后,这个对象可以进行其他的操作,不需要等另一个对象的响应。异步消息用一条带有开口箭头的实线→来表示。

3) 返回消息

返回消息是指被调用对象向调用对象返回一个值。返回消息用一条带有开口箭头的虚线←--来表示,在虚线上标识操作的返回值。返回消息表示从过程调用返回。如果是过程控制流(同步消息)的返回,则返回消息是可省略的,隐含每个调用有配对返回;如果是非过程控制流(异步消息)的返回,则返回消息不可省略,返回消息必须明确表示出来。

4) 自关联消息

自关联消息用来描述对象内部操作的互相调用。自关联消息的发送对象和接收对象都是同一个对象。自关联消息用一条指向自身的实线箭头↲来表示。

5. 交互框

UML 2.0 在时序图中加入了交互框。交互框用来在序列图中直接表示逻辑组件(即交互执行的条件和方式)。序列图经常需要描述条件执行、并行执行、循环执行等控制,这些控制可以用交互框来描述。在序列图中,交互框用带有标记的矩形区域来表示,标记文字代表交互框的类型。常用的交互框介绍如下:

1) 可选交互框(opt)

可选交互框包含一个可能发生或不发生的序列,标记为"opt",控制逻辑相当于"if…then…"。当条件[boolean expression]为真时,可选执行部分才被执行,如图 4-49 所示。图 4-49 左图为 opt 交互框的用法示意图,右图为 opt 交互框应用示例。

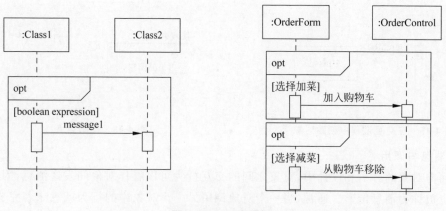

图 4-49　opt 交互框

在图 4-49 中,"加入购物车"和"从购物车移除"这两个消息序列都不一定执行。例如:只有当"选择加菜"这个条件满足时,才执行"加入购物车"。

2）条件交互框（alt）

条件交互框用来指明在两个或更多的消息序列之间的互斥的选择，标记为"alt"，控制逻辑相当于"if…else if…else if…else…"。条件执行部分由水平虚线分割为多个子区域，每个子区域代表一个条件分支，每个子区域中都应设置一个该片段可以运行的条件［boolean expression］。在任何场合下只有当条件为真时，相应子区域的序列才被执行。［else］是指其他片段设置的条件都不为 true 时应运行的片段，如图 4-50 所示。图 4-50 左图为 alt 交互框的用法示意图，右图为 alt 交互框应用示例。

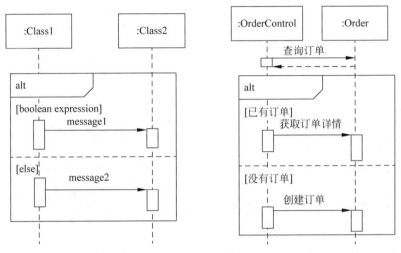

图 4-50　alt 交互框

在图 4-50 的应用示例中，查询订单的返回结果一定是"已有订单"和"没有订单"这两个其中之一。当使用返回结果的集合作为判断条件时，对应的片段一定有一个消息序列会执行。例如：当满足"没有订单"这个条件时，就执行"创建订单"操作。

3）循环交互框（loop）

循环交互框用来指明需要重复执行的消息序列，标记为"loop"，控制逻辑相当于"for.."。可以在［boolean expression］中指定片段重复的条件，如图 4-51 所示。图 4-51 左图为 loop 交互框的用法示意图，右图为 loop 交互框应用示例。

在图 4-51 中，":OrderControl"对象对于得到的菜单列表要逐个获取菜品详情。交互框中给出的循环条件为［for each dish］，含义就相当于遍历菜单列表中的每个菜品，只要菜品列表中还存在尚未遍历的菜品，就执行消息序列"获取菜品详情"。

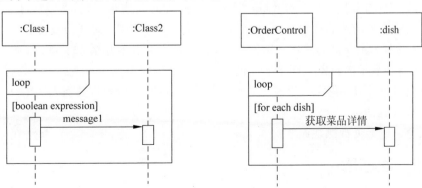

图 4-51　loop 交互框

4) 并行交互框(par)

并行交互框用来指明需要并发执行的消息序列,标记为"par",控制逻辑相当于"多线程",如图 4-52 所示。并行执行部分由水平虚线分割为多个子区域,每个子区域代表一个并行分支。所有并行分支是并发执行的,相互独立也没有交互。图 4-52 左图为 par 交互框的用法示意图,右图为 par 交互框应用示例。

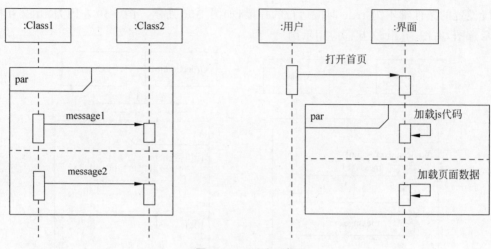

图 4-52　par 交互框

6. 约束

为对象的交互建模时,有时候必须满足一个条件,消息才会传递给对象。这时候可以将约束添加在序列图中,通常把约束放在消息线上的消息名之前。一个约束示例如图 4-53 所示。

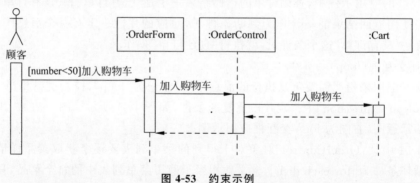

图 4-53　约束示例

在图 4-53 中,约束是文本"[number<50]"。在"加入购物车"消息上添加这个约束,含义是:只有加入购物车的菜品数量 number<50 时,"加入购物车"消息才会被传递。

总之,序列图的主要目的是定义事件序列,它的关注重点不是消息本身,而是消息产生的顺序,表示了一个系统的对象之间传递的消息内容及发生顺序。

深入思考 4.9　请使用深入思考 4.8 得到的细化后的分析类,将其加入图 4-46 中,重新绘制"下单"用例序列图。

参考答案:请参见微课视频 4-9。

4.3.5　通信图

通信图(Communication Diagram)也称为协作图,它描述了系统中对象间如何通过互相发送消息来实现通信,用于获取对象的职责和接口。通信图和序列图在语义上是等价的,都描述了交互关系,但它们的关注点有所不同。序列图强调消息发生的顺序,适用于描述对象间的调用过程,常用于用例场景描述;通信图重点描述对象间的关系,更有利于理解对象结构及其连接。目前成熟的 UML 建模工具(例如:Rational Rose、Enterprise Architect 等)可以方便地完成从序列图到通信图的转换,无需重新绘制通信图。

将图 4-46 的序列图示例转换后得到对应的通信图,如图 4-54 所示。

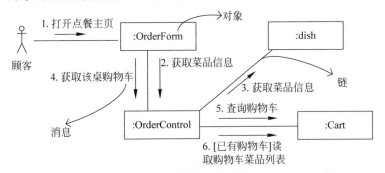

图 4-54 通信图示例

在图 4-54 中,通信图通过在链(对象间的连接)上标记消息来表达对象间的消息传递,即描述对象间的交互。

通信图的组成元素包括对象、链、消息。消息是对象间通信的手段,对象通过链连接在一起。

1. 对象

通信图中的对象与序列图中的对象概念是一致的,只不过在通信图中,无法表示对象的创建和销毁,所以对象在通信图中的位置没有限制。

2. 链

链用于表示对象之间的各种关系。通信图中链的符号和对象图中连接所用的符号是一样的,即一条无向实线。

3. 消息

通信图中的消息与序列图中的消息相同。为了表示交互过程中消息的时间顺序,可以给消息添加序列号。序列号是在消息前面加的一个数字,每个消息都必须有唯一的序列号。消息的箭头指明消息的流动方向;消息字符串说明要发送的消息序列号、消息名、消息参数和消息返回值。

和序列图一样,通信图也可以用于软件生命周期的各阶段。从演变过程而言,对象从业务对象到分析类对象再到设计类对象,消息从业务操作到计算机术语再到方法级别,从业务场景模型到引入计算机实现理念再到实现方式建模。对象和消息的粒度随着分析与设计阶段的不断推进而不断细化。

4.3.6 状态机图

状态图(State Diagram)是 UML 1.x 规范中的称呼,在 UML 2.x 中则称为状态机图,通常用于展现对象的可能状态以及导致状态转换的事件和状态转换引起的操作。通常一个状态机依附于一个类,用于描述一个类的实例(对象)对接收到的事件所发生的反应。状态机通过描述对象在整个生命周期内的状态变迁以获得对这个实体对象的理解。因此,状态机通常只用于描述单个实体对象在整个生命周期中的行为;需要描述对象交互行为时,则使用序列图和通信图进行建模。

1. 状态机图基本概念

首先对状态机图有一个初步认识，一个状态机图的示例如图 4-55 所示。

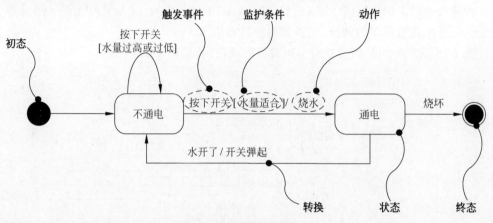

图 4-55 状态机图示例

图 4-55 所示的是电水壶的状态机图。电水壶开始处于"不通电"状态，当准备烧开水时会"按下开关"（触发事件"按下开关"发生），电水壶准备进入工作状态。此时，它会根据水量进行判断，如果水量不合适（监护条件［水量过高或过低］成立），则电水壶依然停留在"不通电"状态；如果水量合适（监护条件［水量合适］成立），则电水壶进入"通电"状态并执行"烧水"动作。当水烧开了（触发事件"水开了"发生），则电水壶进入"不通电"状态并执行"开关弹起"动作。当烧水壶在通电状态工作时，若烧坏了则电水壶进入终态。

状态机图一般用来描述事件驱动对象的行为。在为事件驱动对象的行为建模时，建模的主要内容包括：对象可能经历的稳定状态、触发从状态到状态跃迁的事件、每一次状态变化所发生的动作。为事件驱动对象的行为建模也涉及为对象的生命周期建模，从对象的创建到对象的破坏，主要强调对象可能经历的稳定状态。稳定状态代表对象能够存在一定时间，当事件发生时，对象会从一个状态转换到另一个状态。状态机图主要由状态、转换、触发事件、监护条件和动作 5 部分组成。

1）状态

状态指的是对象在其生命周期中的一种状况。当对象满足某一状态的条件时，对象会处于某个特定状态，该状态被称为激活的状态。

在 UML 中，状态分为简单状态与复合状态。简单状态是没有嵌套结构的状态，相关图例如图 4-56 所示。

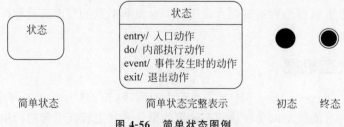

图 4-56 简单状态图例

初态和终态是两个特殊的状态，它们实际上不是真正的状态，更像是状态机的入口状态和出口状态。对于一个不含嵌套结构的状态机，只能有一个初态，用一个实心圆表示；可以有 0 到多个终态，用一个带外同心圆环的实心圆表示。

简单状态由一个带圆角的矩形表示,简单状态的完整表示包括 5 部分：状态名、入口动作、退出动作、内部执行动作、事件发生时的动作。

2）转换

转换表示当发生某个事件且满足某个特定条件时,对象将在第一个状态中执行一定的动作,然后进入第二个状态。

转换用带箭头的直线表示,起始端连接源状态,箭头指向目标状态。在转换箭头上标注转换的标签,标签选项包括触发事件、监护条件和动作等。如果转换箭头上没有标注触发转换的事件,则表示此转换自动进行。

3）触发事件

触发事件指的是一个特定的动作或行为,触发事件通常会引起状态的转换,促使状态机从一种状态转换到另一种状态。

4）监护条件

监护条件是指一个转换被激发之前必须满足的一个条件。它是一个布尔表达式,当转换接收到触发事件后,只有监护条件为真时,转换才能被激活。

5）动作

动作指的是状态机中可以执行的原子操作,所谓原子操作指的是它们在运行的过程中不能被其他消息所中断,必须一直执行下去,最终导致状态变更或者返回一个值。动作既可以出现在转换标签上,也可以出现在状态内部。

转换标签上标识的动作含义是：该动作作为转换的结果由转换状态后的对象来调用。

状态内部定义的动作含义如图 4-56 所示。

- 入口动作：对象进入状态（激活）时执行的动作,表示为“entry /入口动作”。
- 内部执行动作：当对象进入一个状态时执行的动作,表示为“do/动作表达式”。
- 事件发生时的动作：在该状态下可延迟处理的事件发生时,对象执行的动作。这里的事件是指可延迟处理的事件,事件发生不会改变对象状态,而是保持这个状态直到对象转换为另一个状态时,才处理该事件,表示为“事件名称（事件参数）/动作表达式”。
- 退出动作：对象从状态退出时执行的动作,表示为“exit /退出动作”。

2. 复合状态机图

复合状态机图是指包含了复合状态的状态机图。复合状态是指包含了一个或多个嵌套状态机的状态。在复合状态中,可以先将一部分子状态组合成一个状态机,把这个新的状态机作为复合状态机图中的一个复合状态来呈现。

常见的复合状态包括两种：顺序复合状态和并发复合状态。当顺序复合状态被激活时,只有一个子状态会被激活；并发复合状态是指复合状态中包括两个或多个并发执行的子状态机。复合状态机图示例如图 4-57 所示。

图 4-57(a)是一个顺序复合状态机图示例,这是一个银行自动柜员机（Automated Teller Machine,ATM）的状态机图。正常情况下,ATM 最初处于“空闲”状态,当客户将银行卡插入 ATM 机读卡口时,触发“插卡”事件,ATM 机的状态就变为“服务客户”状态,进入“服务客户”状态后就执行入口动作“entry /读卡”。在 ATM 机处于“服务客户”状态时,客户也可以通过随时取消交易（“取消”事件发生）,使得 ATM 机从“服务客户”状态转换回“空闲”状态。还有一种情况是交易完成后,“服务客户”状态将无触发地转换回“空闲”状态。无论是哪一种情况,当从“服务客户”状态退出时,都将执行退出动作“exit/弹出卡”。在此示例中,“服务客户”是一个顺序复合状态,具有三个子状态机,依次为“身份验证”“选择交易”“交易”。

图 4-57(b)是一个并发复合状态机示例,这是一个在线选课系统中的核心业务对象"选课单"的状态机图。当学生选修了某门课程并注册成功后,会创建一个选课单对象,创建后默认起始状态为"未开课"。当课程开课后,状态变为"开课中",当所有课程任务都完成后,状态变为"已通过"。若期末考试未通过,则课程状态就变为"不通过"。在此示例中,"开课中"是一个并行复合状态,具有三个并发执行的子状态机。

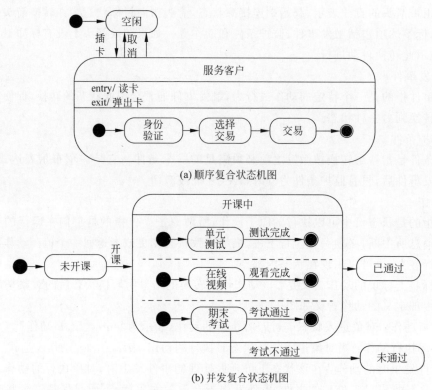

(a) 顺序复合状态机图

(b) 并发复合状态机图

图 4-57 复合状态机图示例

3. 状态机图案例

应用状态机图时,需要根据系统自身的业务逻辑来设计。下面以下单业务中的核心业务对象"订单"为研究目标,通过"订单"对象状态的变化梳理订单从产生到完成的整个流转过程。绘制"订单"对象的状态机图,如图 4-58 所示。

图 4-58 呈现了整个订单状态的转换过程:当用户点击"提交订单"时,会创建一个新的订单对象,这是订单对象生命周期的开始,订单创建后默认起始状态为"待支付"。提交订单后,一般会跳转到支付页面,若用户支付订单成功,支付成功的订单将交付商家等待发货,订单状态变为"待发货";若用户 24 小时内未支付,则订单状态变为"已关闭";若用户取消了订单,则订单状态变为"已取消"。商家准备好货品后,通过物流发出,订单状态变为"运输中";若物流公司开始派送,则订单状态变为"派送中";若快递人员直接送货上门,则订单状态变为"已签收",若快递人员送货到快递柜,则订单状态变为"已投递",用户从快递柜取出后,订单状态变为"已签收"。

可以看到,随着事件的推进,当一个对象在生命周期内存在很多状态转换时,如果用文字来描述,很难清楚阐述状态转换发生的触发事件及执行顺序。此时,借助于状态机图建模对于梳理工作流会有很大帮助。

图 4-58 形象地说明了"一图胜过千言万语",也体现了图形建模在软件开发过程中的重要性。通过以上几个状态机示例,重新来理解状态的含义,可以认为:状态是所描述对象的一组

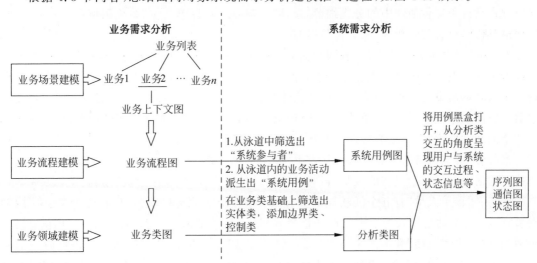

图 4-58　"订单"对象状态机图

属性值,这组属性值对触发事件具有相同的反应。换言之,处于相同状态的对象对同一事件具有同样的跃迁行为。图 4-58 中的各个状态正是"订单"对象在业务流程推进过程中的一组状态属性值,这个值会随着事件的发生而改变,从而实现对订单状态的追踪。

　　状态机图的焦点在于描述系统的状态、状态之间的转换顺序和状态转换时所必需的触发事件,展示工作流因为不同的条件发生的分支,通过图形建模避免了使用大量的文字来描述工作流的流转和外部事件的执行。

　　状态机图能够描述单个复杂对象的行为,对于理解对象的行为很有帮助。但是在建立动态模型时,并不需要对系统中的每个对象都绘制状态机图,一般仅需要对领域模型中的核心业务对象或者参与了多个用例场景中活动的对象进行建模。

　　深入思考 4.10　若在图 4-58 基础上,多加入一些订单流程细节,例如:未发货时可以申请退款,已发货了也可以申请拦截退货,收货后可以继续追踪该订单的评价、售后等,重新绘制"订单"对象状态机图。

　　参考答案:请参见微课视频 4-10。

■ 4.4　案例的面向对象需求分析模型 ◆

　　根据 4.3 节内容,总结面向对象系统需求分析建模推导过程,如图 4-59 所示。

图 4-59　面向对象业务需求分析模型推导系统需求分析模型过程

在图 4-59 中,业务需求分析阶段的主要建模成果包括:业务上下文图、业务流程图和业务类图。系统需求分析阶段的建模成果由业务需求分析建模成果推导而来。由业务流程图按照相应的推导过程得到用例图;由业务类图扩展得到分析类图;将用例图中的用例黑盒打开,根据用例描述,使用序列图、通信图和状态图等动态模型描述分析类的交互过程和状态信息等。

为了更好地呈现项目开发各阶段的衔接性,本节将继续运用面向对象 UML 技术,在第 3 章案例业务需求分析阶段成果的基础上,按照图 4-59 从业务需求分析模型推导系统需求分析模型的过程,完成"智慧社区养老服务系统"案例的需求分析建模。

4.4.1 案例的功能模型

1. 系统用例图

在案例的"养老服务订单处理"业务流程图基础上,按照从业务流程图中获取用例的方法,识别系统参与者和用例,圈画后的业务流程图如图 4-60 所示。

1) 从业务流程图中识别参与者

对业务流程图中的每个泳道进行判断,只需要回答:"该泳道代表的岗位或角色需要使用系统吗?"。如果答案是肯定的,则该泳道就被确定为系统的外部参与者。

在图 4-60 中,根据上述规则,将与系统有交互的泳道用 ⬭ 圈画出来,识别出"智慧社区养老服务系统"的参与者为:老年人/老年人亲属、社区服务运营人员、养老服务提供商、接单人员。

2) 从业务流程图中识别用例

系统用例是从系统参与者所在泳道内的业务活动派生而来的。如果某个业务活动属于系统应提供的功能范围,则可以将其抽象为系统用例。

在图 4-60 中,对于每一个被圈画出来的泳道,将与系统相关的业务活动用 ⬭ 圈画出来,下面重点分析这些活动,并将分析结果抽取为用例。

参与者"老年人/老年人亲属"有三个活动与系统有关:第一个是"公众号自助下单",从这个业务活动中可以明确面向"老年人/老年人亲属"用户群体的客户端是公众号,功能上将其抽取为"下单"系统用例;第二个是订单支付的业务活动,可以认为不同的服务方式对应不同的支付方式是订单支付活动中的分支细节,总体将其抽取为"订单支付"系统用例;第三个是"服务评价"活动,可直接转化为"服务评价"用例。

参与者"社区服务运营人员"有两个活动与系统有关:第一个是通过智能终端接入系统接听或直接通过电话接听老年人服务诉求,并将服务诉求录入系统,可将其抽取为"录入服务申请",虽然其本质也是下单,但为了和老年人下单区别开来,使用不同的用例名称;第二个是派单给服务商或志愿者,由于派单给养老服务提供商和派单给志愿者有不同的业务规则,所以可将这个活动抽取为"派单给服务商"和"派单给志愿者"两个用例。

参与者"养老服务提供商"有一个活动与系统有关:养老服务提供商收到派单任务后,需要执行的活动是派单给具体的人员,可将这个活动抽取为"派单给接单员"用例。

参与者"接单人员"有五个活动与系统有关:第一个活动是接单,直接转化为"接单"用例即可;第二个活动是录入携带康复设备信息,将这个活动抽取为"录入设备信息"用例;第三个活动"服务进程反馈"和第四个活动"确认服务完成"实际上都是对当前服务进展阶段的确认,可将这两个活动合并为"更新订单进度"用例;第五个活动是查看订单支付方式,实际上是包含在各阶段都需要的查看服务需求,可将其抽取为"查看服务订单"用例。

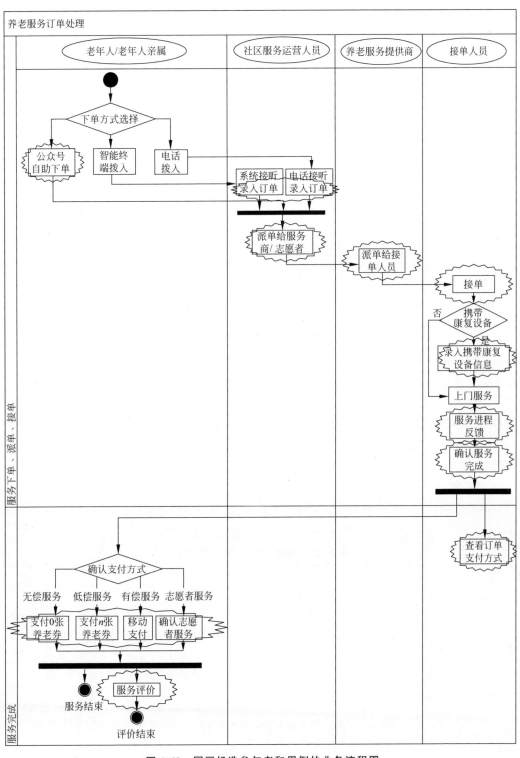

图 4-60 圈画候选参与者和用例的业务流程图

通过上述分析可知,在实际的转换过程中,并不是简单地将业务流程中的业务活动直接转换为系统用例,而应根据不同情况做不同的用例抽取,这个过程需要灵活处理。

3) 绘制系统用例图

前两步得到的系统参与者和系统用例只是从"养老服务订单处理"这一个业务推导而来的,因此这里的用例图只是案例系统用例图片段,如图 4-61 所示。

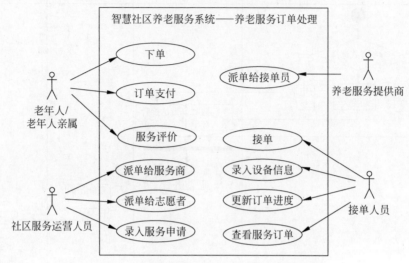

图 4-61 "养老服务订单处理"业务之系统用例图

为了和其他业务流程图推导而来的系统用例图片段进行区分,在图 4-61 中将业务名称标注在系统名称后面,以示区别。当然,这里的标识非官方推荐用法,只是在不违反用例技术使用规则的前提下,为标识系统用例图的组成部分所做的延伸处理。

本案例中,社区在养老服务方面的核心业务列表是:养老服务订单处理、投诉、评估养老服务、发放养老券,应针对每个业务进行推导得到相应的系统用例图片段,最终将所有片段合并之后得到的才是完整的系统用例图。

2. 用例描述

下面按照表 4-7 的用例模板,选取"派单给服务商"用例进行用例描述,如表 4-12 所示。

表 4-12 "派单给服务商"用例描述

用例编号	UC_PDFWS
用例名称	派单给服务商
主要参与者	社区服务运营人员
辅助参与者	无
用例概述	社区服务运营人员能够把养老服务申请派单给养老服务提供商
前置条件	存在待派单的养老服务申请
干系人利益	(1) 社区服务运营人员:期望派单能让养老服务提供商和老年人双方都满意,服务能够顺利提供给老年人 (2) 养老服务提供商:期望派单能够公平,尽量拿到更多的养老服务订单 (3) 老年人:希望派来的人员所属的养老服务提供商服务好,信誉度高

续表

基本事件流	步骤	活动
	1	社区服务运营人员进入养老服务派单任务界面,用例开始
	2	系统显示待处理的服务申请列表
	3	社区服务运营人员选择"批处理派单",若养老服务申请中没有指定养老服务提供商,则系统根据"系统派单规则"自动派单给算法指定的养老服务提供商;若申请中有指定养老服务提供商,则系统根据养老服务申请中的要求,自动派单给申请中指定的养老服务提供商
	4	系统向社区服务运营人员反馈批处理结果,"成功处理 XX 条申请,有 YY 条需要人工处理";系统向下单用户发送已派单通知。用例结束

可选事件流	步骤	可选流程
	3a	人工派单 3a1.若批处理派单不成功或其他特殊原因,养老服务申请则被系统加入人工派单列表中 3a2.社区服务运营人员从"人工派单养老服务申请列表"中,选中某一条申请,提交"人工派单",系统显示该服务申请的详情及派单操作界面,社区服务运营人员从"人工派单规则"生成的可选养老服务提供商列表中选择,然后派单给选定的养老服务提供商 3a3.若指定养老服务提供商的服务申请中同意更换养老服务提供商,则社区服务运营人员可重新派单指定其他养老服务提供商;若申请中不同意更换养老服务提供商,则社区服务运营人员可将无法派单原因通知给老年人/老年人亲属 3a4.系统通知人工派单结果
	4a	批处理派单失败 4a1.系统反馈批处理派单失败结果,并提示失败原因 4a2.社区服务运营人员根据提示的失败原因,按照派单失败操作手册流程,针对性地处理

业务规则	(1)系统派单规则:根据养老服务提供商关联的"服务类型"或"服务区域"实现自动派单。如服务类型相同,则继续查询服务区域;如两者均相同,则优先匹配派工单最少的养老服务提供商;如所有养老服务提供商派工单的工单数都相同,则系统会进行随机匹配;若养老服务提供商设置了"订单已满"或者"暂不接单"参数,则不予派单匹配 (2)人工派单规则:优先选择等级高的养老服务提供商;若养老服务提供商设置了"订单已满"或者"暂不接单"参数,则重新派单给其他养老服务提供商
补充约束	(1)界面间切换时间不超过 3 秒 (2)系统反馈时间不超过 3 秒
后置条件	系统已为养老服务订单指定养老服务提供商,养老服务订单状态更新,新增派单给养老服务提供商的派单记录

4.4.2　案例的对象模型

下面以"派单给服务商"用例为例,说明识别的分析类。

1. 边界类

在表 4-12"派单给服务商"用例描述中,第 1 步"社区服务运营人员进入养老服务派单任务界面,用例开始"意味着参与者"社区服务运营人员"与系统的交互是通过"养老服务派单任务界面"完成的,该界面担负着系统与参与者之间交互完成派单任务的职责。

通过上述分析,抽取边界类"养老服务派单任务界面"DispatchProviderForm,用于社区服务运营人员派单给服务商操作的界面。

2. 控制类

通常情况下,一个用例对应一个控制类。"派单给服务商"用例对应一个控制类。控制类将派单给服务商的业务逻辑独立于实体类和边界类,专注于表 4-12 用例描述中派单业务逻辑事件流的控制和调度。

通过上述分析,抽取控制类"派单给服务商控制类"DispatchProviderControl,负责执行派单给服务商的相关操作控制。

3. 实体类

在表 4-12"派单给服务商"用例描述中,分析用例事件流中的名词、名词短语,从业务实体词汇表或业务领域模型中寻找所需的实体信息,抽取下列名词作为分析阶段的实体类:养老服务订单、养老服务提供商、系统派单规则、人工派单规则。

至于分析阶段的实体类是否全部转换为设计阶段的实体类,则由设计阶段的细化结果决定。例如:在系统设计阶段,系统派单规则和人工派单规则既可以将其结构化后转换为数据库设计中的业务规则实体,也可以作为设计阶段派单服务中的核心算法,以方法的形式存在。具体采用何种形式,由后续设计方案决定。

4.4.3　案例的动态模型

1. 序列图

在案例的对象模型基础上,将"派单给服务商"用例黑盒打开,绘制分析类之间的交互行为序列图,如图 4-62 所示。

在图 4-62 中,参与者"社区服务运营人员"通过界面类"DispatchProviderForm",向派单控制类"DispatchProviderControl"发送操作请求,控制类"DispatchProviderControl"向实体类"服务订单"和"服务提供商"传递操作请求,并将实体类返回的操作结果通过界面类反馈给系统外部参与者"社区服务运营人员",完成派单任务。

2. 状态机图

案例中"养老服务订单"对象的状态机图如图 4-63 所示。

在图 4-63 中,当老年人/老年人亲属提交服务申请时,会创建一个新的养老服务订单对象,这里是养老服务订单对象生命周期的开始,订单创建后默认起始状态为"未派单",然后等待社区服务运营人员派单;当服务派单给养老服务提供商后,则订单状态变为"已收单";若服务直接派单给志愿者或者养老服务提供商派单给接单员,则订单状态变为"已派单";若志愿者或养老服务提供商接单员接单,则订单状态变为"已接单";当人员出发时给系统一个反馈,则订单状态变为"已出发";当人员到达后开始服务时,则订单状态变为"服务开始";当服务完成后,则订单状态变为"服务结束";当老年人/老年人亲属支付订单后,订单状态变为"已支付";当老年人/老年人亲属对服务进行评价后,订单状态变为"已评价"。

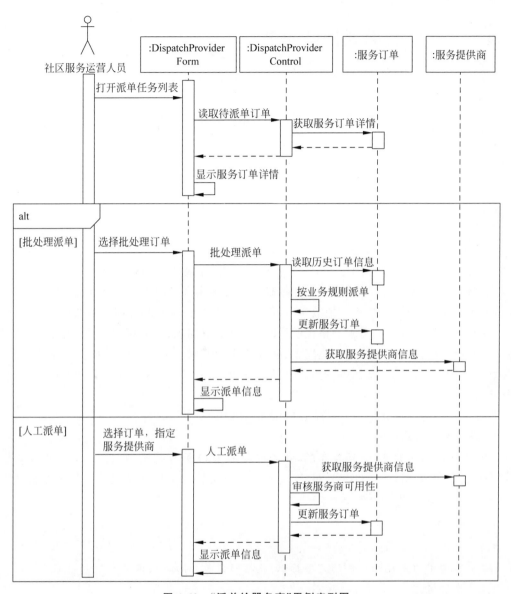

图 4-62 "派单给服务商"用例序列图

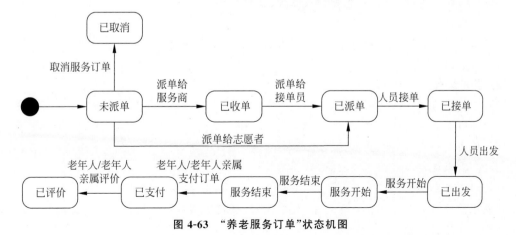

图 4-63 "养老服务订单"状态机图

4.5 软件需求规格说明书

在软件生命周期的各阶段都会产生相应的工作成果。这些成果大部分是以文档的形式给出的。在软件系统的需求分析阶段，软件需求规格说明书（Software Requirements Specification，SRS）是最主要的工作成果。它的作用是作为软件开发人员与用户之间事实上的技术合同说明，成为设计工作的基础和依据以及测试和验收的依据。

在将需求分析文档化的过程中，常见的描述方法包括：自然语言（非形式化）、图表化模型（半形式化）、形式化方法。

自然语言描述需求，无论对于用户还是软件开发人员，都是易懂易阅读的，但缺点在于可能存在矛盾、二义性、不完整、对复杂问题的表达能力差等问题。

图表化模型能够将问题进行抽象、总结，对于复杂问题的表达力和聚集力更强，但缺点在于图表化模型主要用于描述问题主干，对于详细的需求信息无法描述。

形式化方法是基于数学的技术，它的精确度比自然语言和图表化模型都高，适用于逻辑性强、精度要求高的场合，但由于它把数学引入开发过程，使得编写和阅读文档都显得困难。

因此，在实际编写软件需求规格说明书时，应根据不同项目和开发团队的特点，灵活应用上述三种需求描述方法，最终目标是完整、准确地表达需求，并且简明、易懂。在企业实践中，开发团队须用统一格式的文档进行描述，可以根据实际情况对标准模板进行适当的改动，形成团队特有的统一模板。

下面介绍两种标准化模板：国标 ISO 版本、RUP 版本。

1. 国标 ISO 版本（2006）

最早的国标版本是 1988 年发布的，我国在参照 ISO 标准的基础上，于 2006 年发布了新的软件文档的国家标准——GB/T 8567—2006《计算机软件文档编制规范》，其中的软件需求规格说明书（SRS）模板如下所示。

1. 范围
1.1　标识
[本文档适用的系统和软件的完整标识，包括标识号、标题、版本号]
1.2　系统概述
[适用的系统和软件的用途；开发、运行、维护历史]
1.3　文档概述
[文档的用途、内容、预期读者、与使用相关的保密性要求等]
1.4　基线
2. 引用文件
3. 需求
3.1　所需的状态和方式
[软件项是否在多种状态和方式下运行]
3.2　需求概述
3.2.1　目标
[表述系统目标和范围；主要功能、处理流程、数据流程；外部接口和上下文图]
3.2.2　运行环境
3.2.3　用户特点

3.2.4 关键点

[关键功能、关键算法、关键技术]

3.2.5 约束条件

[费用、期限、方法等]

3.3 需求规格

3.3.1 软件系统总体功能/对象结构

[对软件系统总体功能/对象结构进行描述,包括结构图、流程图或对象图]

3.3.2 软件子系统功能/对象结构

[对每个主要子系统中的基本功能模块/对象结构进行描述,包括结构图、流程图或对象图]

3.3.3 描述约定

3.4 软件配置项能力要求

[可用功能、性能、目标]

3.4.X

[包括能力的说明、输入、处理、输出]

3.5 外部接口需求

[包括用户接口、硬件接口、软件接口、通信接口需求]

3.5.1 接口标识和接口图

3.5.X 具体接口

[说明接口优先级、接口类型、数据元素特性、数据元素集合、接口通信方法、必须使用的接口协议等]

3.6 内部接口需求

3.7 内部数据需求

3.8 适应性需求

[提供的依赖于安装的数据有关的需求]

3.9 保密性需求

[诸如防止意外动作和无效动作所必须提供的安全措施]

3.10 保密性和私密性需求

3.11 环境需求

3.12 计算机资源需求

3.12.1 计算机硬件需求

3.12.2 计算机硬件资源利用需求

3.12.3 计算机软件需求

3.12.4 计算机通信需求

3.13 软件质量因素

3.14 设计和实现的约束

[特殊软件体系结构、特殊设计和使用标准的使用需求;为支持在技术、风险、任务等方面的预期增长和变更,必须提供的灵活性和可扩展性]

3.15 数据

[处理量、数据量]

3.16 操作

3.17 故障处理

[属于软件系统的问题；发生错误时的错误信息；发生错误时采取的补救措施]

3.18 算法说明

3.19 有关人员需求

[人员数量、专业技术水平、投入时间、培训需求等]

3.20 有关培训需求

3.21 有关后勤需求

[系统维护、支持，系统运输、供应方式，对现有设施的影响等]

3.22 其他需求

3.23 包装需求

3.24 需求的优先次序和关键程度

4. 合格性规定

[可以独立，也可以直接在前面注明方法，包括演示、测试、分析、审查、其他特殊方法]

5. 需求可追踪性

6. 尚未解决问题

7. 注释

2. RUP 版本

RUP 描述了如何有效地利用商业的、可靠的方法开发和部署软件，适用于大型软件团队开发大型项目。它也定义了一个名为"软件需求规约"的模板。

一个标准的 RUP 文档模板如下所示。

1. 文档概述

1.1 目的

[指出文档的目的、目标读者及各类读者的要点]

1.2 背景

[说明项目的背景信息]

1.3 定义、首字母缩写词和缩略语

[文档中出现的术语和缩略语]

1.4 参考资料

[文档所引用的参考资料]

1.5 概述

[概要地表达本文档的内容]

2. 整体说明

[让读者对整个软件系统的需求有一个框架性的认识。主要包括产品总体效果、产品功能、用户特征、约束、假设与依赖关系、需求子集等方面的内容。]

2.1 用例模型

[给出系统的总体用例图以及用例的简述。]

2.2 假设与依赖关系

3. 具体需求

3.1 用例描述

[对用例模型中列出的每个用例进行详细描述。]

3.2 补充需求

[说明外部接口、易用性、可靠性、性能、质量属性、设计约束等补充需求。]

4. 支持信息

[提供目录、索引、附录、用户界面原型等信息的,以便令"软件需求规约"更易于使用。]

这份需求模板最大的问题是只提供了功能模型的阐述,而对象模型和动态模型并没有相应的位置,因此在使用RUP模板时,需要根据用例的实际需要做相应的补充。

习题

一、选择题

1. 下列选项中,系统需求分析阶段的任务是回答哪个问题?（　　）。

　　A. 系统要做什么　　　　　　　　　　B. 系统要怎么做

　　C. 系统是什么　　　　　　　　　　　D. 组织的价值

2. 下列不属于"软件需求规格说明书"中的是(　　)。

　　A. 功能需求　　　　B. 可行性　　　　C. 性能需求　　　　D. 设计约束

3. 结构化分析方法是面向什么的需求分析方法?（　　）

　　A. 对象　　　　　　B. 模型　　　　　C. 数据流　　　　　D. 功能

4. 下列哪一项不属于结构化分析模型?（　　）

　　A. 数据模型　　　　　　　　　　　　B. 数据流图

　　C. 状态转换图　　　　　　　　　　　D. 用例图

5. 面向对象分析方法的基本思想是下列哪一项?（　　）

　　A. 模块化的观点看世界　　　　　　　B. 数据模型的观点看世界

　　C. 面向对象的观点看世界　　　　　　D. 事件驱动的观点看世界

6. 结构化需求分析使用下列哪一项来描绘软件系统功能模型?（　　）

　　A. 数据流图　　　　B. 用例图　　　　C. E-R图　　　　　D. 状态图

7. 数据流图中,对数据进行处理的单元被称为(　　)

　　A. 加工　　　　　　B. 外部实体　　　C. 数据流　　　　　D. 数据存储

8. 数据流的流向应遵循一定的规则,下列哪一项是不正确的?（　　）

　　A. 从加工流向加工　　　　　　　　　B. 从加工流进数据存储

　　C. 从数据存储流向加工　　　　　　　D. 从实体流进数据存储

9. 下面的数据流图中,数据存储D1会产生什么错误?（　　）

　　A. 黑洞　　　　　　B. 白洞　　　　　C. 灰洞　　　　　　D. 不确定

10. 下列哪一项可以用来分析对象的状态变迁?（　　）

    A. 类图　　　　　　B. 状态转换图　　　　　C. 序列图　　　　　　D. 数据流图

11. 用例分析技术中,发起与被设计系统交互的元素被称为?(　　　)

    A. 主要参与者　　　　　　　　　　　　B. 干系人

    C. 辅助参与者　　　　　　　　　　　　D. 用例

12. 下面哪一项不属于分析类?(　　　)

    A. 边界类　　　　　B. 业务类　　　　　C. 控制类　　　　　D. 实体类

13. 下面哪一项不属于面向对象需求分析中的动态模型?(　　　)

    A. 序列图　　　　　B. 通信图　　　　　C. 用例图　　　　　D. 状态机图

14. 下面哪一项在序列图中是细长的矩形,用来表示对象执行一个动作的时间段?(　　　)

    A. 控制焦点　　　　　B. 消息　　　　　C. 生命线　　　　　D. 交互框

15. 下面哪一项在状态机图中会引起状态的转换,促使状态机从一种状态切换到另一种状态?(　　　)

    A. 监护条件　　　　　B. 触发事件　　　　　C. 动作　　　　　D. 交互框

二、判断题

1. 结构化分析方法的基本思想是:自下向上,逐层分解。　　　　　　　　　　(　　)

2. 结构化分析模型的核心是数据字典。　　　　　　　　　　　　　　　　　(　　)

3. 面向问题域的分析是一种需求分析方法。　　　　　　　　　　　　　　　(　　)

4. 面向对象的功能模型是从用户的角度描述对软件系统的需求。　　　　　　(　　)

5. 外部实体指系统以外和系统有联系的人或事物。　　　　　　　　　　　　(　　)

6. "试卷"可以作为加工的命名。　　　　　　　　　　　　　　　　　　　(　　)

7. 数据流图中的读操作,数据流的箭头方向应从数据存储向外流出。　　　　(　　)

8. 加工只有输入没有输出会产生灰洞。　　　　　　　　　　　　　　　　　(　　)

9. 在一张状态图中,只能有一个初态和一个终态。　　　　　　　　　　　　(　　)

10. 状态转换通常是由事件触发的。　　　　　　　　　　　　　　　　　　(　　)

11. 数据结构是数据的最小组成单位。　　　　　　　　　　　　　　　　　(　　)

12. 决策树可以用来描述加工的策略和规则。　　　　　　　　　　　　　　(　　)

13. 用例图中的参与者是指任何具有行为的人。　　　　　　　　　　　　　(　　)

14. 时间可以作为用例图中的参与者。　　　　　　　　　　　　　　　　　(　　)

15. 包含关系在用例图中使用虚线箭头来表示,由被包含用例指向基用例。　　(　　)

16. 扩展关系使用关键词 extend。　　　　　　　　　　　　　　　　　　(　　)

17. 可以将"登录"抽象为一个独立的用例。　　　　　　　　　　　　　　　(　　)

18. 序列图按照对象之间消息发送的顺序来展示对象之间的交互。　　　　　(　　)

19. 对象 A 将"消息"传递给对象 B,意味着对象 A 要调用对象 B 的方法。　(　　)

20. 在状态机图中,当对象满足某一状态的条件时,对象会处于某个特定状态,该状态被称为激活的。　　　　　　　　　　　　　　　　　　　　　　　　　　　(　　)

三、综合题

1. 某慕课平台的在线作业批改系统能够实现作业提交与批改(见图 4-64),系统主要功能如下:

(1)系统验证学生标识后,学生将电子作业通过在线方式提交给系统;系统给学生发送提交成功通知;并通知讲师有未批改的作业。

(2)系统验证讲师标识后,讲师从系统中下载学生提交的作业。

（3）讲师为作业给出分数和评价。之后讲师将批改后的作业提交给系统。

（4）系统将批改后的作业分数和评价反馈给学生。

（5）系统验证教务人员标识后，教务人员抽取批改后的作业样本，给出抽检意见，系统形成抽检报告发送给讲师。

根据上述说明获得了系统的 0 层数据流图如图 4-64 所示，请给出图中实体 E1～E3 的名称，给出数据流 F1～F9 的名称。

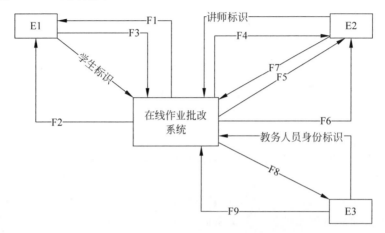

图 4-64 某慕课平台的在线作业批改系统示意图

规定：用 E(Entity)表示外部实体，用 F(Data Flow)表示数据流。

2. 智慧社区养老系统在接收到老年人的养老服务订单后，需要进行订单验证，验证过程如下：首先根据社区老年人名单验证顾客是否在社区服务范围内，并由顾客档案确定顾客信誉情况。验证合格的订单，暂存在订单文件中等待处理。

请根据上述内容画出"订单验证"加工的数据流图。

3. 假设某航空公司规定，当行李超重时，对头等舱的国内成年人乘客超重部分每千克收费 4 元，对其他舱的国内成年人乘客超重部分每千克收费 6 元，对国外成年人乘客超重部分每千克收费 8 元，对未成年人乘客超重部分每千克收费 3 元。请用决策表和决策树来表示超重行李费的收费算法。

4. 高校选课系统与师生关系密切。学生通过该系统可以选修课程、查看所选课程的成绩，如果选课有误，还可以退课。教师通过系统可以提交学生成绩、有事的时候可以调课。教师在成绩录入完毕后，可以根据需要选择是否打印成绩单。学生在选课和退课时，都需要查看课程目录。

请根据上述内容画出高校选课系统的用例图。

5. 从图 4-61 中，选取"服务评价"用例，完成以下任务：

（1）仿照表 4-12 完成"服务评价"用例的用例描述（可以按照自己对业务的理解展开描述）。

（2）从用例描述中建立该用例的对象模型，写出分析类。

（3）根据（1）和（2）中得到的分析类和用例描述过程，绘制用例实现过程中对应的序列图。

第5章 系统设计

CHAPTER 5

第4章系统需求分析围绕"系统要做什么"展开需求分析和建模,在此基础上,进入软件生命周期的下一个重要阶段:系统设计。系统设计阶段的基本任务是回答"系统要怎么做"这个问题。

本章将重点介绍两种系统设计方法:结构化设计方法和面向对象设计方法,主要内容如图 5-1 所示。

图 5-1(a)展示了结构化系统设计方案由结构化系统需求分析阶段的成果推导而来;图 5-1(b)展示了面向对象系统设计方案由面向对象系统需求分析阶段的成果推导而来。无论采用何种软件工程方法,系统设计的主要内容都包括体系结构设计、接口设计、数据设计和模块/构件详细设计。

本章将以上述四部分内容为主线,首先介绍软件设计的相关概念、通用的软件体系结构、接口设计和数据库设计基本概念;然后介绍结构化设计与面向对象设计中体系结构设计和详细设计所使用的特定概念和方法;最后选用面向对象系统设计方法,以智慧社区养老系统为例,阐述案例的体系结构设计、接口设计、数据设计和模块/构件详细设计。

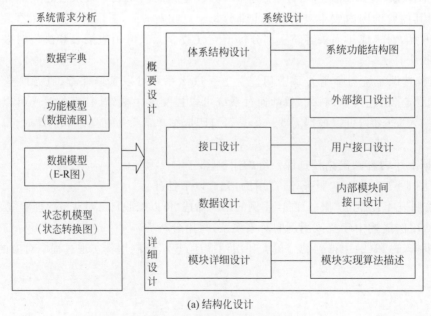

(a)结构化设计

图 5-1 系统设计主要内容

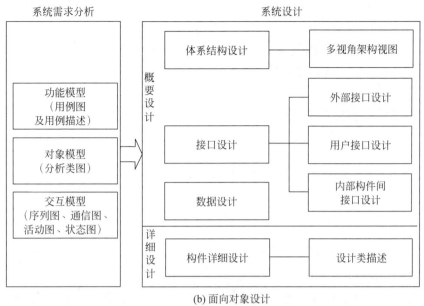

(b) 面向对象设计

图 5-1 （续）

5.1 系统设计概述

1. 软件设计的概念

软件工程中的系统设计特指软件系统设计,也称为软件设计。在运用各种软件设计技术之前,应首先理解软件设计的概念。软件设计是从软件需求规格说明书出发,形成具体软件设计方案的过程。软件设计是将系统需求转换成软件制品的必经途径,在软件需求和软件实现之间起到了桥梁作用。也就是说在需求分析阶段明确软件是"做什么"的基础上,软件设计主要解决软件"怎么做"的问题。在真正理解用户需求之前,不可能得到正确的系统设计。需求确认之后,系统设计是由需求自然推导而来的结果,系统设计方案就藏在用户需求里。

软件设计过程使用的一个关键技术是"分解":把一个较大的问题分解成一些较小的、可管理的单元,每一个单元都可以单独处理。分解技术是许多软件工程方法的核心。例如:结构化设计使用分解技术后产生的单元称为模块,面向对象设计使用分解技术后产生的单元称为构件。

软件设计是一个逐步迭代的过程。在这个过程中,首先在较高抽象层次上描绘软件系统的概貌,构建出一幅软件系统的"蓝图",之后随着迭代的不断深入,在较低的抽象层次对系统蓝图的组成部分进行细化,为下一阶段的编码提供依据。

从软件工程管理的角度看,软件设计包括两个阶段:概要设计阶段和详细设计阶段。概要设计阶段主要完成体系结构设计、接口设计、数据设计;详细设计阶段主要完成构件/模块的细化。

2. 软件设计方法对比

下面从不同方面对结构化设计和面向对象设计两种方法作对比。

(1) 从设计的主要内容上比较。两种方法在进行体系结构设计时所采用的方法及成果不同;接口设计和数据设计基本相同;结构化详细设计完成模块的设计,面向对象详细设计完成构件的设计;模块设计着重于对函数的描述,构件设计着重于对类的描述。

（2）从设计思想上比较。结构化设计以数据流图为推演基础,使用自顶向下、模块化、逐步求精的方法,通过逐层分解来构建系统结构图,因此模块间的关系局限于信息流,无法体现模块间的继承、关联关系等;同时结构化设计从系统功能需求的实现入手,随着用户需求和软、硬件技术的不断发展变化,功能模块的划分更多地依赖于经验,模块改动容易引起系统的根本性变化。在面向对象设计中,设计的核心是描述现实世界事物属性和行为的对象,对象间的关系有丰富的表达方式,能够体现事物之间复杂的关系;面向对象的设计通过设计类与类之间的关系来解决实际问题,设计良好的类图,可以有效地提升系统对于需求变化的适用性,减缓系统的腐化。

（3）共同特点。系统设计模型都是从需求模型转化而来的;两种设计都描述了功能性构件和它们之间的接口;两种设计都采用了分割和逐步求精的方法;具有相同的设计质量评估原则。

3. 软件设计的任务

软件设计阶段主要包括如下几方面任务。

1）体系结构设计

体系结构设计描述了软件系统的框架,定义了满足系统需求的软件结构元素(构件/模块)和元素之间的关系。首先根据分析模型选择一种适用于目标软件系统的体系结构风格,然后将系统划分为若干个子系统,并将这些子系统划归体系结构中的某部分。

2）接口设计

接口描述了软件和外部系统及外部设备之间、软件和用户之间及软件内部构件/模块间的通信联系。

3）数据设计

系统设计阶段应对要存储的数据及其结构进行设计,需求分析阶段建立的领域模型和分析类中的实体类都为数据设计提供了依据。数据存储的方式既可以选择文件,也可以选择数据库。大部分情况下,数据存储都会采用数据库,本章的数据设计部分将主要介绍数据库设计。

4）构件/模块设计

构件/模块设计详细描述了每个构件/模块内部的数据结构、处理逻辑的算法细节,细化每个构件/模块的接口。在结构化设计方法中,一般将体系结构设计中的一个功能部件称为模块,模块可以是子程序、过程、函数等不同层次的表示,底层元素为函数;在面向对象设计方法中,一般将体系结构组成部分中能够独立运行的部件称为构件,底层元素为类。

4. 软件设计的指导原则

软件设计主要的指导原则如下所述。

1）模块化

在解决复杂问题时,"关注点分离"是被广泛使用的一种系统思维方法,是计算科学和软件工程在长期实践中确立的方法论之一,在业界更多的时候以分而治之的形式出现,即将整体看成是各部分的组合体并对各部分分别加以处理。大体思路是:先将复杂问题做合理的分解,再分别研究问题的不同侧面(关注点),最后综合各方面的结果,组合成整体的解决方案。

模块化原则是"关注点分离"最有代表性的具体设计原则之一。按照模块化原则,软件系统可划分为独立命名的、可以独立访问的构件(在传统软件工程中称为模块),把这些构件集成到一起可以满足用户各种需求。

在进行软件模块化分解的过程中,应注意模块划分层次和数量的平衡点,避免出现模块划分过少或过度模块化的问题。"信息隐蔽"原则认为一个设计良好的模块应该具有的特征是:"每个模块对其他所有模块都隐蔽自己的设计决策"。也就是说,应该把实现独立功能所必需的数据结构和算法都包含在模块内,其他模块无需访问这些信息,模块之间的联系仅限于实现软件功能所必需的信息交流。

2)模块功能独立

模块功能独立是"关注点分离""模块化""信息隐蔽"等概念的直接产物。模块功能独立性是指软件设计在划分模块时,应使模块的功能专一,尽量避免和其他模块有过多的交互,可以实现模块功能独立。

模块功能独立性可以通过内聚性和耦合性进行评估。内聚性用来度量一个模块内部元素之间结合的紧密程度。模块内部元素间的联系越紧密,内聚性就越高,与其他模块之间的耦合性就越低,模块功能独立性就越高。耦合性用来度量模块之间互相连接的紧密程度。模块与模块之间的连接越紧密,耦合性就越高,模块功能独立性就越低。

3)逐步求精

"逐步求精"是一种自顶向下的设计策略,软件设计从顶部的软件体系结构开始,对体系结构中的各个组成元素逐步细化,直到提供足够的数据细节和过程算法细节,用程序设计语言能够实现为止。逐步求精大致遵循下述过程:将系统分解为子系统→将子系统划分为各个构件/模块→细化各个构件/模块中的类/函数。每次细化都会提供实现阶段所需的更多细节。

4)复用性

软件复用是提高软件生产力和质量的一种重要技术。早期的软件复用主要是代码级复用,被复用的知识专指程序,后来扩大到领域知识、开发经验、体系结构、需求、设计、代码和文档等软件开发的各方面。

软件复用的实现有三种途径:

第一种途径是从现有系统的设计结果中提取一些可复用的设计构件,并把这些构件应用于同一系统的其他部分或是新系统的设计中;

第二种途径是把一个现有系统的全部设计文档在新的软硬件平台上重新实现,也就是把一个设计运用于多个具体的实现中;

第三种途径是独立于任何具体的应用,有计划地开发一些可复用的设计构件,以便为将来的复用提供服务。

采用适当的设计方法能够有效地提高构件的可复用性。出发点是将构件进行封装,尽可能减少构件对外部的依赖。在这方面,传统的结构化功能分解方法强调构造低耦合、高内聚的模块,保持模块之间清晰的接口;面向对象方法中的开-闭原则、里氏代换原则、依赖倒转原则、接口隔离原则、合成/聚合复用原则等设计原则能够为构件复用提供更好的支持。

5. 软件设计质量评估

在整个软件设计过程中,应采用一系列技术评审手段来评估软件设计质量,以减少软件实现阶段修正错误所付出的成本。一个良好的软件设计应具备3个特征:

(1)应该能回溯所有在需求模型中明确提出的需求,并能满足干系人所期望的相关利益。

(2)应该提供软件系统的全貌,并从实现的角度对数据、功能、行为做出说明。

(3)对于软件编码人员、软件测试人员和软件维护人员,设计应该是可读的、可理解的指南。

5.2　软件体系结构

体系结构的概念来自"Architecture",对这个单词的翻译有不同的译法,包括架构、构架、体系结构等。对于"Software Architecture"一词,学术界一般译为"软件体系结构",在业界更习惯称之为"软件架构",对应的有"软件架构师"的职位。软件架构师会针对开发系统的特点,选择合适的体系结构风格。软件体系结构作为从软件设计抽象出来的一门新兴学科,目前已经成为软件工程一个重要的研究领域。

作为软件体系结构最早的研究者,Mary Shaw 和 David Garlan 在《软件体系结构》中提到:"从第一个程序被划分为模块开始,软件系统就有了体系结构。同时,程序员已经开始负责模块间的交互和模块装配的全局属性。优秀的软件开发人员经常采用一个或多个体系结构模式作为系统组织策略。"

Len Bass、Paul Clements 和 Rick Kazman 在《软件架构实践(第二版)》中对软件体系结构给出了如下定义:"程序或计算系统的软件体系结构是指系统的一个或者多个结构,它包括软件构件、构件的外部可见属性以及它们之间的相互关系。外部可见属性则是指软件构件提供的服务、性能、使用特性、错误处理、共享资源使用等。"这一定义强调了"软件构件"在体系结构表述中的重要作用。

5.2.1　体系结构风格

软件体系结构风格(Software Architecture Style)是用于描述某一特定应用领域中系统组织方式的惯用模式,它促进了设计复用与代码复用。体系结构风格定义了一个系统家族,即一个体系结构定义一个词汇表和一组约束。词汇表中包含一些构件和连接件类型,而这组约束指出系统是如何将这些构件和连接件组合起来的。体系结构风格反映了领域中众多系统所共有的结构和语义特性,并指导如何将各个模块和子系统有效地组织成一个完整的系统。

在进行体系结构设计时,遵循某种体系结构风格的好处体现在以下几方面:

(1) 能够使各种背景的系统参与者更易理解体系结构设计方案,便于沟通、建立共识、加快体系结构选型。

(2) 可以快速地明确体系结构需要复用的构件,形成框架。

(3) 可以提升开发效率,规避风险。

Mary Shaw 和 David Garlan 总结了 5 种被广泛接受的体系结构风格类型,如表 5-1 所示。

表 5-1　典型的体系结构风格分类

序号	风格类型	体系结构子风格
1	数据流风格	批处理、管道/过滤器
2	调用/返回风格	主程序/子程序、面对对象风格、层次风格
3	独立构建风格	进程通信、事件系统
4	虚拟机风格	解释器、基于规则的系统
5	仓库风格	数据库系统、超文本系统、黑板系统

下面从表 5-1 中选取几种典型的体系结构子风格进行介绍。

1. 管道/过滤器风格

管道/过滤器风格为处理数据流的系统提供了一种结构,每个处理步骤封装在一个过滤器模块中,数据通过相邻过滤器之间的管道进行传输。当输入数据经过一系列模块的变换形成输出数据时,可以应用这种体系结构。管道/过滤器风格如图 5-2 所示。

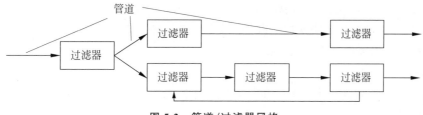

图 5-2 管道/过滤器风格

在图 5-2 中,每个模块都有一组输入和一组输出。每个模块从它的输入端接收输入数据流,在其内部经过处理后,将结果数据流送到输出端。每个模块称为"过滤器",各模块之间的连接器充当了数据流的导管,将一个过滤器的输出传到下一个过滤器的输入端,这种连接器称为"管道"。

例如:Servlet 2.3 规范中提供的过滤器(Filter)就是管道/过滤器体系结构在 J2EE 中的具体应用。过滤器的工作机制如图 5-3 所示。

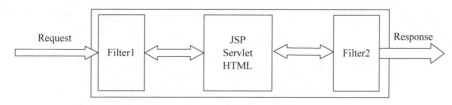

图 5-3 管道/过滤器风格应用示例

在图 5-3 中,有两个位置设置了过滤器:第一个是在客户端使用过滤器(Filter1),使得请求(Request)在到达 Web 资源(JSP、Servlet、HTML)前被拦截并进行相应处理;第二个是在请求资源反馈之前使用过滤器(Filter2),拦截响应(Response)进行处理,将处理后的结果反馈给客户端。因此,过滤器的特性为处理某些特殊的问题提供了很好的解决方案。例如:防盗链、字符编码处理、日志记录、数据加密、过滤黑词等。

2. 主程序/子程序风格

主程序/子程序风格是结构化程序设计的一种典型风格,它从功能分解的角度来设计系统,通过把问题逐步分解和细化,形成整个系统的体系结构,如图 5-4 所示。

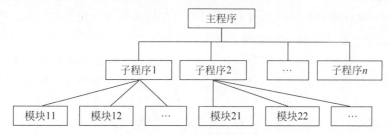

图 5-4 主程序/子程序风格

在图 5-4 中,主程序调用子程序,子程序将调用结果返回给主程序。同时,子程序也可以继续划分为模块,增加调用过程的层次性。主程序运行结果的正确性取决于其下属的子程序和模块执行结果的正确性。

3. 层次风格

层次风格是在系统设计和开发时,把系统组织成一系列的层次结构,如图 5-5 所示。系统层次间工作界限清晰,按适当次序放置。每一层为上层提供一组服务,并调用下层提供的服务,不允许较高层次直接越级访问较低层次。

在图 5-5 中,层与层之间通过接口联系,一个接口发生改变,只有毗邻的层会受到影响。由于每一层的变化最多只影响两层,同时只要给相邻层提供相同的接口,就允许它用不同的方法实现,为软件复用提供了强大的支持。

4. 数据库系统风格

数据库系统风格包含一个数据库和若干其他构件,数据库位于体系结构的中心,其他构件访问数据库并对其中的数据进行增删改等操作,以数据存储为中心的数据库系统风格如图 5-6 所示。

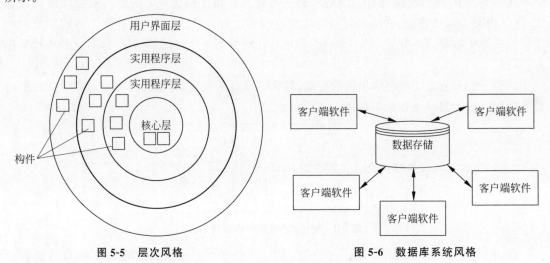

图 5-5　层次风格　　　　　图 5-6　数据库系统风格

在图 5-6 中,不同客户端软件共享数据模型,访问数据存储中心。客户端软件之间无需数据转换,无需考虑数据如何集中管理;客户端软件在访问数据时,独立于其他客户端软件的动作。因此,新的客户端软件在加入到体系结构中时,无需考虑其他的客户端,从而促进了系统的可集成性。

5.2.2　体系结构模式

1. 模式定义

Dirk Riehle 和 Heinz Zullighoven 在《在软件开发中理解和使用模式》一文中,给出了这样一个定义:模式是从解决具体问题抽象出来的,这种具体问题在特定的上下文中重复出现。也就是说,模式是解决某一类问题的方法论。模式描述了一个在某种上下文环境中不断出现的问题,以及该问题的解决方案核心。通过这种方式,可以对一种重复的问题采用重复的解决方案。

然而,模式不仅仅是解决方案。在模式中,问题出现在某种特定的上下文环境中,并且包含各种互相竞争的关切。目标解决方案包括对这些关切的平衡,这种关切在模式中称为"作用力",这些作用力互相牵制。因此,模式不能简单地看作是"特定场景的解决方案",其实质是:在特定场景下,对各方面关切进行平衡后得出的解决方案。

值得注意的是,解决一个问题可能有多个可选择的解决方案,这些解决方案各有偏重,针对不同的关切可能有不同的选择,没有哪个方案是万能的。从模式的定义可以看出,模式是一种在平衡了各方关切、权衡了各种利弊后的解决方案,一旦作用力间的平衡被打破,这个解决方案就可能不再成立。

2. 软件模式的层次分类

不同的领域有不同的模式,建筑领域有建筑模式,软件设计领域有软件模式。软件模式按照不同的层次类型分为如下 3 种。

1)体系结构模式

体系结构模式是系统的高层次策略,涉及系统整体结构和大粒度的构件。它是开发一个软件系统的基本设计决策。体系结构模式的好坏影响系统总体布局和框架结构。

目前广泛使用的一种体系结构模式是 MVC 模式,其目标是将软件的用户界面和业务逻辑分离,使代码具有更高的可扩展性、可复用性、可维护性以及灵活性。

将 MVC 模式应用于基于 Java Web 的系统,其工作原理如图 5-7 所示。下面以产品信息管理为例,说明 MVC 模式在 Java Web 应用中的工作原理。

(1)用户通过浏览器访问服务器中的视图(View)部分,通过视图发起各种业务处理请求(产品信息的增删改查请求)。在 Java Web 开发中,常用的视图技术包括 HTML、CSS 和 JSP 等。

(2)通过视图发起的请求被控制器(Controller)接收。在 Java Web 开发中,控制器的底层为 Servlet。本例由 ProductServlet 类作为控制器接收来自视图的请求。

(3)控制器调用相应的模型(Model)处理请求。在图 5-7 中,模型包含了业务逻辑(Service)、数据操作(Dao)和数据对象实体(Entity)三部分。本例由 ProductService 类、ProductDao 类和 Product 类组成模型部分。

(4)模型访问后台数据库,根据请求完成相关数据操作(产品信息的增删改查操作),获取操作结果。

(5)模型将执行完毕后的操作结果返回给控制器,控制器再将结果返回给相应的视图。

(6)视图渲染数据后,将最终响应结果通过浏览器展示给用户,实现人机交互的过程。

在 MVC 模式下,控制器的作用是"接收请求,返回响应",是视图和模型间的桥梁,控制器实现了视图和模型的代码分离。

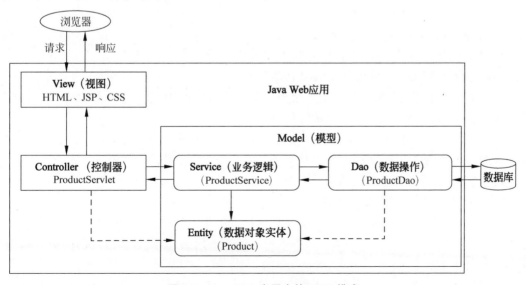

图 5-7 Java Web 应用中的 MVC 模式

深入思考 5.1 在图 5-7 中,业务逻辑(Service)和数据操作(Dao)的区别在哪里?控制器是否能直接调用数据操作(Dao)?

参考答案：请参见微课视频 5-1。

2) 设计模式

设计模式是中等尺度的结构策略。设计模式定义了一些大粒度组件的行为和组件之间的关系。设计模式的好坏不会影响到系统的总体布局和总体框架。

经典的设计模式分为三大类：

- 创建型模式，共五种：工厂方法模式、抽象工厂模式、单例模式、建造者模式、原型模式。
- 结构型模式，共七种：适配器模式、装饰器模式、代理模式、外观模式、桥接模式、组合模式、享元模式。
- 行为型模式，共十一种：策略模式、模板方法模式、观察者模式、迭代子模式、责任链模式、命令模式、备忘录模式、状态模式、访问者模式、中介者模式、解释器模式。

一个体系结构模式常常可以分解成多个设计模式的联合使用。例如：MVC 体系结构模式常常包括中介者模式、策略模式、组合模式、观察者模式等。

3) 代码模式

代码模式是特定的范例和与特定语言有关的编程技巧，是处理特定设计问题的实现。代码模式的好坏会影响中等粒度组件内部、外部的结构或行为的底层细节。较为典型的代码模式为双检索模式等。

3. 体系结构模式与体系结构风格的区别

体系结构风格与体系结构模式在概念上通常可以互用，但是它们仍然存在不同。

(1) 体系结构风格是施加在整个系统设计上的，为整合系统所有构件建立的一种结构。体系结构风格的转换会导致软件结构的根本性改变，包括对构件功能的重新分配。

(2) 体系结构模式涉及的范围要小一些，它更多应用在体系结构的某一方面，是为了解决某个特定的问题而形成的解决方案模板。

大多数应用系统都符合特定领域或特定类型，适用于某一种或多种体系结构风格。在某种体系结构风格中遇到的一系列常见问题，可以用具体的体系结构模式来处理。

4. 体系结构(架构)与框架的区别

在企业实践中，通常把学术界中的"软件体系结构"称为"软件架构"。

1) 架构和框架处于不同的抽象层次上

软件架构处于较高的抽象层次上。架构是系统的顶层设计，它将系统划分为一些各自独立的构件，这些构件通过规定的接口传递信息。

而框架则是定义好的一套系统结构，这套结构包含了具体的类和对象，规定了它们的主要责任及类之间的协作、控制关系。所以框架是针对某个问题领域的通用解决方案，对开发工作起到提高效率，指导和规范开发活动的作用。

2) 架构不是软件，而框架是软件

架构不是软件，它描述的是软件系统的总体设计决策，更多的是以模型、图文说明的表现形式存在。软件架构决策涉及如何将软件系统分解成不同的部分、各部分之间的静态结构关系和动态交互关系等。

框架是一种特殊的软件，它不能提供完整的解决方案，而是为构建解决方案提供良好的基础。框架不能直接使用，需要二次开发，框架中的服务可以被应用系统直接调用，框架的表现形式除了模型及图文说明之外，还有实实在在的可复用的代码。例如：Java Web 开发前端常用的框架有 JQuery、Angular、React、Vue，后端常用的框架有 Spring、SpringMVC、MyBatis、

Spring Boot 等。这些框架都有可下载的源码,安装后即可使用框架提供的各种服务。

总之,架构是系统蓝图,是对软件系统高层次的定义和描述;框架是解决方案,是提高系统质量和开发效率的半成品。框架比架构更具体,通过框架实现了架构的落地,对于同一个软件体系结构可以通过多种框架实现。

5.2.3　常见的软件架构

从软件架构设计师的角度来看,软件架构是一套构建软件应用系统整体结构的各种设计准则。通过这套设计准则,软件架构设计师可以把一个复杂的软件应用系统划分为一些相对独立的子系统,通过系统架构设计对各种系统应用要求和功能实现问题提出合理的解决方案。

1. 分层架构

分层架构是运用最为广泛的架构模式。分层架构体现了软件设计指导原则中的"关注点分离"原则,也就是通过层(Layer)将软件系统分离为不同的关注点。分层架构里的层是平行的层次,每一层都承担了软件系统运行所需的功能(例如:展示层承担人机交互、业务逻辑层承担业务功能实现等)。分层架构中层与层之间是一种松散耦合的关系,层与层间的依赖性较低,层与层之间一旦定义好统一的接口,就可以被各个模块所调用,有利于各层逻辑的复用。

如果没有分层的体系结构设计,所有代码都在同一层,系统仍然可以运行。那么为什么仍然要对系统分层呢? 这是因为,随着系统规模逐步扩大,层次分离可以让不同的工程师或开发团队只关注架构中的某一层,实现在系统的不同层次并行工作,而不用担心影响其他人的工作,便于实现分工合作。

在分工合作的场景下,各开发团队之间不再需要对系统的其他层有深入了解,只需要完成三项任务:调用接口从上一层获取本层所需的数据;使用这些数据;数据处理完毕后,提供接口将处理后的结果数据传递给下一层。

分层架构没有规定系统应分成几层,下面按照分层架构的历史演变进行介绍。

1) C/S 架构

C/S(Client/Server)架构称为客户机/服务器架构。在这种架构下,不同的应用需要在客户端安装不同的软件。随着技术发展,C/S 架构也不断演变,先后出现了二层 C/S、三层 C/S架构,如图 5-8 所示。

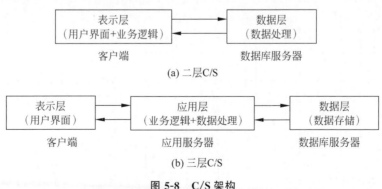

图 5-8　C/S 架构

早期的二层 C/S 架构主要特点是胖客户端,如图 5-8(a)所示。客户端是表示层,包含用户界面的人机交互和业务逻辑处理两大部分;服务端是数据层,主要负责数据处理。二层 C/S 架构交互性强、网络通信量低、响应速度快、利于处理大量数据。但是这种架构不利于扩展,升级、维护和管理的难度较大,客户端软件每次更新后都需要重新安装。

后来出现的三层 C/S 架构主要特点是瘦客户端,如图 5-8(b)所示。客户端是表示层,只包含用户界面部分和少量的业务逻辑;主要的业务逻辑以及与后台数据库间的数据交互处理被独立为应用层,部署在应用服务器上;服务端是数据层,主要负责数据存储。三层 C/S 架构使得软件的分层更加明晰,便于开发和维护。美工人员可以只针对表示层进行用户界面(User Interface,UI)设计,而程序开发人员则可以专注于应用层的功能设计和编码实现。由于业务逻辑从客户端分离出来,三层 C/S 架构的升级维护相对二层 C/S 架构更容易些。

2) B/S 架构

B/S(Browser/Server)架构称为浏览器/服务器架构。在这种架构下,不同的应用不需要在客户端安装软件,只需要客户端具备浏览器即可。它是随着网络技术的兴起,对 C/S 架构的一种变化或者改进的架构,如图 5-9 所示。

图 5-9　B/S 架构

在 B/S 架构下,用户通过浏览器访问网页完成人机交互;用户界面一般由网页和脚本语言组成,部署在 Web 服务器上;大部分的业务逻辑以及与后台数据库间的数据交互处理被独立为应用层,部署在应用服务器上;服务端是数据层,主要负责数据存储。B/S 架构下,所有的客户端只是浏览器,不需要做任何的维护,软件系统维护升级的工作只针对运行在服务器上的软件,基本可以做到对用户不产生影响,同时大大减少了人力、时间成本,因此成为目前的主流架构。

在实践中,多层 C/S 架构或多层 B/S 架构实际上是对应用层的细分。例如 Java 开发的系列 Spring 框架把应用层又细分为了控制层(Controller)、业务层(Service)、数据访问层(Dao)。

2. 面向切面编程架构

面向切面编程(Aspect Oriented Programming,AOP)是一种通过预编译方式和运行期间动态代理实现功能统一维护的技术。利用 AOP 对各业务逻辑进行隔离,从而降低业务逻辑之间的耦合度,可提高程序的可复用性,同时提高开发效率,AOP 原理如图 5-10 所示。

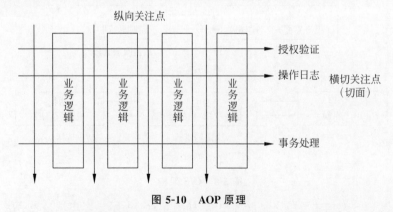

图 5-10　AOP 原理

在图 5-10 中,AOP 将软件系统分为两个关注点:纵向关注点和横切关注点。业务逻辑是纵向关注点;与业务逻辑关系不大、但各个业务逻辑模块都需要的共有功能部分是横切关注点。AOP 中所谓的切面指的就是横切关注点,切面将那些与业务无关、却被业务逻辑模块所共同调用的逻辑或责任封装起来,便于减少系统的重复代码,降低模块间的耦合度,有利于提高系统的可操作性和可维护性。例如:授权验证、操作日志、事务处理等都是每个业务逻辑模块需要的,它们都属于横切关注点。以授权验证为例,每个业务逻辑基本都需要进行授权验证,授权验证也不属于具体的业务,它会横跨多个业务模块。不可能在每个业务逻辑模块里面都重复编写授权验证代码,因此授权验证将被提取出来,作为各业务逻辑模块的公用功能。

简言之,AOP将各业务逻辑公用的功能提取出来,当公用的功能发生变化时,只需要修改公用功能的代码即可。AOP以一个新的视角来看待软件的架构,即使不使用 AOP 技术,只使用 AOP 的某些观念和现有的技术来搭建系统架构,对于分离某些本来是紧耦合的关注点,也是非常有益的。

3. 面向服务架构

面向服务的架构(Service-Oriented Architecture,SOA)是一种应用程序架构,它是在企业内部 IT 系统重复构建,效率低下的背景下提出的。在 SOA 模型中,所有的功能都被定义成了独立的服务,所有的服务通过服务总线或流程管理器来连接,这种松散耦合的架构使得各服务在交互过程中无需考虑双方的内部实现细节以及部署的平台。各服务带有定义明确的可调用接口,能够以定义好的顺序调用这些服务来形成业务流程。因此,SOA 本质上是服务的集合,服务之间彼此通信,这种通信可能是简单的数据传送,也可能是两个或更多的服务协调进行某些活动。服务之间需要某些方法进行连接。图 5-11 描述了一个 SOA 参考模型。

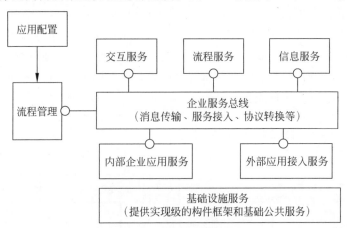

图 5-11 SOA 架构参考模型

在图 5-11 中,企业服务总线提供消息传输、服务接入、协议转换、数据格式转换、基于内容的路由等功能,是构建基于 SOA 解决方案所用基础架构的关键部分,由中间件技术实现并支持 SOA 的一组基础架构功能。各类服务从功能上分为交互服务、流程服务、信息服务、内部企业应用服务和外部应用接入服务等。基础设施服务提供实现级的构件框架和基础公共服务。流程管理是指服务注册、服务管理、业务流程编排等业务支持服务。应用配置包括:根据实际应用场景的需要或通信中间件类型配置对应的服务接口实例化参数,配置对应的软件应用组件参数等。

通过服务接口的标准化描述,使得服务可以提供给任何异构平台和任何用户接口使用。SOA 服务间的交互方式是:各个服务根据统一标准向企业服务总线进行注册;服务调用其他服务时,企业服务总线根据服务接口提供的统一标准寻找其他服务,服务请求者无需了解服务的运行所在地、编写语言以及消息的传输路径,只需要提出服务请求即可获得正确的响应。

基于面向服务的架构思想将重复公用的功能抽取为组件,能够提高软件开发效率、复用性和可维护性。由于以组件服务的方式给各子系统提供服务,因此可针对不同组件服务特点制定集群及优化方案。企业服务总线作为子系统之间通信的桥梁,可以减少系统中的接口耦合。

4. 微服务架构

微服务架构是 SOA 的一种变体,它提倡将单一应用程序划分成一组小的服务,服务之间互相协调、互相配合,为用户提供最终价值。每个服务运行在其独立的进程中,服务与服务间采用轻量级的通信机制互相沟通(通常是基于 HTTP 的 RESTful API)。每个服务都围绕着具体业务进行构建,并且能够独立地部署到生产环境中,从而降低系统的耦合性,并提供更加灵活的服务支持。图 5-12 对比了传统 Web 应用开发模型与微服务架构模型的区别。

在图 5-12(a)中,传统的 Web 应用是单一应用,Web 工程将所有的功能模块打包到一起并放在一个 Web 容器中运行。当应用不太复杂时,这种开发模式具有架构简单、部署成本低的优点。但是随着大规模的复杂应用场景越来越多,这种单一应用会显得很笨重:当要修改一处代码时就要将整个应用全部部署,不利于更新技术框架,除非重写全部的应用。

在图 5-12(b)中,从粒度方面考虑,每一个微服务可以是单一的功能模块,也可以是一个代表单一功能的应用程序(例如:提供天气预报或者文件存储)。因此,设计合适的微服务粒度在实践中是一个很大的挑战。由于微服务单独部署且通常不依赖其他服务,因此在需求改变时,可以敏捷地重写微服务,可以对某个微服务单独尝试使用最新的技术、语言和框架等。微服务中经常使用 API 网关的主要目的不是重用代码,而是减少客户端和服务间的往来,完成统一身份认证和权限校验、服务路由和负载均衡、请求限流等。同时,微服务架构的应用使得软件开发组织可围绕业务领域组件来创建应用,这些应用可独立地进行开发、管理和迭代,每个微服务所访问的后台数据库允许根据数据性质不同而不同。例如:数据库可以是 MySQL、MongoDB、ES 等不同类型。

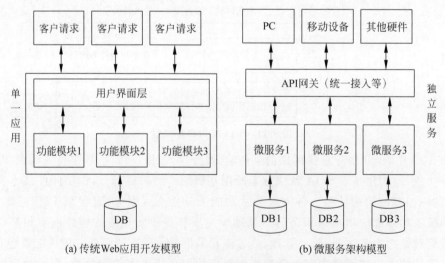

(a) 传统Web应用开发模型   (b) 微服务架构模型

图 5-12 传统 Web 应用开发模型与微服务架构模型对比

微服务架构的特点是将系统服务层完全独立出来,并将业务服务抽象为一个个的微服务。它的本质是面向更细粒度的服务,即:使用小的业务功能服务级别去解决更大、更实际的问题。业务服务拆分粒度越细,越有利于资源重复利用,提高开发效率,项目版本迭代周期更短,可更加灵活地为每个服务制定不同的优化方案,提高系统可维护性,使产品交付变得更加简单。微服务架构采用去中心化思想,各服务可采用不同的技术栈实现,适用于复杂的互联网中大型项目。目前很多企业开始利用微服务架构实施 IT 架构转型，与此同时，也出现了很多微服务框架。例如：Spring Cloud 就是微服务架构实施中常用的一个实现技术框架。

5. 服务网格架构

虽然微服务架构可带来一系列好处，但同时也面临一些问题：需要解决网络通信的问题；维护不同语言开发和非业务代码带来的成本；服务拆分的细化虽然实现了轻量级解耦，但是维护成本却更高了。解决上述问题的思路是：将非业务代码从业务代码中拆分出来，解决服务之间的通信问题，也就是说在客户端请求调用相关服务时，中间的网络通信应尽量与业务代码无关。

服务网格（Service Mesh）架构可用于解决上述分布式微服务开发与运维部署时面临的问题，它能够实现面向业务功能的服务和非功能服务（系统控制服务）的彻底解耦拆分。它强调了业务逻辑与服务治理逻辑的分层及解耦，在业务逻辑和服务治理基础设施间划分出清晰的边界，图 5-13 给出了一个服务网格架构参考模型。

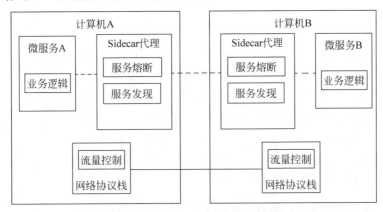

图 5-13 服务网格架构参考模型

服务网格架构下，通过网格代理进行服务间通信，不仅强调业务逻辑的解耦和复用，更强调基础设施的解耦和复用。服务网格架构的本质是微服务架构下的服务治理平台，包含服务治理的所有方面。例如，Spring Cloud 也能实现服务治理，但是它的服务治理实现与业务逻辑耦合在一起，部署、运维的同时耦合了微服务本身的操作，这样给开发人员在开发、测试、回归、发布等环节带来了大量的重复工作。通过将与业务逻辑无关的服务治理逻辑下沉到基础设施，服务网格让业务开发人员与基础技术开发人员的关注点分离，各司其职，大大提升了研发效率。业务开发人员可以更关注对业务的理解、建模，集中精力实现业务开发。目前比较流行的服务网格架构实现是基于云原生的 Istio。

5.3 接口设计

5.3.1 接口分类

接口的主要类型包括外部接口、内部接口和用户接口。

1. 外部接口

外部接口是本系统与外部系统或外部设备的接口。当业务运行需要多个系统的支持时，不同系统间的数据交互不可避免。例如：高校毕业管理系统在毕业生办理毕业手续时，需要调用各部门的数据：财务系统的学费缴纳数据、图书管理系统的借阅数据、后勤管理系统的退宿信息等。上述示例展示了高校组织内部系统间的数据交互需求,除此之外,在不同组织间也会存在系统数据交互。例如:学生缴费系统需要通过与银行系统间的接口完成缴纳学费等相关业务。

在结构化设计方法中,外部接口设计的依据来自顶层数据流图所确定的系统边界,由穿过系统边界的数据流来定义。

在面向对象设计方法中,外部接口设计的依据来自系统需求分析阶段的系统用例图,由位于系统外部的参与者(包括外部系统、外部设备)与系统间的交互来定义。

当系统要从外部系统获取资源或信息时,外部系统通常不会将数据库直接共享,更多的是提供一个封装的方法作为对外提供数据的接口,系统通过调用接口获取所需的数据。

2. 内部接口

内部接口是系统内部构件(或模块)间的接口。

存在调用关系的两个构件/模块之间应定义内部接口。对于每一个构件/模块,应给出接口描述,即提供获取该模块数据的方法。每一个接口描述至少包括:接口名、接口参数类型及接口返回值。

3. 用户接口

用户接口指系统与用户间的交互界面。用户接口在有些书籍中被划分为外部接口的一种类型。由于用户界面设计与系统外部接口设计工作内容差别较大,本书将用户接口单独划分为一种接口类型。用户界面是人机交互的主要方式,用户界面的设计质量将直接影响软件产品的用户体验,从而直接影响软件产品的竞争力和使用寿命。

接口设计在系统体系结构中扮演着非常重要的角色。对于一个良好的接口设计,在接口需要变动时,应该尽可能少地改变目前的系统设计结构。接口设计不应涉及模块或子系统内部的实现细节,以减少接口变动造成的影响。

5.3.2 接口的定义与访问

首先对于接口从不同角度进行划分,了解接口的相关概念、含义及常用接口协议,然后介绍接口的定义及访问方法。

1. 接口划分

接口是两个独立系统/模块之间互相访问或者同步数据的途径。

1) 从服务供需的角度划分

从服务双方供需的角度划分,接口可分为服务提供方和服务使用方。服务提供方是服务的提供者,需要提供接口;服务使用方是服务的调用者,需要调用服务提供方给出的接口。

例如:智慧社区养老系统(本书案例系统)需要从户籍系统(第三方系统)获取本社区满足年龄限定的老年人信息,为本系统的养老服务提供基础数据。在此场景下,智慧社区养老系统是服务使用方,户籍系统是服务提供方。户籍系统需要提供接口,智慧社区养老系统通过访问该接口实现服务调用。

上述示例指的是两个系统之间通过接口调用相互访问,属于外部接口调用。对于一个前后端分离的 Web 应用程序开发,前后端子系统之间的交互也是通过接口调用完成的。后端子系统作为服务提供方提供服务接口,前端子系统作为服务使用方访问服务接口,这里属于内部接口调用。

2) 从数据获取方式划分

从数据获取方式划分,接口可分为主动推送和主动拉取。

主动推送是指数据提供方一旦更新,则触发推送,将所需字段对应值传递给数据使用方。

主动推送场景由数据使用方提供接口,数据提供方调用接口推送数据。

主动拉取是指数据使用方传递请求参数,数据提供方按照协议响应,将满足请求参数条件的数据返回到数据使用方。主动拉取场景由数据提供方提供接口,数据使用方调用接口拉取数据。

适用场合推荐:对实时性要求高的应用场景,建议由数据提供方主动推送;对于实时性要求不高或者数据传输量较大的应用场景,则建议数据使用方按一定频率主动拉取,有利于系统负荷压力稳定。

例如:

(1) 志愿者管理系统(第三方系统)需要从智慧社区养老系统获取志愿者的志愿服务记录信息,这种数据获取方式属于主动拉取。智慧社区养老系统作为数据提供方,需要提供外部接口。

(2) 户籍系统需要主动将人口的异动信息同步给智慧社区养老系统,为准确发放养老券提供依据,这种数据获取方式属于主动推送。智慧社区养老系统作为数据使用方,需要提供外部接口。

3) 从调用方式划分

从调用方式划分,接口可分为同步调用和异步调用。

同步调用是指服务使用方在调用接口时,要等待服务提供方的操作执行完毕,返回响应结果后才可以继续执行下面的操作。

异步调用是指服务使用方在调用接口时,不用等待服务提供方返回响应,可以继续执行下面操作,后续通过服务使用方轮询或者服务提供方回调的方式获取接口调用结果。

例如:

(1) 当老年人/老年人亲属通过公众号前端查询订单进度时,需要等待后端提供的查询接口处理完毕后,返回查询结果。此时的查询订单操作属于前端同步调用后端接口。

(2) 第三方支付平台在处理各种渠道提交的支付请求时,一般都是采用异步处理的方式,在其接口文档上都会说明支付结果以异步通知为准。当一个支付请求被发送到支付渠道方,支付渠道会很快返回一个支付受理成功的通知,但是这个通知只能说明支付受理接口调用成功,并不是扣款成功。这里的"调用支付接口"属于同步调用;支付渠道在支付受理成功后,在同步请求参数里会有一个回调地址,这个地址对应着通过网联转给发卡行进行扣款的请求,这里的"调用发卡行扣款接口"属于异步调用。在这个支付过程中,同步接口仅检查参数是否正确,签名是否无误等;异步接口才反馈扣款结果,支付渠道异步通知商户支付成功,商户后台也可以主动查询支付结果。

2. 常见的接口协议

常见的接口协议如表 5-2 所示。

表 5-2　常见的接口协议

接口	HTTP 接口	RPC 接口	MQ 接口	Web Service 接口
描述	HTTP 接口是基于 HTTP 的开发接口,通过 HTTP 接口,开发人员可以发送特定的请求到服务器,并获取所需的数据或执行相应的操作	RPC 技术是指远程过程调用,可以像调用本地方法一样去调用远程服务器上的方法	MQ 接口是指消息队列,是一种应用程序对应用程序的通信方法。应用程序通过写和检索出入列队的数据(消息)来通信,而无需专用连接来链接它们	Web Service 是指以 Web 形式提供的服务。Web 服务提供者开放一系列的 API,开发人员通过调用这些 API 来集成 Web 服务,构建自己的应用程序

接口	HTTP 接口	RPC 接口	MQ 接口	Web Service 接口
基于或支持的协议	HTTP	HTTP、TCP、UDP、自定协议	常见协议有在 HTTP 级别工作的 AMQP(高级消息队列协议)和 STOMP(一种面向文本的简单消息协议)	基于 HTTP 协议的 SOAP 协议的封装和补充
传输的数据格式	JSON	JSON、XML 等,一般是 XML	JSON	XML
应用场景	使用广泛、跨平台、跨语言; 通常第三方提供的 API 都会有 HTTP 版本的接口; Spring Cloud 框架的各个服务间是通过 HTTP 方式来实现; 目前流行的 REST 风格,是通过 HTTP 来实现的	对于要立即等待返回处理结果的场景,首选 RPC; 当项目较大,需要解耦服务、灵活部署时就要用到 RPC,主要解决分布式系统中,服务与服务之间的调用问题。目前热门的 DUBBO 框架是 RPC 的典型代表	消息传递指的是程序之间通过在消息中发送数据进行通信。因此,MQ 接口主要用于不是通过直接调用彼此来通信的应用程序(直接调用通常是用于诸如远程过程调用的技术)	Web Service 解决了过去的中间件平台要求服务的客户端与系统提供的服务本身之间紧密耦合的问题,采用松散耦合的基本结构,更加适合于互联网运用

在早期 Java Web 系统开发过程中,当作为接口提供商给第三方提供接口以及作为客户端去调用第三方提供的接口时,大部分时候都是使用 Web Service 接口。随着技术不断进步,目前很多第三方接口都改成了基于 HTTP 接口直接传递 JSON 数据的方式,来代替 Web Service。

关于传输数据格式的选择,目前 JSON 比 XML 更加流行,这是由于 JSON 的可读性比 XML 强,解析规则也更简单。但是 JSON 支持的数据类型较少,且不精确,所以在一些业务要求较高的领域,使用 XML 更合适。

3. 接口定义

接口定义是指应撰写相应的接口文档对接口相关信息进行说明,以便来自接口双方的工程师在项目开发过程中,进行沟通交流、使用及维护。以目前常见的 Web 开发应用为例,对 Web 开发前后端接口的定义主要包含以下几部分:接口名称、接口 URL、请求方法、请求参数和响应参数。

1) 接口名称

接口名称用于区分不同的接口。接口命名后应对接口的功能作一个简单说明。例如:"OCR 接口:本接口提供基于小程序或 H5 的身份证、银行卡、行驶证的 OCR 识别"。

2) 接口 URL

接口的调用地址。URL 格式为:

protocol://hostname[:port]/path/[;parameters][?query]#fragment

其中,

- protocol:指定使用的传输协议,常见的 protocol 属性包括:
- ◆ "http://":HTTP 是目前万维网中应用最广的协议;
- ◆ "file:///":支持访问本地资源;
- ◆ "ftp://":支持通过 FTP 访问资源;

◆ "https://"：支持通过安全的 HTTPS 访问资源；

◆ "mms://"：支持 MMS(流媒体)协议访问资源。

- hostname：存放资源服务器的主机名或 IP 地址。
- port：端口号，可选。各种传输协议都有默认的端口号，如 HTTP 的默认端口号为 80。在端口号省略时使用传输协议的默认端口号。有时出于安全的考虑，可对端口号重新定义，采用非标准端口号，此时 URL 中的端口号不能省略。
- path：表示路径，由零个或多个反斜杠符号(/)隔开的字符串表示，一般用来表示主机上的一个目录或文件地址。
- parameters：参数，可选。用于指定特殊的参数。
- query：查询，可选。用于将用户提供的信息从浏览器传递到服务器。当传递多个参数时，每对参数间用 & 隔开，每对参数采用 key＝value 的表示方法。
- fragment：信息片段，字符串。用来标识 URL 所标识资源中的某个资源片段。

例如：

https://api.weixin.qq.com/cv/ocr/idcard?img_url＝ENCODE_URL&access_token＝ACCESS_TOCKEN

在上述 URL 地址中，"https"是采用的协议；"api.weixin.qq.com"是 OCR 接口资源所在的主机地址；"cv/ocr/idcard?img_url＝ENCODE_URL&access_token＝ACCESS_TOCKEN"是 OCR 接口资源的具体地址；"?"后面是接口调用时需传入的请求参数：img_url 是要检测的图片地址，access_token 是接口调用凭证。

一般情况下，URL 地址中的"协议＋地址[:端口号]"这部分内容在接口文档里面不要固定，因为未来项目可能会部署在多个域名下面，URL 地址会变化。因此，在接口文档中只需要提供方法映射所需的 URL 部分即可。以 OCR 接口为例，在接口文档中只需要提供 URL 地址中的"/cv/ocr/idcard?img_url＝ENCODE_URL&access_token＝ACCESS_TOCKEN"部分即可。

3）请求方法

常用的 HTTP 请求方法包括 GET、POST、PUT 和 DELETE。可以认为：一个 URL 地址用于描述一个网络上的资源，HTTP 中的 GET、POST、PUT 和 DELETE 对应着对该资源的查询、增加、修改和删除 4 种类型的操作。GET 一般用于获取/查询资源信息，POST 一般用于创建资源，PUT 一般用于更新资源信息，DELETE 一般用于删除资源信息。

4）请求参数

描述接口需要传递的参数。每个参数必须包含参数名称、参数类型、是否必选和参数说明 4 项内容。

5）响应参数

描述接口的返回值。一般包含返回值名称、返回值数据类型和返回值说明 3 项内容。目前主流的数据返回格式都是以键值对｛key：value｝(JSON 格式)的形式成对出现的。其中，key 是用来读取指定数据的唯一标识，value 是这个 key 所对应的数据信息。

4. 接口访问示例

下面的 URL 是由中国气象局提供的，一个面向外部免费的访问接口。

http://t.weather.sojson.com/api/weather/city/101010100

URL 中的参数"101010100"是北京的城市代码，访问该接口可查询北京市的天气状况。查询其他城市时只需要把 URL 中代表城市代码的参数修改成其他城市代码即可。

在浏览器中输入上面的访问接口地址,返回结果如图 5-14 所示。图 5-14 是接口返回的 JSON 格式的数据,前端开发工程师只需从中取出项目所需的数据显示到人机交互界面,即可实现通过访问外部接口获取数据。

{"message":"success感谢又拍云(upyun.com)提供CDN赞助","status":200,"date":"20230717","time":"2023-07-17 17:30:15","cityInfo":
{"city":"北京市","citykey":"101010100","parent":"北京","updateTime":"16:31"},"data":
{"shidu":"32%","pm25":18.0,"pm10":40.0,"quality":"轻度","wendu":"35","ganmao":"儿童、老年人及心脏、呼吸系统疾病患者人群减少
长时间或高强度户外锻炼","forecast":[{"date":"17","high":"高温 35℃","low":"低温 23℃","ymd":"2023-07-17","week":"星期
一","sunrise":"05:00","sunset":"19:41","aqi":106,"fx":"南风","fl":"2级","type":"晴","notice":"愿你拥有比阳光明媚的心情"},
{"date":"18","high":"高温 36℃","low":"低温 24℃","ymd":"2023-07-18","week":"星期
二","sunrise":"05:01","sunset":"19:40","aqi":94,"fx":"南风","fl":"2级","type":"晴","notice":"愿你拥有比阳光明媚的心情"},
{"date":"19","high":"高温 36℃","low":"低温 24℃","ymd":"2023-07-19","week":"星期
三","sunrise":"05:01","sunset":"19:40","aqi":102,"fx":"南风","fl":"2级","type":"晴","notice":"愿你拥有比阳光明媚的心情"},
{"date":"20","high":"高温 35℃","low":"低温 23℃","ymd":"2023-07-20","week":"星期
四","sunrise":"05:02","sunset":"19:39","aqi":97,"fx":"南风","fl":"2级","type":"多云","notice":"阴晴之间,谨防紫外线侵扰"},
{"date":"21","high":"高温 26℃","low":"低温 23℃","ymd":"2023-07-21","week":"星期
五","sunrise":"05:03","sunset":"19:38","aqi":94,"fx":"东南风","fl":"2级","type":"小雨","notice":"雨虽小,注意保暖别感冒"},
{"date":"22","high":"高温 30℃","low":"低温 23℃","ymd":"2023-07-22","week":"星期

图 5-14　天气预报访问接口返回结果

5.3.3　用户界面设计

用户界面是用户与软件系统进行信息交互的媒介。用户界面设计主要内容包括交互流设计、数据输入界面设计、数据输出界面设计和控制界面设计。为了做好用户界面设计,界面设计工程师需要了解用户界面应具备的特性,掌握用户界面设计的基本步骤。

1. 用户界面应有的特性

1)可用性

可用性是用户界面设计的基本目标,包括使用简单、界面一致、拥有帮助功能、必要的系统响应和具有容错能力等。使用简单是指用较少的操作步骤就能执行目标功能;界面一致是指软件系统各个用户界面应采用一致的界面风格、术语及活动步骤;拥有帮助功能是指在不阅读用户操作说明文档的情况下,软件应为复杂功能提供联机帮助;必要的系统响应是指用户在向系统发出请求后,系统应及时给出反馈信息,尤其在等待系统执行操作的过程中,应给出当前的执行进度;具有容错能力是指当用户操作错误时,应尽可能地提供恢复功能。

2)灵活性

对于不同的用户或不同的接入方式,系统应有不同的界面形式,但整体应保持风格一致性。用户通常可以分为外行型、初学型、熟练型和专家型,界面设计工程师可以根据用户所属的类型设计适合于大部分用户使用的界面。

3)可靠性

用户界面的可靠性是指无故障使用的间隔时间。用户界面应该保证用户可靠地、正确地使用系统,保证有关程序和数据的安全性。

2. 页面流程图

页面流程图是一个进行用户界面系统性规划的工具,它能够展示应用系统的功能和实现功能所需的页面间的跳转关系,借助它可以直观地体现用户与系统的交互过程。

页面流程图的目标是规划用户的行为路径,而不是单页面交互设计,所以在绘制页面流程图时无需考虑页面内容、布局,每个页面都不必追求精细,而应聚焦于用户业务流程的界面设计。

如何着手绘制页面流程图呢?通过前期需求分析中的用例图和业务流程图,已经明确了系统应具备的功能和提供的数据,接下来就需要将这些功能及数据分配到不同的页面。面向对象设计方法选择基于需求分析获取的用例图,针对每一个用例,绘制用例描述中涉及的所有页面,然后标识出页面间的流转。注意:不同用例可能会使用相同的页面(尤其是主页面)。

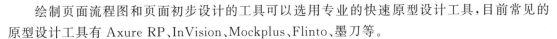

绘制页面流程图和页面初步设计的工具可以选用专业的快速原型设计工具,目前常见的原型设计工具有 Axure RP、InVision、Mockplus、Flinto、墨刀等。

3. 用户界面设计步骤

(1) 在对每一个具体页面进行详细设计前,应先进行界面设计的总体规划。从需求分析阶段的成果(例如:用例图及用例描述、业务流程图)中获得信息,绘制页面流程图,描述引起用户界面跳转的事件和动作。

(2) 以页面流程图为依据,规划页面流程图中每个界面的布局,明确实现界面功能的界面对象,绘制用户界面粗略布局图。

(3) 在用户界面粗略布局图的基础上,从美学角度进行优化,以获得更加良好的用户体验。

5.4 数据库设计

常用的数据存储方法包括两种:文件存储和数据库存储。大多数情况下,软件系统更多使用数据库存储数据,因为数据库不仅提供了多种存储策略,还可以满足数据一致性的要求,基于数据库还能很方便地完成数据计算。与数据库存储数据相对的是使用文件存储数据,文件可以借助文件系统的树状目录进行管理,不同项目、模块按照树形结构存储,管理和使用都很方便。但文件本身没有计算能力,也无法保证数据一致性,更适用于一些非结构化数据(例如:视频、图片等)的存放。本节将重点介绍数据库设计。

数据库设计是指针对待开发的软件系统,根据用户的各种信息管理要求和数据操作要求,设计出优化的数据库逻辑模式及其应用程序,并据此建立数据库及其应用系统,使之能够有效地存储和管理数据。

数据库的设计过程包括 6 个阶段:需求分析、概念结构设计、逻辑结构设计、物理结构设计、数据库实施、数据库运行与维护。

1) 需求分析

通过详细调查组织的业务流程,由数据库设计人员和用户双方共同收集信息需求和处理需求,明确系统运行过程中需要管理的数据。需求分析是数据库设计的起点。

2) 概念结构设计

概念结构设计是整个数据库设计的关键,它通过对用户的需求进行综合、归纳与抽象,形成一个独立于具体数据库管理系统的概念模型。对于关系型数据库管理系统,概念结构设计的任务是建立 E-R 模型。

3) 逻辑结构设计

逻辑结构设计是指将概念模型转换成某个数据库管理系统所支持的数据模型,并对其进行优化。对于关系型数据库管理系统,逻辑结构设计的任务是将 E-R 模型转换为关系模式。

4) 物理结构设计

物理结构设计是指为逻辑数据模型选取一个最适合应用环境的物理结构,即设计数据库的存储结构和存取方法。对于关系型数据库管理系统,物理结构设计的任务是:定义数据库、定义表及字段、定义索引等数据库文件的物理存储结构;选择合适的存储引擎。

5) 数据库实施

在数据库实施阶段,设计人员运用数据库管理系统提供的数据语言及其宿主语言,根据物理结构设计的结果创建数据库,编制与调试数据库应用程序,组织数据入库,并进行数据库试运行。

6) 数据库运行与维护

数据库运行与维护是指数据库应用系统正式投入运行后,必须不断地对数据库系统进行评价、调整与修改。

对于上述 6 个数据库设计阶段,需求分析、概念结构设计阶段独立于数据库管理系统,即与具体选用何种数据库管理系统无关;逻辑结构设计、物理结构设计、数据库实施、数据库运行与维护设计阶段依赖于具体所采用的数据库管理系统。

数据库的需求分析工作实际上包含在前期的系统需求分析工作中,在此不再赘述。物理结构设计、数据库实施、数据库运行与维护主要是由数据库管理员和数据库应用程序开发人员来负责。对于软件设计人员,最关心的是概念结构设计和逻辑结构设计阶段,这也是本节介绍的重点内容。

5.4.1 概念结构设计

概念结构设计是将需求分析得到的用户需求抽象为信息结构(即概念模型)的过程。概念结构设计阶段的产出成果是待开发软件系统的概念模型。

概念模型是一种面向问题的数据模型,是按照用户的观点对数据建立的模型,它能真实、充分地反映现实世界,包括事物和事物之间的联系,是从现实世界映射到信息世界的一个数据模型。

概念模型的重要性在于它易于理解,能够成为开发人员和用户之间沟通业务、交换意见的桥梁。概念模型独立于数据库管理系统使得它能够向各种数据模型转换,它是各种数据模型的共同基础。描述概念模型的工具包括传统的 E-R 模型和 UML 概念模型。

E-R 模型是用实体-联系(Entity-Relationship,E-R)图来描述现实世界的概念模型。E-R 图通过图形刻画现实世界实体与实体之间的联系,为客观事物建立概念模型。一个 E-R 图示例如图 5-15 所示。

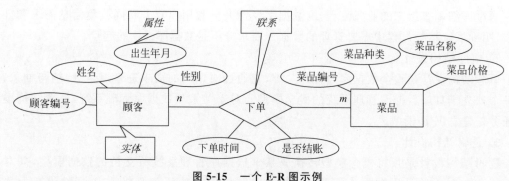

图 5-15　一个 E-R 图示例

在图 5-15 中,E-R 图包含三类基本元素:实体、联系和属性。实体与实体属性间、实体与联系间、联系与联系特有的属性间都是用实线相连。

1. 实体(Entity)

实体用矩形框表示,矩形框内标识实体的名称。

实体是首要的数据对象,是现实世界中客观存在的、可以被区分的事物,可以用来表示人、物或事件。实体既可以是实际能够触摸的对象,也可以是存在于头脑中的抽象概念。实体的命名一般为名词,例如:教师、学生、课程等。

实体集是指同一类实体构成的集合。一般将实体、实体集等概念统称为实体。E-R 模型中提到的实体往往是指实体集。

在图 5-15 中，顾客、菜品是实体，每一位顾客、每一个菜品都是一个具体的实体对象。

2. 联系（Relationship）

联系用菱形框表示，菱形框内标识联系的名称。

联系体现了现实世界中事物之间的联系，在信息世界中表示实体之间或实体内部的关联关系，联系在 E-R 模型中扮演了非常重要的角色。联系的命名一般为动词，例如：老师与学生之间存在"授课"联系。

按照联系所关联的实体数量，将联系分为以下 3 种类型。

1）两个实体之间的联系

两个实体之间的联系（又称二元联系）是 E-R 图中最常见的联系形式。按照联系两端所关联的实体对象数量的约束，两个实体之间的联系又分为以下三种类型。

（1）一对一联系（1∶1）。

如果对于实体集 A 中的每一个实体，实体集 B 中至多有一个（也可以没有）实体与之联系，反之亦然，则称实体集 A 与实体集 B 具有一对一联系，记为 1∶1。

例如：若一个老年人只能拥有一台智能终端，同时，一个智能终端也只能属于一个老年人，则称老年人与智能终端之间是一对一的联系，对应的 E-R 模型如图 5-16 所示。

图 5-16　一对一联系（1∶1）示例

（2）一对多联系（1∶n）。

如果对于实体集 A 中的每一个实体，实体集 B 中有 n 个实体（$n \geqslant 0$）与之联系，反之，对于实体集 B 中的每一个实体，实体集 A 中至多只有一个实体与之联系，则称实体集 A 与实体集 B 具有一对多联系，记为 1∶n。

例如：若一个社区可以管理多个老年人，而一个老年人只能属于一个社区，则称社区和老年人之间是一对多的联系，对应的 E-R 模型如图 5-17 所示。

图 5-17　一对多联系（1∶n）示例

（3）多对多联系（m∶n）。

如果对于实体集 A 中的每一个实体，实体集 B 中有 n 个实体（$n \geqslant 0$）与之联系，反之，对于实体集 B 中的每一个实体，实体集 A 中也有 m 个实体（$m \geqslant 0$）与之联系，则称实体集 A 与实体集 B 具有多对多联系，记为 m∶n。

例如：若一个社区可以有多家养老服务提供商，而一家养老服务提供商可以服务多个社区，则称社区和养老服务提供商之间是多对多的联系，对应的 E-R 模型如图 5-18 所示。

图 5-18　多对多联系（m∶n）示例

深入思考 5.2 上述社区、老年人、养老服务提供商等实体间的联系示例是否无论放在哪个社区养老类的系统中都成立？例如：社区和养老服务提供商是不是一定是多对多的联系？

参考答案：请参见微课视频 5-2。

深入思考 5.3 在实际 E-R 图绘制中，对于两个实体之间的联系，如何分析才能快速且准确地标注联系某一端的实体约束数值为 1 还是 n？

参考答案：请参见微课视频 5-3。

2) 多个实体之间的联系

当现实世界中事物之间的联系牵涉的实体较多，用两个实体之间的联系无法表达清楚时，则可以用多个实体之间的联系来表达，最为常见的是三个实体之间的联系（又称三元联系）。不建议一个联系关联太多实体，这样会使得 E-R 图过于复杂，不易理解。

按照联系所关联的三端实体对象数量的约束，三元联系又分为以下 4 种类型。

(1) 一对一对一联系（1∶1∶1）。

例如：对于产品线、分公司、产品经理三个实体集，若一个分公司的一条产品线只由一位产品经理负责；一条产品线的一位产品经理只能向一个分公司负责；一个分公司的一位产品经理只负责一条产品线，则称产品线、分公司、产品经理三个实体之间是 1∶1∶1 的三元联系，对应的 E-R 模型如图 5-19 所示。

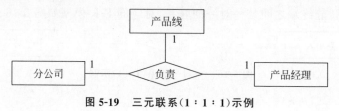

图 5-19　三元联系(1∶1∶1)示例

(2) 一对一对多联系（1∶1∶n）。

例如：对于教师、教材、课程三个实体集，若一个教师所讲授的一门课程只能使用一种教材；一个教师所使用的一种教材只能用于讲授一门课程；一门课程所使用的一种教材可以被多个教师讲授，则称教师、教材、课程三个实体之间是 1∶1∶n 的三元联系，对应的 E-R 模型如图 5-20 所示。

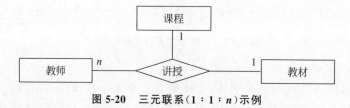

图 5-20　三元联系(1∶1∶n)示例

(3) 一对多对多联系（1∶m∶n）。

例如：对于志愿者、老年人、养老服务三个实体集，若一个志愿者为一位老年人能提供多项养老服务；一个志愿者的一项养老服务能提供给多位老年人；一个老年人得到的一项养老服务只能由一位志愿者提供，则称志愿者、老年人、养老服务三个实体之间是 1∶m∶n 的三元联系，对应的 E-R 模型如图 5-21 所示。

(4) 多对多对多联系（m∶n∶p）。

对于供应商、零件、项目三个实体集，若在一个项目中，一个供应商能供应多种零件；一个项目中的一个零件可以有多家供应商；一个供应商供应的一种零件可以应用在多个项目中，则称项目、供应商、零件三个实体之间是 m∶n∶p 的三元联系，对应的 E-R 模型如图 5-22 所示。

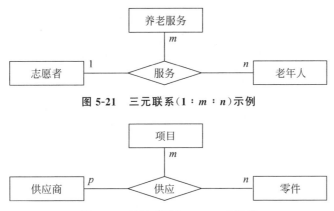

图 5-21 三元联系（$1:m:n$）示例

图 5-22 三元联系（$m:n:p$）示例

深入思考 5.4 在实际 E-R 图绘制中，对于三个实体之间的联系，如何解析才能快速且准确地标注联系某一端的实体约束数值为 1 还是 n？

参考答案：请参见微课视频 5-4。

3）实体内部之间的联系

同一个实体集内部实体之间也可以存在联系，又称一元联系或递归联系。

例如：一个员工由一个部门经理管理，一个部门经理可以管理多个员工，但部门经理实质上也是员工实体集中的一个对象，此时称员工和员工实体之间存在 $1:n$ 的一元联系，对应的 E-R 模型如图 5-23 所示。

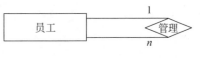

图 5-23 一元联系示例

同样地，一元联系的类型也分为三种类型：$1:1$、$1:n$、$m:n$，具体需要根据语义确定。

3. 属性（Attribute）

属性用椭圆表示，椭圆框内标识属性的名称。

实体的属性是指实体的某一个特性。例如：图 5-15 中，顾客编号、姓名、性别、出生年月都是"顾客"实体的属性；菜品编号、菜品种类、菜品名称、菜品价格都是"菜品"实体的属性。属性为实体提供了详细的描述信息。

联系也可以有属性。例如：图 5-15 中，"下单"联系特有的属性为：下单时间、是否结账。联系的属性一般出现在"多对多"的二元联系或三元联系中。

在确定属性时，要注意两条原则：

1）属性必须是不可再分的数据项

关系数据库中，属性不可再分体现了属性的原子性，意味着属性不能再由另一些属性组成。例如：如果需要按省、市、区查找"顾客"的住址，那么在设计时就不能只以一个字符串类型的"住址"作为"顾客"实体的属性，而应将"住址"拆分为省、市、区和街道等几个独立的属性。这样处理虽然满足了属性不可再分的原则，但是却和人们的思维习惯不吻合。解决思路是：用面向对象的思想来处理复杂属性，把复杂属性"住址"单独抽象为一个实体，在"顾客"和"住址"之间建立一个联系，从而既符合人们的思维习惯，又可以解决查询不便的问题，如图 5-24 所示。不仅如此，修改后的设计允许每个顾客提供多个地址，还能够增加应用的灵活性。

2）属性不能与实体有联系

在 E-R 模型中，联系只能发生在实体之间。例如：学生居住在某个宿舍，如果一个简单的宿舍号能清楚标识学生的住所，那么宿舍号就可以作为学生的属性。但是如果学校有不同的

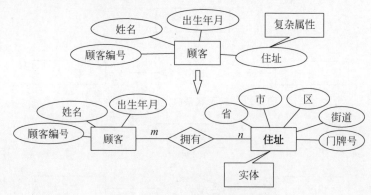

图 5-24 "住址"复杂属性的处理

校区,若要表达属性"宿舍号"与实体"校区"之间的关联,则无法实现。解决思路是:将"宿舍"抽取为一个实体,使其与"校区"实体间产生联系,如图 5-25 所示。

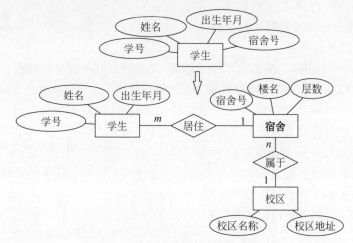

图 5-25 属性与实体有关联的处理方法

4. E-R 图的设计原则

E-R 概念模型的设计原则是:先局部、后综合。

1) 设计局部 E-R 图

从需求分析阶段得到的多层数据流图中,选择一个适当层次的数据流图,作为设计局部 E-R 图的出发点,通常选取子系统的中层数据流图作为设计局部 E-R 图的依据。设计 E-R 图主要包括两个步骤。

(1) 确定实体及其属性。

将各子系统涉及的数据从数据字典中抽取出来,参照数据流图,确定各个子系统中的实体、实体的属性和实体的码(唯一标识一个实体对象的属性或属性集合)。

(2) 确定实体之间的联系及其类型。

首先确定实体之间是一元联系、二元联系还是多元联系,然后根据用户需求传递出的语义进行解析,进一步确定联系的类型,标识联系所关联的各端的实体数量约束。

2) 集成得到全局 E-R 图

由于各个局部 E-R 图之间必定会存在许多不一致的地方,因此在合并局部 E-R 图时,需要消除属性冲突、命名冲突、结构冲突等,得到初步的全局 E-R 图。在此基础上,消除不必要的冗余,得到最终的全局 E-R 图。对局部 E-R 图集成后得到的全局 E-R 图就是系统的数据库概念模型。

5. E-R 图的绘制原则

图 5-15 所示的 E-R 图模型完整包含了实体、属性和联系三种元素。当对一个软件系统进行建模时,由于牵涉的实体较多,每个实体的属性也较多,如果按图 5-15 的表示方法进行绘制,整个 E-R 图会显得内容繁杂,反而失去了用 E-R 图表达现实世界事物之间联系的作用。因此,在绘制 E-R 图时,推荐通过两张图来表达 E-R 图的全局及细节。

1)实体及联系图(全局)

从把握系统全局的数据模型结构出发,只画出实体及实体之间的联系,在这张图中暂不体现各实体的属性,但是联系特有的属性要标识出来。以图 5-15 为例,得到的简化 E-R 图如图 5-26 所示。

图 5-26 简化 E-R 图

2)实体及属性图(细节)

单独绘制另一张图,把描述各个实体详细信息的属性标识在各实体中,如图 5-27 所示。

图 5-27 实体及属性图

UML 主要用于面向对象建模,但是也可用于数据库建模。

UML 概念模型与 E-R 模型相似,但是不提供多元联系。表 5-3 给出了 UML 概念模型和 E-R 模型中的术语对比。UML 概念模型中的类和 E-R 模型中的实体集都是现实世界的事物在信息世界的不同表示,它们最大的不同在于:类封装了属性和方法,既有静态数据,又包含动态行为;而实体只有属性,没有方法。当 UML 用于数据建模时,删除类中的方法并增加主键即可。整体比较两者来看,UML 概念模型跟 E-R 模型的整体概念基本相似,只是换了一种形式而已。

表 5-3 UML 概念模型和 E-R 模型中的术语对比

UML 概念模型	E-R 模型
类	实体集
属性	属性
方法	无
关联	联系

关于 UML 概念模型中类的相关概念及绘制方法已在第 3 章详细讲述,在此不再赘述。

5.4.2 逻辑结构设计

逻辑结构设计的任务是将概念结构设计阶段得到的概念模型转换成具体的数据库管理系统所支持的逻辑结构模型。下面重点讲解 E-R 模型如何转换为逻辑结构模型,UML 模型的转换原理基本相同,不再赘述。

对于关系型数据库,逻辑结构设计的任务是将 E-R 模型转换为关系模式。E-R 图的核心元素是"实体"和"联系",它们在转换为关系模式时,按照各自不同的原则进行转换。下面在描述关系模式时,关系模式的主码用下划线标识,体现实体之间联系的部分及联系特有属性用粗体标识。

1. 实体的转换原则

实体的转换原则: E-R 图中的每一个实体都将转换为一个独立的关系模式,实体的属性转换为关系的属性,实体的码转换为关系的码(唯一标识一条记录的属性或属性集合)。

以图 5-15 的 E-R 图示例为例,图中有 2 个实体"顾客"和"菜品",转换后得到如下两个关系模式:

- 顾客(顾客编号、姓名、性别、出生年月);
- 菜品(菜品编号、菜品种类、菜品名称、菜品价格)。

2. 联系的转换原则

在概念模型设计中,E-R 图中的联系分为多种类型。在向逻辑结构模型转换时,不同的联系类型需要根据不同的转换规则进行。

1) 1∶1 联系的转换

1∶1 联系在转换时,有两种选择:转换为一个独立的关系模式;与任意一端对应的关系模式合并。

下面以图 5-16 一对一联系(1∶1)示例为例,分别使用上述两种转换方式进行转换。

(1) 联系转换为一个独立的关系模式。

转换规则为:将与该联系相连的各实体的码以及联系本身的属性转换为关系的属性;每个实体的码均是该关系的候选码。

在图 5-16 中,"拥有"联系关联了"老年人"和"智能终端"实体,"老年人"的码为身份证号,"智能终端"的码为智能终端编号。本例中的联系无属性。联系本身是动词,转换为关系模式后,应使用名词来命名关系模式,按照业务语义将其命名为"智能终端发放清单"。联系转换后的关系模式为

智能终端发放清单(<u>老年人身份证号</u>,智能终端编号)或智能终端发放清单(老年人身份证号,<u>智能终端编号</u>)

在这种规则下,图 5-16 所示的 E-R 模型转换得到的关系模型为三个关系模式:

- 老年人(<u>老年人身份证号</u>,姓名,性别,出生年月……);
- 智能终端(<u>智能终端编号</u>,型号,单价……);
- 智能终端发放清单(**<u>老年人身份证号</u>,智能终端编号**)或智能终端发放清单(**老年人身份证号,<u>智能终端编号</u>**)。

(2) 联系与任意一端实体对应的关系模式合并(推荐)。

转换规则为:将一端实体对应的关系模式的码和联系本身的属性合并到另一端实体对应的关系模式中,合并后关系模式的码不变。

在这种规则下,图 5-16 所示的 E-R 模型转换得到的关系模型为两个关系模式:

//将智能终端关系模式的码和联系的属性(本例无)合并到老年人关系模式中

- 老年人(<u>老年人身份证号</u>,姓名,性别,出生年月,**智能终端编号**);
- 智能终端(<u>智能终端编号</u>,型号,单价……);

或

//将老年人关系模式的码和联系的属性(本例无)合并到智能终端关系模式中

- 老年人(<u>老年人身份证号</u>,姓名,性别,出生年月……);
- 智能终端(<u>智能终端编号</u>,型号,单价……,**老年人身份证号**)。

2)1∶n 联系的转换

1∶n 联系在转换时,有两种选择:转换为一个独立的关系模式;与 n 端对应的关系模式合并。

下面以图 5-17 的一对多联系(1∶n)示例为例,分别使用上述两种转换方式进行转换。

(1)联系转换为一个独立的关系模式。

转换规则为:与该联系相连的各实体的码以及联系本身的属性将转换为关系的属性;n 端实体的码是关系的码。

在图 5-17 中,"管理"联系关联了 1 端实体"社区"和 n 端实体"老年人","社区"的码为社区编号,"老年人"的码为老年人身份证号。本例中的联系无属性。联系转换为关系模式后,按照业务语义将其命名为"社区老年人名单"。联系转换后的关系模式为

社区老年人名单(<u>老年人身份证号</u>,社区编号)

在这种规则下,图 5-17 所示的 E-R 模型转换得到的关系模型为三个关系模式:

- 社区(<u>社区编号</u>,社区名称,所属行政区,街道……);
- 老年人(<u>老年人身份证号</u>,姓名,性别,出生年月……);
- 社区老年人名单(**老年人身份证号**,**社区编号**)。

(2)联系与 n 端对应的关系模式合并(推荐)。

转换规则为:在 n 端关系中加入 1 端关系的码和联系本身的属性,成为合并后关系的属性;合并后关系的码仍是 n 端的码。

在这种规则下,图 5-17 一对多联系(1∶n)示例的 E-R 模型转换得到的关系模型为两个关系模式:

社区(<u>社区编号</u>,社区名称,所属行政区,街道……);

老年人(<u>老年人身份证号</u>,姓名,性别,出生年月……**社区编号**)。

3)m∶n 联系的转换

这种情况是最简单的,一个 m∶n 联系转换为一个独立的关系模式。转换规则为:与该联系相连的各实体的码及联系本身的属性作为关系的属性;各实体码的组合作为关系的码。

下面以图 5-18 的多对多联系(m∶n)示例为例进行转换。

在图 5-18 中,"管理"联系关联了 m 端实体"养老服务提供商"和 n 端实体"社区","养老服务提供商"的码为提供商编号,"社区"的码为社区编号。本例中的联系有一个属性:"签约时间"。联系转换为关系模式后,按照业务语义将其命名为"签约记录"。联系转换后的关系模式为

签约记录(<u>供应商编号</u>,社区编号,签约时间)

在这种规则下,图 5-18 所示的 E-R 模型转换得到的关系模型为三个关系模式:

- 社区(<u>社区编号</u>,社区名称……);
- 养老服务提供商(<u>供应商编号</u>,供应商名称……);
- 签约记录(**供应商编号**,**社区编号**,签约时间)。

深入思考 5.5 对于多元联系(主要考虑常见的三元联系)的 E-R 模型,在转换为关系模式时,应遵循何种转换规则?

参考答案:请参见微课视频 5-5。

5.5　结构化设计

5.5.1　模块与结构图

1. 模块概念

模块是构成程序的基本构件。一个软件系统可以划分为多个子系统,每个子系统中包含多个业务功能,每个业务功能需要多个函数来解决。子系统、业务功能、函数都可以称为模块,只是粒度和层次不同而已。

对于大的模块,可以继续划分为功能独立的小模块,直到划分为不能再分解的原子模块。将系统划分为功能相对独立且可独立访问的模块的过程,称为模块化。

在结构化体系结构设计实践中,软件系统的设计一般不会划分到直接可以拿来编码的原子模块,而是划分到一个模块大小适度的层级,使得系统的开发成本最小。因为,当模块数量增加时,虽然模块的复杂程度减小使得单个模块的开发成本减小,但是模块间接口增多会使得接口开发所需的成本增大,因此不能无限地进行模块的分解,应找到一个模块数量和接口数量间的一个平衡点。

在软件体系结构设计过程中,模块有良好的独立性是系统设计良好的关键,即:模块应具有相对独立的功能且与其他模块间有简单的接口关系。那么如何衡量模块的独立程度呢?有两个定性的度量标准:耦合和内聚。耦合用于衡量不同模块间互相依赖的紧密程度,内聚用于衡量一个模块内部各个元素彼此结合的紧密程度。

2. 耦合

耦合是对模块间关联程度的度量。耦合的强弱取决于模块间接口的复杂性、调用模块的方式以及数据的传送量。模块间的耦合度越强,表明模块独立性越差,在软件设计时应尽量采取低耦合的系统设计。

根据控制关系、调用关系和数据传递关系的不同,耦合可以分为以下几类。

1) 非直接耦合

如果两个模块都能各自独立工作,相互之间没有直接关系,模块之间的交互不是通过直接的接口或通信方式进行,而是通过中间件或消息传递来实现,这种耦合称为非直接耦合。非直接耦合的耦合度最弱,模块独立性最强。但是在一个软件系统中,不可能所有模块之间都是非直接耦合关系,主模块与子模块之间必然存在控制和调用关系。

2) 数据耦合

如果两个模块之间只传递简单的数据参数信息(相当于高级编程语言中的值传递),这种耦合称为数据耦合。数据耦合是低耦合,系统中至少且必须存在这种耦合,因为只有某模块的输出数据作为另一模块的输入数据时,系统才能通过模块间的数据传递完成特定功能。

3) 标记耦合

如果两个模块之间传递的数据不是简单类型数据,而是由多个数据元素组成的复合数据结构,但是模块在调用过程中只使用到了其中一部分数据元素,这种耦合称为特征耦合或标记耦合。例如:模块 A 在调用模块 B 时只需要使用学号,但是在参数传递时,却传递了包含学号、姓名、性别、籍贯等多个数据信息的学生数据结构,此时就称发生了标记耦合。

4) 控制耦合

如果两个模块之间传递的信息是控制类型的数据信息(例如:标志、开关量,有时是以数据参数的形式出现),这种耦合称为控制耦合。控制耦合增加了系统的复杂性,调用模块必须知道被调用模块的内部逻辑,增加了相互依赖。将被调用模块适当分解后,可以用数据耦合代替控制耦合。

5) 外部耦合

外部耦合是指两个模块共享一个外部强加的数据结构、通信协议或者设备接口。外部耦合基本上与外部工具和设备通信有关。例如:在微服务框架 Dubbo 中,服务提供者与服务消费者通信时,共享一个外部强加的数据结构:包名、类名、字段名、字段类型、字段个数以及序列化版本号,要求它们都一致。

6) 公共耦合

公共耦合是指多个模块访问同一个公共数据环境。公共数据环境可以是全局数据结构、共享的通信区、内存的公共覆盖区等。当全局数据或者某些模块发生变化时,公共耦合可能会导致产生不受控制的错误。公共耦合的复杂程度随着耦合模块个数的增加而显著增加。

7) 内容耦合

如果一个模块与另一个模块的内部数据有关,不经调用直接使用另一个模块的程序代码或内部数据,那么这两个模块之间就存在内容耦合。如果模块 A 与模块 B 存在内容耦合,则当修改模块 B 引起程序代码或内部数据出错时,必然会引起模块 A 出错。另外,此时模块 A 的出错原因很难查找,给模块的修改、维护带来极大困难。内容耦合的内聚程度最低,在设计时应避免使用。

上面 7 种耦合类型的耦合性和模块独立性程度变化如图 5-28 所示。非直接耦合、数据耦合、标记耦合属于弱耦合,控制耦合属于中耦合,外部耦合、公共耦合属于较强耦合,内容耦合属于强耦合。

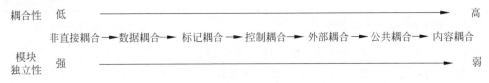

图 5-28　不同耦合类型的耦合性和模块独立性

3. 内聚

内聚是对模块内部各个元素彼此结合的紧密程度的度量。模块的内聚性越强,通常意味着模块间的耦合性越低,软件设计应尽量采用高内聚。

根据内聚性的高低不同,内聚可以分为以下 7 种类型。

1) 功能内聚

功能内聚是指模块内各部分处理元素都围绕同一项功能协同工作,紧密联系、不可分割。功能内聚是内聚性最强的内聚。

2) 顺序内聚

顺序内聚又称信息内聚,是指模块内的各处理元素都和同一个功能密切相关,而且这些处理必须顺序执行,通常前一个处理元素的输出数据是后一个处理元素的输入数据。

例如,某模块的功能为:逐个读取供应商的各项评估指标得分,计算供应商的总评分数,根据等级评价标准,评定出"优秀""合格""不合格"的等级。模块示意图如图 5-29 所示。该模块包含了"计算供应商评分"和"评定供应商等级"两个处理元素,它们彼此紧密联系,并且前一个处理的输出"供应商总评分数"是后一个处理的输入,它们是顺序执行的,则称该模块满足顺序内聚。

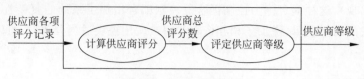

图 5-29   顺序内聚示例

3) 通信内聚

通信内聚是指模块内的各处理元素都使用相同的输入数据或产生相同的输出数据。

例如,某模块的功能为:根据年接单记录生成个人接单记录、计算月平均接单量。模块示意图如图 5-30 所示。

该模块包含了"生成个人接单记录"和"计算月平均接单量"两个处理元素,它们的输入相同,都使用了"年接单记录",并且它们之间没有顺序关系,彼此独立,则称该模块满足通信内聚。

4) 过程内聚

过程内聚是指模块内的处理元素是相关的,而且必须以特定次序执行。

例如,某模块的功能为:生成并打印个人接单记录。模块示意图如图 5-31 所示。该模块包含了"生成个人接单记录"和"打印个人接单记录"两个处理元素,它们彼此相关,且必须按照特定的次序执行,则称该模块满足过程内聚。

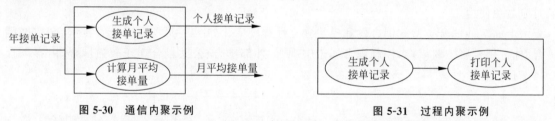

图 5-30   通信内聚示例   图 5-31   过程内聚示例

过程内聚与顺序内聚的区别是:在顺序内聚中,从一个处理单元流到另一个处理单元的是"数据流";而在过程内聚中,从一个处理单元流到另一个处理单元的是"控制流"。

5) 时间内聚

时间内聚又称经典内聚,是指一个模块内有多个功能,并且各个功能在特定时刻执行。例如:初始化系统模块、系统退出处理模块、紧急故障处理模块。

6) 逻辑内聚

逻辑内聚是指一个模块把几种相关的功能组合在一起,每次被调用时,由传送给模块的控制型参数来确定该模块应执行哪一种功能。

例如,一个模块可以生成月报表、季度报表、年报表,具体生成哪个报表由传入的控制参数来决定,则称该模块满足逻辑内聚。

逻辑内聚的特点是:一个模块完成的任务在逻辑上属于相同或相似的一类,通过参数确定该模块完成哪一个功能。

7) 巧合内聚

巧合内聚又称偶然内聚,是指一个模块内部各处理元素之间没有联系,或者即使有联系也是很松散的联系。

例如,一个模块中有两个方法:一个方法用于将字符串中的所有字母都变成大写;一个方法用于完成两个整数的求和。两个方法之间没有关系,只是简单地将一组功能放在同一个模块中,则称该模块满足巧合内聚。

巧合内聚模块是内聚程度最低的模块。它的缺点是模块的内容不易理解、修改和维护。上面 7 种内聚类型的内聚性和模块独立性程度变化示意图如图 5-32 所示。

图 5-32　不同内聚类型的内聚性和模块独立性

4. 结构图及组成

结构图(Structure Chart,SC)由 Yourdon 于 20 世纪 70 年代提出,早期被广泛应用于软件结构设计中,是准确表达软件结构的图形化工具,用来描述软件模块之间的层次调用关系和联系。软件结构图中的基本图形符号如表 5-4 所示。

表 5-4　结构图中的基本图形符号

图　例	含　义
▭	表示模块
↓	表示模块间的调用关系 ↓表示调用模块指向被调用模块 表示直线上方的模块调用直线下方的模块,可以不用箭头表示模块间的调用关系
○──▶ ●──▶ ──▶	表示模块间的信息传递 ○──▶ 表示传递的是数据信息 ●──▶ 表示传递的是控制信息 ──▶ 表示传递的信息不区分是数据信息还是控制信息
A⟨B　C⟩	表示模块 A 可以有条件地调用模块 B 或模块 C
A⟲B　C⟳	表示模块 A 可以反复地调用模块 B 和模块 C

利用表 5-4 中的基本符号表示结构图模块间的调用关系和信息传递,如图 5-33 所示。

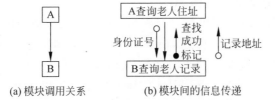

(a) 模块调用关系　　　(b) 模块间的信息传递

图 5-33　模块间的调用关系和信息传递

在图 5-33(a)中,用单向箭头连接两个模块,箭头方向由模块 A 指向模块 B,表示模块 A 调用了模块 B。在图 5-33(b)中,查询老人住址的模块 A 调用查询老人记录的模块 B,在调用过程中,模块 A 把身份证号作为数据信息传递给模块 B 作为查询条件,当模块 B 查询结束后,把是否查找成功的标记作为控制信息,把记录老人信息的记录地址作为数据信息,将两种信息都回送给模块 A。

5. 结构图中的指标

图 5-34 给出了一个常用的软件结构图层次结构,软件模块间的关系均可以表示为层次结构。

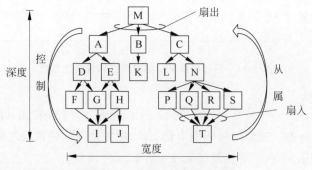

图 5-34 分层模块结构图示例

图 5-34 中的相关概念描述如下:

1) 深度

模块结构的控制层数称为结构图的深度,结构图的深度在一定程度上反映了系统的复杂程度。在图 5-34 中,结构图的深度为 5。

2) 宽度

在结构图中,位于同一层次的模块数的最大值称为结构图的宽度。在图 5-34 中,自上而下各层的模块数分别为 1、3、5、7、3,最大值为 7,所以此结构图的宽度为 7。

3) 扇出和扇入

扇出和扇入的概念都是针对结构图中某一个模块定义的。扇出表示一个模块直接调用的下级模块的数目;扇入表示直接调用一个模块的上层模块的数目。例如,在图 5-34 中,模块 M 直接调用了下级模块 A、B、C,那么模块 M 的扇出数为 3。模块 T 被上级模块 P、Q、R、S 直接调用,那么模块 T 的扇入数为 4。

结构图的扇出数和扇入数都不宜过高。扇出数太大,表明该模块需要调用的下级模块数量过多,控制过于复杂,可以通过增加中间层次来减小扇出数。扇入数大的模块因为被多个上级模块调用,所以通常为共用模块。扇入数越大,表示该模块被越多的上级模块共享,说明模块的复用率高,但不应片面追求高扇入数。例如,把彼此无关的功能放入同一个模块中,虽然扇入数提高了,但模块的内聚程度必然降低,违反了模块设计的高内聚原则。图 5-35 给出了一个扇入扇出数过大的改善方法示例。

在图 5-35(a)中,模块 M 的扇出数为 10。扇出改善后的模块结构如图 5-35(c)所示,增加了中间层次,使得模块 M 的扇出数为 2,模块 A、B 的扇出数为 4,不存在扇出数过大的模块。在图 5-35(b)中,模块 T 的扇入数为 10。扇入改善后的模块结构如图 5-35(d)所示,增加了中间层次,使得模块 T 的扇入数为 2,模块 I、J 的扇入数为 4,不存在扇入数过大的模块。

在模块设计过程中,一般扇出数平均为 3~4,通常不超过 7。扇入数可以较高,但不能为了追求高扇入数而违反模块的设计原则。一个好的软件结构图形态应整体均衡:顶层宽度小,中层宽度大,底层宽度次之;顶层扇出数较高,中层扇出数较少,底层扇入数较高。

5.5.2　基于数据流的体系结构设计

结构化体系结构设计的主要任务是:定义软件模块及其之间的关系,将模块组织为设计良好的层次系统。本书采用结构图来描述软件系统的体系结构,上层模块调用它的下层模块,

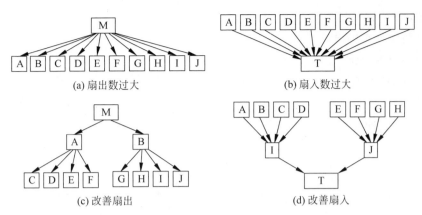

图 5-35　扇入扇出数过大的改善方法示例

下层模块继续调用其下属的更下层模块,以此类推,直到完成一个完整的程序功能。

在结构化设计方法中,软件体系结构通常由数据流图推导而来。基于数据流的体系结构设计方法的主要任务是:将数据流图映射为软件结构。

1. 面向数据流方法的设计过程

典型的数据流类型包括:变换型数据流和事务型数据流。不同的数据流类型映射的系统结构也不同。通常情况下,一个系统中的所有数据流都可以认为是变换型数据流,若数据流具有明显的事务特征,则建议采用事务型数据流映射方法进行设计。面向数据流方法的设计过程如图 5-36 所示。

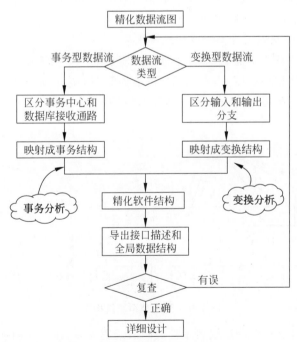

图 5-36　面向数据流方法的设计过程

在图 5-36 中,面向数据流方法首先对需求分析阶段得到的数据流图进行精化,以确保数据流图中的每一个处理都对应一个规模适当、相对独立的功能。然后根据不同的数据流图类型,采用不同的分析映射方法将其转换为初始的软件结构图。最后对软件结构作进一步分解和精化,针对软件结构图中的每一个模块,导出接口描述和全局数据结构描述。经过复查后正确的体系结构设计方案将用于详细设计。

2. 变换型体系结构设计

1) 变换型数据流图

在变换型数据流图中,信息沿输入通路由外部进入系统,同时由外部形式变换成内部形式,经变换中心加工处理后再沿输出通路变换成外部形式离开软件系统。变换型数据流图整体结构可划分为三部分:输入、变换中心和输出,如图 5-37 所示。

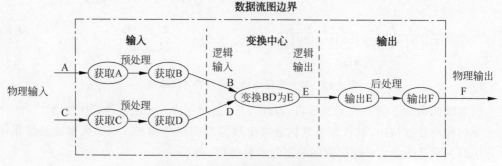

图 5-37 变换型数据流图整体结构

在图 5-37 中,从数据流图边界外部进入数据流图的数据 A 和数据 C 称为物理输入。数据 A 和数据 C 进入数据流图内部后,经过一系列的预处理,在到达变换中心前变换为能够直接加以处理的数据 B 和数据 D,数据 B 和数据 D 称为逻辑输入。变换中心将数据 B 和数据 D 加工处理为数据 E,数据 E 称为逻辑输出。数据 E 经过一系列的后处理变换为适合输出的数据 F,向外部输出的数据 F 称为物理输出。

2) 变换型数据流图映射为变换型系统结构图

一个数据流图对应着一个加工,而一个加工对应着某一个功能模块。因此,每一个数据流图将被映射为一个结构化功能模块,不同层级的数据流图对应着粒度不同的模块。

以图 5-37 的数据流图为例,将变换型数据流图映射为变换型系统结构图,如图 5-38 所示。

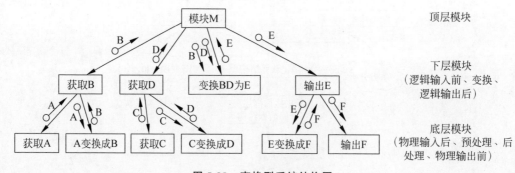

图 5-38 变换型系统结构图

在图 5-38 中,用自上而下的连线表示模块间的调用关系,在连线两侧,用空心尾部箭头表示数据传递的方向和内容。系统结构图的运行过程如下所述:

(1) 整个数据流图所描述的上层处理被映射为顶层模块 M,顶层模块 M 的操作为:首先获取逻辑输入数据 B 和 D,然后变换 BD 为 E,最后输出逻辑数据 E。这些操作被映射为模块 M 的下层模块:逻辑输入前模块"获取 B""获取 D"、变换模块"变换 BD 为 E"和逻辑输出后模块"输出 E"。顶层模块 M 通过调用下层模块,实现将输入数据 B、D 转换为输出数据 E。

（2）每个下层模块继续调用的处理被映射为再下一层模块，直到数据流图边界处，此处的模块被称为底层模块。例如：逻辑输入模块"获取 B"分解后，由物理输入后模块"获取 A"和预处理模块"A 变换成 B"组成。模块"获取 B"通过调用下层模块，实现将物理输入 A 转换为逻辑输入数据 B。

从上述描述中可以看到，结构图是以模块的调用关系为线索，能够从宏观上反映软件的体系结构。

3. 事务型体系结构设计

1）事务型数据流图

在事务型数据流图中，信息沿输入通路由外部进入系统，在事务处理中心处进行分析判断后，选择执行事务分支中的某一项事务处理加工。事务型数据流图整体结构至少包括三部分：输入、事务处理中心和事务分支，如图 5-39 所示。至于事务执行完毕后是否向外部输出，则根据实际情况而定。

在图 5-39 中，从数据流图边界外部获取数据 A，进入数据流图内部后，经过一系列的预处理，在到达事务处理中心前变换为能够直接加以处理的数据 B，数据 B 进入事务处理中心后，进行分析判断，选择执行事务分支中的某一项事务处理 Tn。

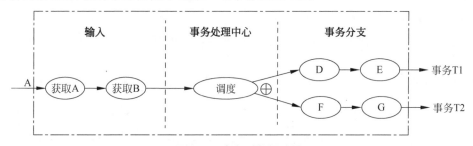

图 5-39　事务型数据流图

2）事务型数据流图映射为事务型系统结构图

以图 5-39 的数据流图为例，将事务型数据流图映射为事务型系统结构图，如图 5-40 所示。

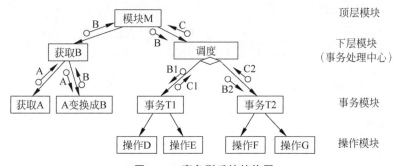

图 5-40　事务型系统结构图

在图 5-40 中，系统结构图的运行过程如下所述：

（1）整个数据流图被映射为顶层模块 M，顶层模块 M 的操作为：首先调用逻辑输入数据 B，然后在调度中心对数据 B 做出判断选择。这些操作被映射为对应的下层模块"获取 B"和"调度"，每个下层模块继续调用的操作被映射为再下一层模块，直到数据流图边界处。

（2）模块"获取 B"的分解类似于变换型数据流图对输入数据流的变换处理。

（3）在"调度"模块下，为每条事务处理分支设计了一个事务模块"事务 Tn"，每个事务模块按照操作分解为下一层模块。例如:事务 T1 为事务模块,对应的"操作 D"和"操作 E"为操作模块。

深入思考5.6　在图 5-40 中,如果调度中心得到的数据 C 作为模块 M 的输出,进行后处理之后,再向外部输出,则该图如何进行扩展?

参考答案:请参见微课视频 5-6。

深入思考5.7　在实际应用中,系统的数据流图往往是变换型和事务型的混合结构。在图 5-40 中,如果调度中心得到的数据 C 作为上一层模块的输入,且上一层模块为变换型系统结构图,则该图如何进行扩展?

参考答案:请参见微课视频 5-7。

4. 基于数据流的体系结构设计案例

在结构化体系结构设计过程中,一个大型软件系统体系结构的设计通常以变换型映射方法为主,其他方法(主要是事务型映射方法)为辅,得到的系统结构图是一个变换型和事务型并存的混合结构。

下面在第 4 章分层绘制数据流图案例基础上,完成基于数据流的"在线考试系统"体系结构设计。转换过程分为以下几个步骤:

1) 精化一层数据流图,设计上层模块

在精化的一层数据流图中划分出输入、输出和变换三部分,根据变换型映射确定顶层模块和第一层模块。

将"在线考试系统"一层数据流图精化后转换为上层模块结构图,过程如图 5-41 所示。

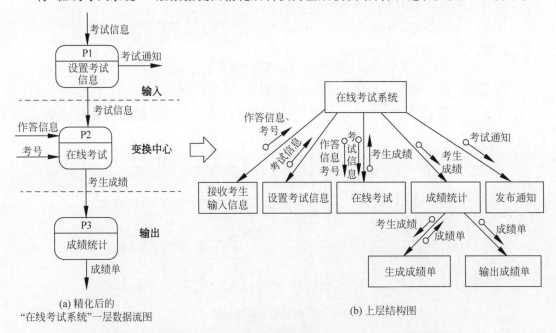

(a) 精化后的
"在线考试系统"一层数据流图

(b) 上层结构图

图 5-41　"在线考试系统"一层数据流图精化后转换为上层模块结构图

将图 4-15"在线考试系统"一层数据流图中的数据加工细节去除,只描述数据在系统中的流动,得到精化后的一层数据流图,如图 5-41(a)所示。按照变换型数据流图映射为变换型系统结构图的方法,图 4-14 顶层数据流图中的处理"在线考试系统"被映射为图 5-41(b)系统结构图中的顶层模块"在线考试系统",图 5-41(a)中的输入 P1、变换中心 P2 和输出 P3 被映射为顶层模块的下层模块:"设置考试信息""在线考试""成绩统计"。

当数据流图并不满足标准时,映射过程可以灵活处理,以应对数据流图中不同的变化。在图 5-41 中,存在以下两种情形:

(1) 输入模块的输出数据未经变换,直接输出。在图 5-41(a)中,P1"设置考试信息"并不是一个纯粹的输入,它在录入各种考试相关信息后,直接将考试通知发布给考生,而考试通知是一个直接对外的输出数据,因此并不符合一个标准的变换型数据流图。在此情形下,可以在图 5-41(b)中的输出部分增加一个"发布通知"输出模块。

(2) 变换中心的数据直接来自外部输入。变换中心 P2"在线考试"未经输入模块,直接接收了来自外部的"作答信息"和"考号",也不符合一个标准的变换型数据流图。在此情形下,可以在图 5-41(b)中的输入部分增加一个"接收考生输入信息"输入模块。经过上述处理后,变换后的系统结构图从整体上仍然保持自左向右为输入、变换和输出三部分。

2) 精化二层数据流图,设计中层模块

根据输入、变换和输出三部分所细分的二层数据流图特点,区分变换型数据流图和事务型数据流图,利用相应的映射方法,确定其对应的模块结构图。

"在线考试系统"二层数据流图精化后转换为中下层模块结构图,如图 5-42 所示。

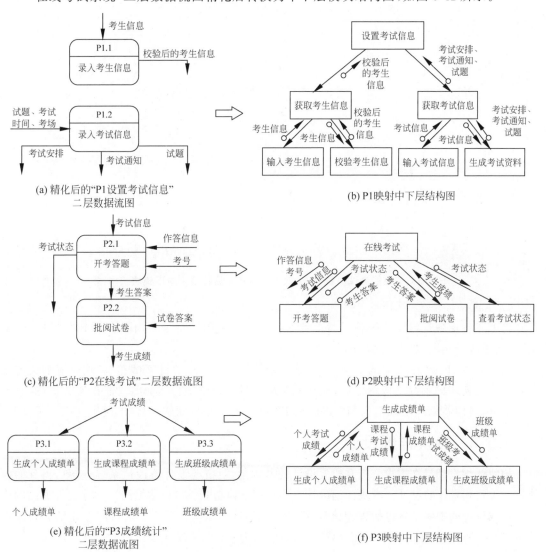

(a) 精化后的"P1 设置考试信息"二层数据流图

(b) P1 映射中下层结构图

(c) 精化后的"P2 在线考试"二层数据流图

(d) P2 映射中下层结构图

(e) 精化后的"P3 成绩统计"二层数据流图

(f) P3 映射中下层结构图

图 5-42 "在线考试系统"二层数据流图精化后转换为中下模块结构图

图 5-42(a)、(c)、(e)为"在线考试系统"精化后的各二层数据流图,映射转换后得到的变换型结构图分别对应图 5-42(b)、(d)、(f)。其中,(c)中的 P2.1 处理生成的数据"考试状态"是向外部输出的,映射转换处理为:在(d)所示的映射结构图中添加一个输出模块为"查看考试状态"。

3) 自顶向下,逐层分解转换

以"在线考试系统"中的"P2.1 开考答题"三层数据流图为例,将三层数据流图精化后转换为中下层模块结构图,如图 5-43 所示。

图 5-43(a)为精化后的"P2.1 开考答题"三层数据流图,映射转换后的变换型结构图为图 5-43(b)。在图 5-43 中,某些模块获取的输入数据并不一定来自同一层的输入模块,而是来自上层模块。例如:图 5-43(b)中的"答题"模块,"作答信息"由"开考答题"模块传输而来。在绘制结构图的过程中,要根据数据流图所表达的数据流向,正确地映射出输入和输出数据。

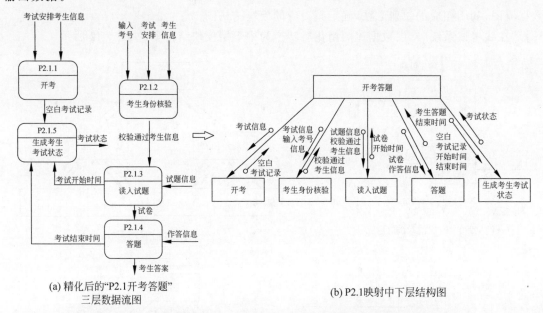

(a) 精化后的"P2.1 开考答题"
三层数据流图

(b) P2.1映射中下层结构图

图 5-43 "在线考试系统"三层数据流图精化后转换为中下模块结构图

4) 生成整体系统结构图

将上述各层数据流图逐级映射后得到的各部分结构图进行合并、优化,得到"在线考试系统"整体系统结构图,如图 5-44 所示。

图 5-44 并不是"在线考试系统"的完整系统结构图,例如:"批阅试卷"模块就应继续进行分解。得到初步的系统结构图之后,应在此基础上进行调整优化,例如:"查看考试状态"属于输出部分,可以将该模块调整为与"发布通知""成绩统计"同一层次的输出模块。

5.5.3 模块详细设计

模块详细设计是在需求分析和概要设计的基础上,对概要设计阶段将系统分解后得到的模块进行细致和具体的设计。模块详细设计主要包括模块功能、接口、数据结构和算法等方面的设计。详细设计的主要工具包括程序流程图、盒图、PAD 图和伪代码等。通过图形化的方式或自然语言来指明控制流程、处理功能等算法实现细节,为后续的系统实现阶段提供编码依据。

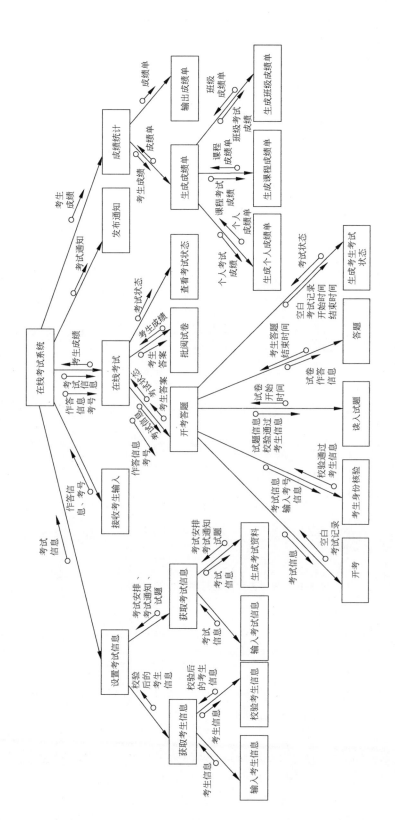

图 5-44 "在线考试系统"整体系统结构图

1. 程序流程图

程序流程图也称为程序框图,它将程序流程图形化,使程序流程的内容更加直观、清晰和易于理解,是一种常用的算法表达工具。当程序流程较为复杂时,通常会绘制一张反映程序控制逻辑的程序流程图来描述算法。

图 5-45 列出了程序流程图常用的基本符号。

开始/结束   输入/输出   处理   判断   流程线

图 5-45 程序流程图基本符号

程序流程图自 20 世纪 40 年代到 70 年代中期,一直是主要的算法表达工具。任何程序逻辑都可用顺序、分支和循环这三种基本结构来表示。使用程序流程图描述结构化程序设计中的三种基本控制结构如图 5-46 所示。

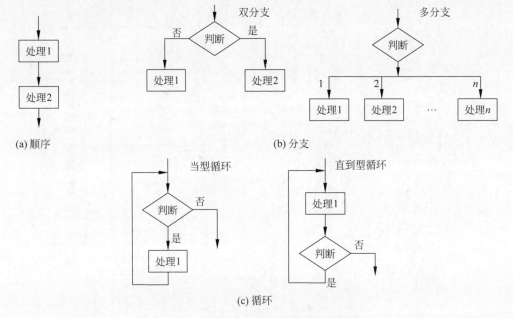

图 5-46 程序流程图的三种基本控制结构

1) 顺序结构

图 5-46(a)表示顺序结构,它是三种基本控制结构中最简单的一种,由几个连续的处理组成,表示处理按照流程线箭头所指的顺序依次执行。

2) 分支结构

图 5-46(b)表示分支结构,包括双分支和多分支两种形式。分支结构在菱形处判断给定的条件是否成立,然后由判断结果决定流程走向。

3) 循环结构

图 5-46(c)表示循环结构,分为当型和直到型两种循环方式。当型循环是指先判断给定条件,当条件满足时重复执行某一处理,当条件不满足时退出循环(处理执行次数为 $0 \sim n$,处理可能一次都不执行);直到型循环是指先执行处理,然后对给定条件进行判断,当条件满足时重复执行该处理,当条件不满足时退出循环(处理执行次数为 $1 \sim n$,处理至少执行一次)。

下面给出"智慧社区养老服务系统"案例中的养老券发放规则,试用程序流程图描述养老券发放算法。

　　例：政府养老部门决定为社区内每一位适龄老年人发放养老券。养老券发放规则为：70～80岁（包括70岁，不包括80岁）的老年人每月发放10张养老券；80岁及以上的老年人每月发放20张养老券。

　　假设社区内老年人的总人数用 n 表示，系统当前日期用 $d1$ 表示，老年人的生日用 $d2$ 表示，老年人的养老券数量用 x 表示，老年人的年龄用 y 表示，getYear（起始日期，结束日期）方法能够获取两个日期之间的年数。

　　图 5-47 是养老券发放算法的程序流程图。图中涵盖了程序流程图的三种基本控制结构。

　　程序流程图的缺点是：用箭头代表控制流可以随意转移控制，容易造成非结构化的程序结构。

2. 盒图

　　盒图，又称为 N-S 图（N-S 由两个提出者 Nassi 和 Shneiderman 名字的第一个字母组成）。在 N-S 图中，全部算法写在一个大框图内，大框图又由若干个小的基本框图构成。同样地，盒图也可以有表示顺序、分支和循环的三种基本控制结构，如图 5-48 所示。

　　1）顺序结构

　　图 5-48(a)表示顺序结构，按顺序先执行处理 1，再执行处理 2。

　　2）分支结构

　　图 5-48(b)表示分支结构，包括双分支和多分支两种形式。双分支结构中，若条件成立，则执行 T（True）下面的处理 1，若条件不成立，则执行 F（False）下面的处理 2；多分支结构中，给出了多个执行出口，根据控制条件的取值相应地执行对应的处理。

　　3）循环结构

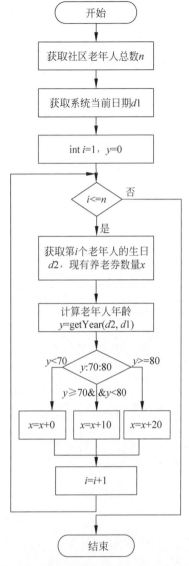

图 5-47　养老券发放算法的程序流程图

　　图 5-48(c)表示循环结构，分为当型和直到型两种循环方式。执行原理同程序流程图中的循环原理。

　　用盒图工具来描述上面案例中的养老券发放算法，如图 5-49 所示。

　　图 5-49(a)使用盒图基本控制结构绘制了养老券发放算法的盒图表示。图 5-49(b)是其扩展盒图表示。当算法逻辑较复杂或者在第一个盒图中暂不考虑更多算法细节时，可使用一个命名的椭圆框代替复杂逻辑部分，在其他图中展开描述椭圆框部分的算法。例如：在图 5-49(b)中，循环部分的处理逻辑用椭圆 k 标记，在右图中展开表示 k 的盒图。

3. PAD 图

　　PAD 图又称问题分析图，是在程序流程图的基础上演化而来，用结构化程序设计思想表现程序逻辑结构的图形工具。同样地，PAD 图也可以有表示顺序、分支和循环的三种基本控制结构，如图 5-50 所示。

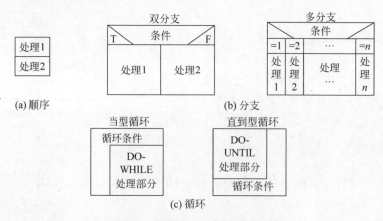

图 5-48   盒图的三种基本控制结构

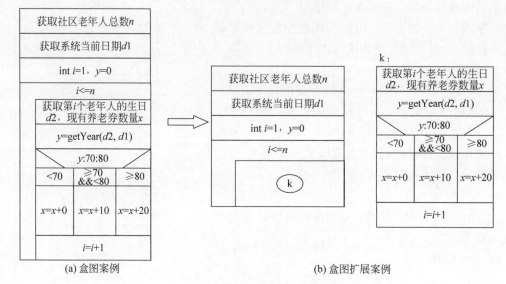

图 5-49   养老券发放算法的盒图

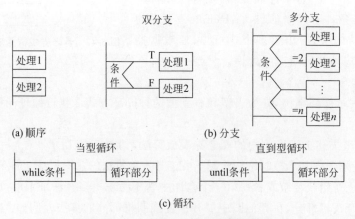

图 5-50   PAD 图的三种基本控制结构

在图 5-50 中,纵向表示系统的层次结构,横向表示系统的嵌套结构。最左侧的纵线是程序的主干流程,执行顺序是自上而下依次执行;当主干流程上的某一个处理存在分支或循环结构,则自左向右横向转入下一层;当横向嵌套结构执行完毕后,则返回上一层的纵线转入处,继续执行纵向流程,直到主干流程的末端为止。

用 PAD 图工具来描述养老券发放算法,如图 5-51 所示。

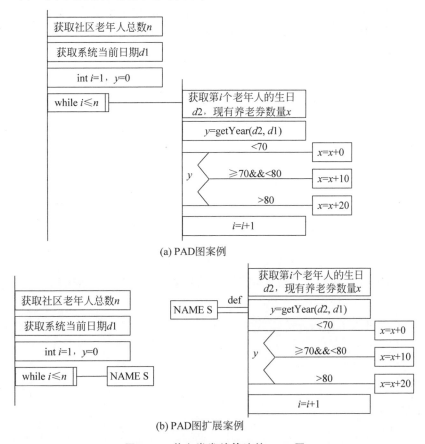

(a) PAD图案例

(b) PAD图扩展案例

图 5-51　养老券发放算法的 PAD 图

图 5-51(a)使用 PAD 图基本控制结构绘制了养老券发放算法的 PAD 图。图 5-51(b)是图 5-51(a)的扩展 PAD 图表示。与盒图不同的是,PAD 图使用一个命名的矩形框代替复杂逻辑部分,用 def 及双线来定义子 PAD 图。例如,在图 5-51(b)左图中,循环部分的处理逻辑用矩形 NAME S 标记,NAME S 的 PAD 图在右图中进一步展开。

4. 伪代码

伪代码是一种非正式的、类似于英语结构的、用于描述模块算法设计和加工细节的语言。它的书写形式介于自然语言与编程语言之间。使用伪代码的目的是使被描述的算法可以更方便地以任何一种编程语言(C、Java、Python 等)实现,而不用拘泥于具体的实现语言。因此,伪代码必须结构清晰、代码简单、可读性好。

1) 伪代码的书写规则

伪代码没有技术规则。但为了阅读方便,伪代码仍然有一些约定俗成的书写规则。

(1) 通常情况下,每一条指令占一行,描述不出的指令可以用简单陈述句表示,语句后不接任何符号。

(2) 分支、循环语句应有严格的缩进,并有结束标记。

(3) 赋值可以使用 x←a,简单赋值也可以使用 x＝a。

(4) 输入用 input,输出用 output 或 return,推荐用 return。

2) 伪代码的程序控制结构

用伪代码编写的程序控制结构也有三种。

（1）顺序结构。

顺序结构实际上是一个指令序列集合。可以用 Begin 作为开始，用 End 作为结束；也可以用"{"作为开始，用"}"作为结束，推荐用"{　}"；

（2）分支结构。

```
if (条件) then
{
    ……
}
else if (条件) then
{
    ……
}
else
{
    ……
}
end if
```

其中，else if(条件) then 和 else 分支是可选的，可以根据实际需要灵活运用。

（3）循环结构。

循环结构有两种表示方式。

```
for (var from s to f by incr) do
{
    ……
}
while(条件) do
{
    ……
}
```

其中，var 是循环变量；s 是循环变量初始值；f 是循环变量结束值；incr 是每次循环时，循环变量的倍增。

用伪代码工具来描述发放养老券的算法如下所示。

```
sendylq( ){
    n←获取社区老年人总数;
    d1←获取系统当前日期;
    int i = 1,y = 0;
    while(i <= n) do
    {
        d2←获取第 i 个老年人的生日;
        x←现有养老券数量;
        //getYear()方法能够获得两个日期之间的差值,精确获得老年人的年龄 y
        y = getYear(d2,d1);
        if (y < 70) then
        {
            x = x + 0;
        }
        else if (y < 80) then
        {
            x = x + 10;
        }
        else
        {
```

```
        x = x + 20;
    }
    end if
}
}
```

5.6 面向对象设计

5.6.1 基于多视图的体系结构设计

体系结构作为高层抽象,提供能被来自各种背景的系统参与者所接受的描述。系统参与者包括管理者、用户、客户、分析设计人员、软件实现人员和测试人员等。不同的参与者从不同的角度来理解体系结构,因此,体系结构应该有很多的维度,分别表述不同背景参与者的关注点。

在构建软件系统的体系结构模型时,单靠一个图形无法表示和系统体系结构相关的所有信息,因为不同的视角所关心的内容不同,所以通常需要使用多个不同的视图来呈现软件的体系结构。

1. RUP 4+1 视图方法概述

Philippe Kruchten 于 1995 年提出了软件体系结构视图的 4+1 视图方法,并最终被 RUP 采纳,演变为许多架构师所熟知的"RUP 4+1 视图",如图 5-52 所示。Philippe Kruchten 在其著作《Rational 统一过程引论》中写道:"一个架构视图是对于从某一视角或某一点上看到的系统所做的简化描述,描述中涵盖了系统的某一特定方面,而省略了与此方面无关的实体。"

图 5-52 软件体系结构视图的"4+1 视图"

图 5-52 中的"4+1 视图"指的是"逻辑架构、开发架构、运行架构、物理架构"4 个架构视图和 1 个用例视图。

1) 逻辑架构

逻辑架构从系统分析师和系统设计师的视角出发,主要关注系统体系结构如何支持系统功能需求,如何为最终用户提供服务。在逻辑架构视图中,根据职责划分,系统被分解成一系列的功能抽象。在面向对象方法中,这些抽象可能是逻辑层、子系统、构件/模块、类等。其中,构件为体系结构中能够独立运行的部件。功能间的协作通过接口或其他协作关系完成。

2) 开发架构

开发架构从程序开发人员的视角出发,关注软件开发环境下程序单元组织和程序单元,侧重于软件构件/模块的组织管理。程序单元组织包括子工程的划分、工程(或子工程)的目录结构。程序单元包括开发技术和框架、程序库、源文件、配置文件、目标文件等。

开发架构是各种开发活动的基础,如:需求分配(将分解后的设计需求分配到具体的设计模块)、团队工作的分配、成本评估和计划、项目进度的监控、软件复用性、移植性和安全性等。

3) 运行架构

运行架构从系统集成人员的视角出发,关注进程、线程和中断服务程序等运行时的概念,以及相关的并发、同步和通信等问题。运行架构考虑一些非功能性的需求,它解决并发性、分布性、系统完整性和容错性的问题。

4) 物理架构

物理架构在 UML 中称为部署视图,从负责部署和运营维护的系统工程师视角出发,呈现由物理结点组成的拓扑结构。常见的物理结点包括计算机、移动设备、服务器、单片机、专用设备等;还需要关注各物理结点上支持系统正常运行所需的软件安装及部署,包括软件系统运行于何种操作系统之上,依赖于哪些软件中间件,是否有群集或备份等部署要求,驻留在不同机器上的软件部分之间采用何种通信协议等决策;物理结点的拓扑结构、连接方式、冗余设置等则用于明确物理结点间的关系。

5) 用例视图

用例视图使上述四种视图有机联系起来,四种视图中的元素通过描述应用场景的用例协同工作。一方面,用例可以作为架构设计过程中发现架构元素的驱动因素;另一方面,用例可以作为架构设计结束后系统功能的验证和说明。因此可以说,用例是架构原型测试的出发点。

2. 逻辑架构分解

1) 逻辑架构分解的原则

逻辑架构关注系统体系结构如何支持系统功能需求。从对应关系上,RUP 4+1 视图方法中的逻辑架构与结构化方法中的系统功能结构图具有同等的作用,都用来描述系统的功能需求。

逻辑架构设计需要完成的任务是:将系统分解为子系统、将子系统划分为各个构件/模块。为了正确地进行系统分解,进而识别出各个构件/模块,需要遵循一些分解原则。常用架构分解原则有如下几种:

(1) 低耦合、高内聚:莱布尼兹指出:"分解的主要难点在于怎么分。分解策略之一是按容易求解的方式来分,之二是在弱耦合处下手,切断联系"。高内聚、低耦合也是软件设计的基本原则,软件设计中的很多设计原则(例如:单一职责原则、依赖倒置原则、模块化封装原则)在架构分解中也是适用的。

(2) 层次性:分解通常是先业务后技术,循序渐进;先逻辑后物理,从上到下逐级进行分解展开:系统→子系统→构件/模块→类。

(3) 正交原则:和物理学中的正交分解类似,架构分解出的架构元素应是相互独立的,在职责上没有重叠。

（4）抽象原则：架构元素在较大程度上是架构师抽象思维的结果，架构师应该具备在抽象概念层面进行架构构思和架构分解的能力。

（5）稳定性原则：将稳定部分和易变部分分解为不同的架构元素，稳定部分不应依赖易变部分。根据稳定性原则，将通用部分和专用部分分解为不同的元素；将动态部分和静态部分分解为不同的元素；将机制和策略分解为不同的元素；将应用和服务分离。

（6）复用性原则：尽量重用系统已有的架构设计、设计经验、成熟的架构模式或参考模型、设计模式、领域模型、架构思想等。因为它们已经在不同的层次上分解识别出了许多架构元素，或者指出了一些分解方向，对架构分解具有借鉴和指导作用。例如：SOA 对 SOA 服务化具有重要的指导意义，可以参照它对系统进行初步的架构分解。

2）SOA 的分解

对于不同的架构，分解的构件元素是否合理也会有不同的评判标准。以 SOA 为例，在架构分解过程中，通过观察构件是否独立的服务提供者来考察一个构件分解是否适当。当系统需要某一服务时，会调用相应服务的构件，而无需知道此构件位于何处，也无需知道该构件是用何种程序设计语言开发的。

在 SOA 中，子系统分解的重点工作是：从业务流程出发，从子系统的业务流程和用例模型中抽取服务，用服务描述子系统的业务能力。服务仍然是粗粒度的构件，它体现了内聚在服务模块中的业务逻辑。在进行服务模块识别的时候，应遵循业务逻辑高内聚的设计原则。

在识别服务的过程中，需要注意以下两点：

（1）服务的划分要适应多种业务流程分支的情形，并考虑未来的需求扩展，以实现服务的可复用性。

（2）识别服务时最易犯的错误是：把前期数据模型中的各个实体管理作为一个个服务模块，然后把实体对应的数据库表的 CRUD（增加（Create）、读取（Read）、更新（Update）、删除（Delete））操作作为接口向外暴露，这样做显著增加了服务模块间的调用频率，增加了模块间的耦合性，违反了模块设计高内聚的基本要求。

服务是比子系统粒度更小的构件，比服务粒度更小的构件是需求分析模型中的分析类。将构件分解到分析类粒度，系统功能概要设计就基本完成了。下一步将在构件详细设计中，完成将分析类转换为设计类的过程，也就是构件细化的过程。

3）软件系统逻辑架构分解示例

以基于 Web 的自助下单系统为例，运用上述逻辑架构分解原则，得到自助下单系统的逻辑架构如图 5-53 所示。

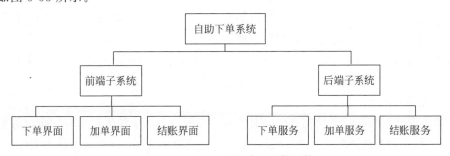

图 5-53 自助下单系统的逻辑架构

在图 5-53 中，自助下单系统分为前端子系统和后端子系统两个大的构件。前端子系统主要为顾客提供"下单""加单""结账"的操作界面，对应着分析类中的边界类。后端子系统主要实现"下单""加单""结账"的业务逻辑,提供相应的服务。每个服务都被认为是后端子系统继续分解后得到的构件。各项服务的控制逻辑由分析类中的控制类和实体类交互协作完成。

图 5-53 是一个较为简单的系统逻辑架构图。对于功能复杂、规模较大的系统,逻辑架构图可以分为多个逻辑架构图。首先将系统划分为子系统,绘制一个由子系统组成的总的逻辑架构图;然后将每个子系统展开为更小粒度的构件结构,绘制多个由构件组成的子系统的逻辑架构图。

3. 开发架构的组织管理

在开发实践中,一些初学者会将程序开发人员比较熟悉的框架当作软件系统架构,例如:SSM 框架、Spring Boot 框架、Spring Cloud 微服务框架等。但开发中使用的框架只是技术架构中的框架选型,是软件系统架构模型中的一个侧面,因此,不能将框架等同于架构。框架的使用能够帮助程序开发人员完成系统运行的一些基础性技术工作。框架和业务无关,但是架构不能脱离业务,架构需要业务驱动去解决业务场景和问题。

开发架构侧重于程序单元的组织管理,与选定的技术框架密切相关。在图 5-52 中,开发架构的重要工作是确定工程的目录结构,也就是包。包结构是一个项目的骨架,包的组织是一个良好开发架构的关键要素之一,包结构设计的两种策略如下:

(1) 按业务功能组织包。根据不同的包名可以找到对应的功能或服务。将实现同一个功能所需的、位于不同分层中进行协同工作的代码放在一个包中,能够降低包与包之间的耦合度。

(2) 按分层结构组织包。根据不同的包名可以找到与技术框架对应的层。通常情况下,包中的元素间没有什么联系,降低了包的内聚性,提高了包之间的耦合度。实现同一个功能所需的代码按照技术框架的层级分布在不同包中。因此,修改一个功能需要同时修改多个包下的代码文件。

在实际开发中,上述两种策略通常会组合使用。无论采用何种策略,当项目组分工完成同一个系统时,各项目组所使用的开发架构应使用相同的程序单元组织管理策略,以便后期进行整合。

5.6.2 构件详细设计

1. 面向对象方法中的构件

构件是软件体系结构中可复用的软件组成部分,是设计、实现以及维护基于构件构造的系统的基础。构件有不同的粒度:类、类库、包、子程序等。但是,操作集合、过程、函数即使可以复用也不能称为一个构件,因为它们不能独立运行。

面向对象的观点认为,构件是一个协作类集合。面向对象详细设计不仅要阐述构件中每个类的属性及其相关操作,还应定义类与其他协作类之间的通信接口。

构件设计是面向对象详细设计的核心工作内容,构件的详细设计为下一步程序开发人员实现软件提供了依据,为程序开发人员提供充分的细节以便具体实现。

2. 类、构件和服务

类的概念是 20 世纪 80 年代初在面向对象分析与设计方法中最先提出的。面向对象观点认为,软件的运行是由类之间的交互协作完成的。20 世纪 90 年代末,开发人员认为类的粒度太小,提出了构件的概念和面向构件的设计方法。面向构件的设计方法认为软件可以分解成各个构件,在各个构件开发完毕后,通过整合形成软件系统,构件之间的关系是紧耦合的。21 世纪初,随着软件更新速度加快,用户需求也随之变动频繁,出现了面向服务的软件设计方法,强调应站在用户需求的角度,从业务流程中提取识别各种服务。面向服务的软件系统架构是基于服务的设计,服务之间的关系是松耦合的。松耦合能够提高服务的复用性,也让业务逻辑变得可组合,每个服务可以根据使用情况做出合理的分布式部署,能灵活适应不断变更的用户需求。

总的来说,服务的概念源自用户需求,是从业务流程中抽取的业务能力,存在于业务架构中;构件是接近代码抽象级的一个模块化的构造块,存在于技术架构中;类是面向对象编程的基础,面向对象程序是由类组成的。

3. 构件设计的任务

在面向对象的软件工程方法中,构件设计的任务主要如下。

1) 构件的静态模型设计

在系统需求分析阶段,对象模型定义了一组分析类,分析类的抽象级别相对较高。进入软件设计阶段后,对于需要细化的分析类,软件设计师应从代码实现的角度将其转化为一个由协作的设计类集合组成的构件,从而展开构件设计。

在构件设计过程中,分析类转化为设计类,抽象级别降低了。分析类使用业务领域术语描述数据对象以及数据对象所使用的相关服务;设计类更多地表现技术细节,用于指导实现。因此,从分析类细化为设计类的过程与选用的实现技术紧密联系,设计类的细化要在选定的技术框架下展开。

面向对象设计中,类是构件的组成要素,构件的静态模型设计内容主要包括两部分。

(1) 对内描述组成构件的类。将需求模型中产生的分析类细化为设计类;定义设计类的属性和操作;描述操作的算法细节。在此过程中,使用类图来体现设计类之间的关系;使用包图来展现模型的逻辑组织;使用结构化设计中的程序流程图、伪代码等工具描述操作的算法。

(2) 对外定义允许访问构件的接口。构件是独立可执行的部件,构件所提供的服务通过其接口获取。构件接口表示为参数化的操作,对构件接口的说明按照接口文档规定的内容进行。

2) 构件的动态模型设计

UML 序列图、通信图和活动图等可以用来表示设计类之间的交互过程。在构件设计阶段,使用何种工具构建动态模型,并没有统一的标准,只要有助于设计人员理解系统和构件的工作过程即可。序列图是最易理解且最常用的动态建模工具,应该为每个重要的交互创建序列图。如果已经开发了用例模型,就应该为每个用例进行序列图建模。

4. 构件设计的原则

为了使构件设计在需求发生变更时能够更好地适应变更,最大限度地减少代码变动,类设计时有四个常用的基本设计原则,它们同样适用于构件设计。

1) 开闭原则

开闭原则是指"对扩展开放,对修改关闭",即尽量保持软件架构的稳定。开闭原则使用"接口和抽象类"保持抽象定义不变,使用从接口或抽象类中派生的实现类扩展需求的变化部分。

2) 里氏代换原则

里氏代换原则是指子类可以替换它们的基类。换言之,子类可以扩展父类的功能,但不能改变父类原有的功能。也就是说,子类继承父类时,除了添加新的方法完成新增功能外,尽量不要重写父类的方法。

3) 依赖倒转原则

依赖倒转原则是指构件依赖于抽象,而非具体实现。简单来说,依赖倒转的核心思想是

"面向抽象编程"。这里的抽象指的是接口或者抽象类,实现是指体现具体细节的实现类。遵循此原则会降低实现模块与调用模块之间的耦合。

4)接口分离原则

接口分离原则是指一个类对另一个类的依赖应该建立在最小的接口上,即要为各个类建立它们需要的专用接口。不要试图建立一个庞大的接口,为所有依赖它的类提供调用服务。要尽量将庞大的接口拆分得更小更具体,让接口中只包含调用方感兴趣的方法。

5.7 面向对象系统设计的案例

5.7.1 案例的体系结构设计

面向服务的架构设计以业务为中心,在用例分析得到的系统功能需求基础上,对业务逻辑进行抽象和封装。从业务角度寻找服务,从架构角度强调服务的可复用性和可扩展性。

下面将在案例系统需求分析成果的基础上,选用面向服务的软件架构,采用"RUP 4+1视图"方法,对智慧社区养老服务系统进行体系结构设计。

1. 系统总体功能架构

将智慧社区养老服务系统的业务功能进行分析、汇总,绘制系统总体功能架构图如图 5-54所示。

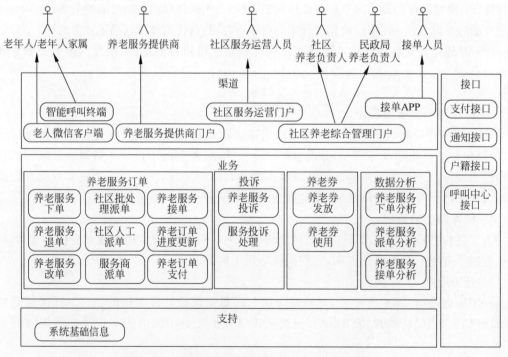

图 5-54 智慧社区养老服务系统总体功能架构图

在图 5-54 中,总体功能架构图采用了业界普遍使用的"上渠道、中业务、下支持、右接口"的风格。"渠道"为用户提供了访问系统的入口;"业务"是指系统为用户提供的各项功能;"支持"是指为了保障业务功能正常运转所需的系统基础功能模块;"接口"是指系统与外部交互所依赖的第三方接口。

2. 系统逻辑架构

1）系统划分为子系统

在图 5-54 总体功能架构的基础上，将功能架构图中的功能进行整合并映射到一组协同的应用程序中，完成子系统或构件的划分，得到系统的逻辑架构，如图 5-55 所示。

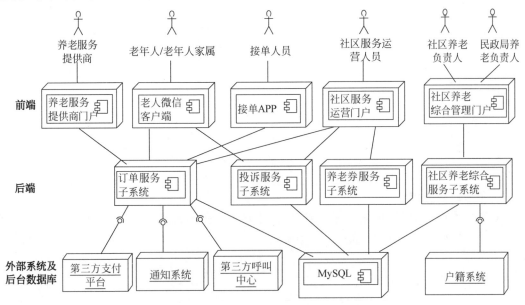

图 5-55 智慧社区养老服务系统逻辑架构图

在图 5-55 中，智慧社区养老服务系统被划分为 9 个子系统，与子系统有交互的元素包括 6 个参与者、1 个后台数据库 MySQL 和 4 个用下划线标识的外部系统，涵盖图 5-54 中的功能。9 个子系统划分如下。

（1）5 个前端子系统。

5 个前端子系统包括老人微信客户端、接单 APP、养老服务提供商门户、社区服务运营门户、社区养老综合管理门户。

（2）4 个后端子系统。

- 订单服务子系统：涵盖与养老服务订单相关的所有业务能力，包括养老服务下单、养老服务退单、养老服务改单、社区批处理派单、社区人工派单、服务商派单、养老服务接单、养老订单进度更新、养老订单支付。
- 投诉服务子系统：涵盖与投诉相关的所有业务能力，包括养老服务投诉、服务投诉处理。
- 养老券服务子系统：涵盖与养老券相关的所有业务能力，包括养老券发放、养老券使用。
- 社区养老综合服务子系统：涵盖与数据分析和系统基础信息相关的所有业务能力。数据分析包括养老服务下单分析、养老服务派单分析、养老服务接单分析。系统基础信息包括老年人基本信息、养老服务提供商基本信息、接单人员基本信息、社区服务运营人员基本信息、社区养老负责人和民政局养老负责人基本信息等。

2）基于子系统的工作分配

将系统分解为子系统后，软件开发组织的项目经理就可以将系统拆分为多个独立的开发项目（对应子系统或者组件）进行工作分配，每个项目可以进行独立的构建和编译。

案例的项目分组如表 5-5 所示。项目组被分为微信开发组、手机 APP 组、前端页面开发组、后端开发组和接口组,分别负责不同的工作包,覆盖系统分解后的所有目标产品。

表 5-5 项目分组

序号	目 标 产 品	工 作 包	项 目 组
1	老人微信客户端	微信开发工作包	微信开发组
2	接单 APP	手机接单 APP 工作包	手机 APP 组
3	养老服务提供商门户	养老服务提供商前端工作包	前端页面开发组
4	社区服务运营门户	社区服务运营前端工作包	
5	社区养老综合管理门户	社区养老综合管理前端工作包	
6	订单服务子系统	订单服务工作包	后端开发组
7	投诉服务子系统	投诉服务工作包	
8	养老券服务子系统	养老券服务工作包	
9	社区养老综合服务子系统	系统基础信息工作包	
		数据分析工作包	
10	与外部系统的接口	接口工作包	接口组

3) 子系统的分解

从图 5-55 中选取"订单服务子系统",根据子系统所涵盖的业务能力(即系统提供的服务),完成子系统的构件分解,如图 5-56 所示。

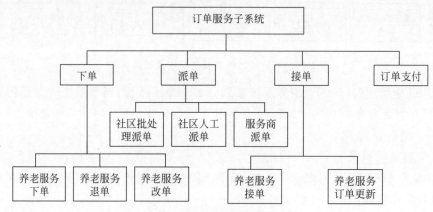

图 5-56 "订单服务子系统"分解

3. 子系统开发架构

系统逻辑架构完成了从业务场景层到应用服务层的映射,开发架构则主要完成从应用服务层到应用程序层的映射,从系统实现的角度对系统开发架构进行设计。开发架构侧重于程序单元的组织管理,与选定的技术框架密切相关。案例将"订单服务子系统"看作一个构件,技术选型选用层结构的 Spring Boot 框架。"订单服务子系统"包的设计采用先按业务领域划分外层包,再按技术框架划分内层包的混合包组织策略,包的组织如表 5-6 所示。

表 5-6 "订单服务子系统"包的设计

序号	外层包名	外层包的功能	内层包名(与框架分层对应)
1	com. oldman. area. order	订单领域服务	controller(对应控制层)
			service service. impl(对应服务层)
			dao mapper(对应数据操作层)
			pojo(对应实体层)
2	com. oldman. area. util	工具类库	
3	com. oldman. area. config	配置类库	

1）外层包

首先按照"域名类型.域名.项目名称"的规范,将项目总的工程包命名为"com. oldman. area",然后外层包按"订单服务子系统"所属的领域类 order 命名。另外,创建 util 包存放工具类,config 包存放配置类,为服务实现提供公共支持。

2）内层包

内层包按照 Spring Boot 技术框架的分层结构来组织。controller 包对应控制层,用来放置控制类;service 包对应服务层,用来放置服务接口;service. impl 包用来放置服务实现类;dao 包对应数据操作层,用来放置数据访问接口;mapper 包用来放置数据访问接口实现的xml 文件;pojo 包对应实体层,用来放置数据实体类。注意:框架中的接口是面向对象程序设计语言中的接口概念,与接口设计中的接口含义不同。

5.7.2　案例的接口设计

1. 外部接口设计

在图 5-55 中,外部接口两端用"棒棒糖"符号 —◦— 连接,规则为:**接口提供方 —◦— 接口调用方**。从外部接口连接符号所连接的接口两端可知,本节案例系统与 4 个外部系统有交互,包括户籍系统、第三方支付平台、通知系统、第三方呼叫中心。其中,社区养老综合服务子系统与户籍系统的接口、订单服务子系统与第三方支付平台的接口和订单服务子系统与通知系统的接口,都是由外部系统提供接口,本案例的子系统负责直接调用外部系统提供的接口,无需进行外部接口设计;订单服务子系统与第三方呼叫中心的接口是由本案例的订单服务子系统提供接口,需要进行外部接口设计。

在订单服务子系统与第三方呼叫中心的交互中,订单服务子系统是紧急呼叫自助下单业务的下游系统,第三方呼叫中心是上游系统,流程的实时性要求高,不能有延迟。这种情况下,因为下游系统无法知道何时需要紧急自助下单,这时最好的方式是由订单服务子系统提供接口,让呼叫中心主动将发出紧急呼叫的智能终端数据同步过来,完成自助下单。外部接口设计如表 5-7 所示。

表 5-7　"订单服务子系统"与"第三方呼叫中心"外部接口设计列表

接口名称	紧急呼叫自助下单			
接口描述	接收第三方呼叫中心推送的呼叫智能终端编号,完成自动下单			
接口应用场景	老年人紧急呼叫时,按下智能终端按钮,通过第三方呼叫中心连接订单服务子系统,自动生成紧急服务订单			
方法定义	public JsonResult sosOrder (String deviceId)			
请求参数 body	参数名	参数类型	是否必填	说明
deviceId	智能终端 id	String	Y	智能终端的标识
返回参数	参数名	参数类型	说明	
返回状态码	code	int	返回值为 200:成功;返回值非 200:失败	
返回消息	msg	String	code 非 200 时,给出的错误提示	
返回数据	data	可选		

2. 内部接口设计

在图 5-55 中,系统内部前端子系统与后端子系统之间的交互用直线连接。对于前后端分离的 Web 应用程序开发,前端负责向后端发起请求,由后端提供业务逻辑实现的接口,供前端子系统调用。选取"派单给服务商"用例,绘制在子系统级别的序列图,如图 5-57 所示。通过描述子系统与外部构件或系统的交互,识别"订单服务子系统"与其他子系统间的接口。

在图 5-57 中,社区服务运营人员通过"社区服务运营门户"前端向"订单服务子系统"后端发起各种请求;"订单服务子系统"通过查询后台数据库、调用"社区养老综合服务子系统"和"通知系统",完成前端的各种请求并返回响应信息。

从子系统序列图中寻找接口的规则为:凡是由其他子系统指向目标系统的消息,都是目标系统应该提供接口。按照这个规则,观察在图 5-57 序列图中由其他子系统指向"订单服务子系统"的消息,获取其接口设计列表,如表 5-8 所示。

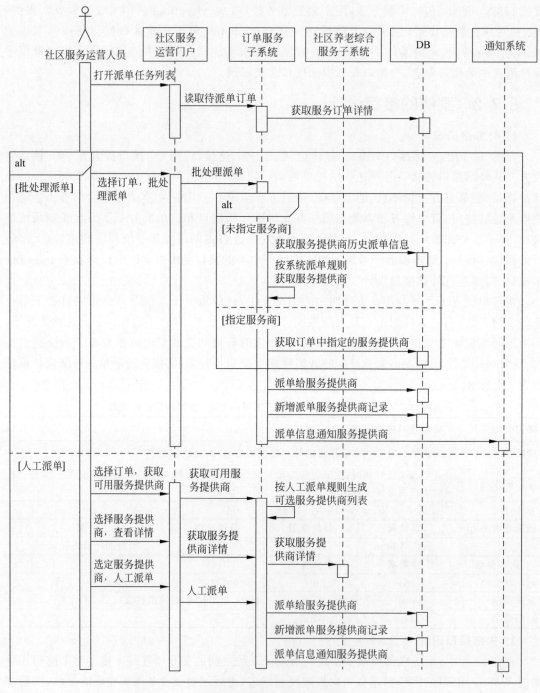

图 5-57　子系统交互序列图

表 5-8　"订单服务子系统"接口设计列表

接口名称	1. 读取待派单订单
接口描述	读取订单状态为"未派单"的养老服务订单列表信息
方法所在类	com. oldman. area. order. controller. DispatchController
方法定义	public JsonResult getUndispatchOrderList( )
映射 URL 地址	/order/dispatch/getUndispatchOrderList
请求方式	GET
接口名称	2. 批处理派单
接口描述	完成服务申请的批处理派单
方法所在类	com. oldman. area. order. controller. DispatchController
方法定义	public JsonResult batchDispatch(String[] orderid)
映射 URL 地址	/order/dispatch/batchDispatch
请求方式	POST
接口名称	3. 获取可用服务提供商
接口描述	获取能提供订单指定服务类型的服务提供商列表
方法所在类	com. oldman. area. order. controller. DispatchController
方法定义	public JsonResult getProviderListBySid(String serviced)
映射 URL 地址	/order/dispatch/getProviderListBySid
请求方式	GET
接口名称	4. 获取服务提供商详情
接口描述	获取指定服务提供商详情
方法所在类	com. oldman. area. order. controller. DispatchController
方法定义	public JsonResult getProviderByPid(String providerid)
映射 URL 地址	/order/dispatch/getProviderByPid
请求方式	GET
接口名称	5. 人工派单
接口描述	完成服务申请的人工派单
方法所在类	com. oldman. area. order. controller. DispatchController
方法定义	public JsonResult personDispatch (String orderid)
映射 URL 地址	/order/dispatch/personDispatch
请求方式	POST

表 5-8 中的"方法所在类""方法定义""映射 URL 地址"在接口设计中的意义是：后端通过将控制层中控制类的方法映射为 URL 地址的方式，向前端提供接口。前端通过访问包装为 URL 地址的接口，实现对后端服务的调用。

表 5-8 并不是完整的接口列表，列出的只是在完成"派单给服务商"用例过程中，"订单服务子系统"需要提供的接口。通过绘制系统中其他各用例的子系统交互序列图，可以识别出完整的子系统接口列表。

表 5-8 所示的接口列表是一个简单的接口介绍概览，对于每一个接口应提供更加详细的接口说明。选取"获取服务提供商详情"接口，给出一个 Web 应用开发前端界面调用后端服务器的接口说明文档示例，如表 5-9 所示。

表 5-9　接口说明文档示例

接口名称	4. 获取服务提供商详情			
接口描述	获取指定服务提供商详情			
方法所在类	com. oldman. area. order. controller. DispatchController			
方法定义	public JsonResult getProviderByPid(int providerid)			
映射 URL 地址	/order/dispatch/getProviderByPid			
请求方式	GET			
请求参数 body	**参数名**	**参数类型**	**是否必填**	**说明**
providerId	服务提供商 id	String	Y	服务提供商的标识
返回参数	**参数名**	**参数类型**	**说明**	
返回状态码	code	int	返回值为 200：成功；返回值非 200：失败	
错误消息	msg	String	code 非 200 时，给出的错误提示	
返回数据	data	JSON	code 为 200 时，返回数据的具体信息	
返回数据具体信息	**返回值类型：JSON**			
data				
id	主键 id	String	标识数据 data 的唯一性	
serviceId	服务 id	String	服务标识	
serviceName	服务名称	String	服务名称	
providerId	服务提供商 id	String	服务提供商标识	
providerName	服务提供商名称	String	服务提供商名称	
areaId	社区 code	String	社区编码	
providerAddress	详细地址	String	服务提供商详细地址	
coordinateMap	坐标	JSON	服务提供商地址坐标	

请求格式：

```
{
    " providerId ":1029
}
```

返回格式：

```
{
  "success":true,
  "code":200,
  "msg":"成功",
  "data":{
    "id":30,
    " serviceId ":"10009",
    " serviceName ":"配餐",
      " providerId ":"1029",
    " providerName ":"山东怡老公司",
    "areaId":"110101",
    " providerAddress ":"山东省济南市历下区舜耕路 138 号天鸿广场 6 层 617 号",
    "coordinateMap":{
        " latitude ":"116.412549",
        " longitude ":"39.913736"
    }
  }
}
```

深入思考5.8 图 5-57 中,在人工派单过程中,订单服务子系统需要获取服务提供商详情时,为什么不直接从后台数据库获取相关数据,而是从社区养老综合服务子系统获取服务提供商基本信息?

企业观点:如果订单服务子系统直接从后台数据库获取服务提供商详情,其他子系统也采用同样的访问方式获取服务提供商信息,那么当养老服务提供商的表数据结构改变时,所有与该表有数据交互的子系统都需要修改相应的访问代码。这种做法会带来两个问题:一是代码变更量大,二是遗留未修改的代码可能为确保系统运行中的数据一致性带来隐患。如果把服务提供商信息的增删改查操作统一交由社区养老综合服务子系统,把对服务提供商的数据操作封装为对外开放的接口,那么当服务提供商表结构调整时,只需要改变相应的接口实现代码,其他子系统的调用代码都可以保持不变。

详情参见微课视频 5-8。

3. 用户界面设计

以"派单给服务商"用例为例,设计该用例的外部参与者"社区服务运营人员"的业务界面,重点介绍描述用例执行过程中页面跳转关系的页面流程图。根据用例描述,绘制"派单给服务商"用例的页面流程图如图 5-58 所示。

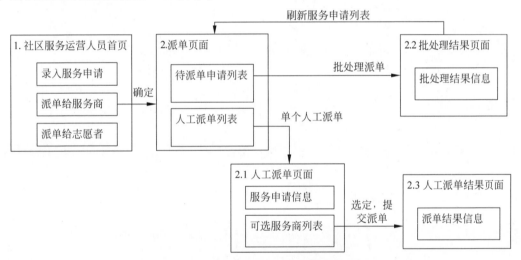

图 5-58 "派单给服务商"用例页面流程图

在图 5-58 中,"派单给服务商"用例共涉及 5 个页面,用例执行过程所涉及的页面跳转流程如下:

(1) 社区服务运营人员登录后进入该角色的任务操作界面"1. 社区服务运营人员首页"。在该操作界面中放置了三个导航对象,对应着用例图中社区服务运营人员发起的三个用例。这三个导航对象可能是菜单,也可能是按钮。在单个页面具体设计时选择导航对象的类型。

(2) 选择"派单给服务商"操作后,页面跳转到"2. 派单页面"。首先对所有的待派单服务申请进行批处理派单:若申请中没有指定养老服务提供商,则系统根据"系统派单规则"自动派单给某养老服务提供商;若申请中有指定养老服务提供商,则系统根据养老服务申请中的要求,派单给指定的养老服务提供商。选定一批服务申请,提交批处理派单,系统处理完毕后,将弹出"2.2 批处理结果页面"。系统将批处理结果反馈给社区服务运营人员并刷新"2. 派单页面"中的待派单列表,那些批处理派单未成功的申请将被加入到人工派单列表中。

(3) 社区服务运营人员从"人工派单养老服务申请列表"中,选中某一条申请,提交"人工派单",页面跳转到"2.1 人工派单页面"。系统显示该服务申请的详情及派单操作界面。根据"人工派单规则"选择某养老服务提供商后,提交派单申请,将弹出"2.3 人工派单结果页面"。系统将人工派单处理结果反馈给社区服务运营人员。

绘制完页面流程图后,遵循用户界面应有的特性,可以着手开始单个页面的设计。由于这部分内容涉及一些美工专业知识,本书不展开描述。

5.7.3 案例的数据库设计

1. 智慧社区养老服务系统数据库的概念设计

根据案例的需求分析调研,绘制"智慧社区养老服务系统"的数据库概念设计模型,如图 5-59 所示。在图 5-59 中,每个实体及其属性的 E-R 图不再绘制,重点关注实体及实体之间的联系,各实体间联系的语义如下:

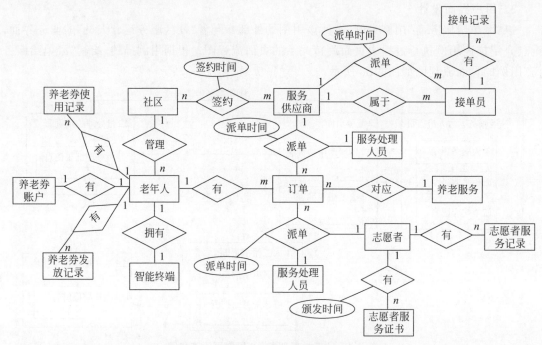

图 5-59 "智慧社区养老服务系统"E-R 图

(1) 在社区和养老服务提供商实体之间,一个社区可以签约多个养老服务提供商,一个养老服务提供商可以签约多个社区。

(2) 在社区和老年人实体之间,一个社区可以管理多个老年人,一个老年人只能属于一个社区管理。

(3) 在老年人和智能终端实体之间,一个老年人只能匹配一个智能终端,一个智能终端只能属于一个老年人。

(4) 在老年人和订单实体之间,一个老年人可以有多条订单,一条订单只能属于一个老年人。

(5) 在老年人和养老券发放记录实体之间,一个老年人可以有多条养老券发放记录,一条养老券发放记录只能属于一个老年人。

(6) 在老年人和养老券使用记录实体之间,一个老年人可以有多条养老券使用记录,一条养老券使用记录只能属于一个老年人。

（7）在老年人和养老券账户实体之间，一个老年人只能有一个养老券账户，一个养老券账户只能属于一个老年人。

（8）在社区服务运营人员、养老服务提供商和订单实体之间，一个社区服务运营人员为一个养老服务提供商可以派发多个订单，一个社区服务运营人员派发的一个订单只能属于一个养老服务提供商；一个养老服务提供商的某一个订单只能由一个社区服务运营人员派发。

（9）在养老服务提供商和接单员实体之间，一家养老服务提供商可以拥有多个接单员，一个接单员只能属于一家养老服务提供商；一家养老服务提供商可以多次派单接单员，一个接单员只能接受来自一家养老服务提供商的派单。

（10）在接单员和接单记录实体之间，一个接单员可以有多条接单记录，一条接单记录只能属于一个接单员。

（11）在社区服务运营人员、志愿者和订单实体之间，一个社区服务运营人员为一个志愿者可以派发多个订单，一个社区服务运营人员只能派发一个订单给一个志愿者；一个养老服务提供商的某一个订单只能由一个社区服务运营人员派发。

（12）在志愿者和志愿者服务记录实体之间，一个志愿者可以有多条志愿者服务记录，一条志愿者服务记录只能属于一个志愿者。

（13）在志愿者和志愿者服务证书实体之间，一个志愿者可以有多张志愿者服务证书，一张志愿者服务证书只能属于一个志愿者。

2. 智慧社区养老服务系统数据库的逻辑设计

对于关系型数据库，逻辑结构设计的任务是将 E-R 模型转换为关系模式。

1）实体转换

根据"每一个实体都将转换为一个关系模式"的原则，图 5-59 中的每个实体都将转换为关系模式，转换结果如下（说明：每个实体中更多属性以……替代）。

- 社区（社区编号，社区名称，所属行政区，街道……）；
- 老年人（老年人身份证号，姓名，性别，出生年月……）；
- 养老服务（养老服务编号，养老服务名称，养老服务类型……）；
- 养老服务提供商（养老服务提供商编号，养老服务提供商名称，企业类型……）；
- 社区服务运营人员（社区服务运营人员编号，姓名，性别，出生年月……）；
- 志愿者（志愿者编号，姓名，性别，出生年月……）；
- 智能终端（智能终端编号，型号，单价……）；
- 接单员（接单员编号，姓名，性别，出生年月……）；
- 养老券发放记录（记录编号，发放年度，发放月份，发放养老券数量……）；
- 养老券使用记录（记录编号，使用年度，使用月份，使用养老券数量……）；
- 养老券账户（养老券账户编号，养老券数量……）；
- 订单（订单编号，下单时间，订单来源……）；
- 接单记录（订单编号，接单员编号，接单时间……）；
- 志愿者服务记录（订单编号，接单时间……）；
- 志愿者服务证书（证书编号，证书等级……）。

2）联系转换

在图 5-59 中，各个实体间由于养老服务的业务需求产生了各种联系。根据联系转换规则，对联系进行相应的转换。下面从图 5-59 中挑选几个不同的联系类型加以说明。

（1）老年人和智能终端之间存在 1：1 的联系，联系的转换选择把 1 端的"智能终端"的码

加入另一个一端的"老年人"中。即把"老年人"的关系模式修改为

老年人(老年人身份证号,姓名,性别,出生年月……**智能终端编号**)

(2) 老年人和养老券发放记录之间存在 1：n 的联系,联系的转换选择把 1 端的"老年人"的码加入 n 端的"养老券发放记录"中。即把"养老券发放记录"关系模式修改为

养老券发放记录(记录编号,发放年度,发放月份,发放养老券数量……**老年人身份证号**)

(3) 社区和养老服务提供商之间存在 m：n 的联系,联系需要转换为一个独立的关系模式。即添加一个关系模式为

签约记录(记录编号,**社区编号**,**养老服务提供商编号**,签约时间……)

(4) 社区服务运营人员、志愿者、订单之间存在 1：1：n 的联系,联系的转换选择转换为一个独立的关系模式,即添加一个关系模式为

派单志愿者记录(记录编号,**志愿者编号**,**社区服务运营人员编号**,**派单时间**……)

根据上述规则进行逐步转换后,得到的智慧社区养老服务系统数据库逻辑模型为下面的关系模式集合：

- 社区(<u>社区编号</u>,社区名称,所属行政区,街道……);
- 老年人(<u>老年人身份证号</u>,姓名,性别,出生年月……**社区编号**);
- 养老服务(<u>养老服务编号</u>,养老服务名称,养老服务类型……);
- 养老服务提供商(<u>养老服务提供商编号</u>,养老服务提供商名称,企业类型……);
- 社区服务运营人员(<u>社区服务运营人员编号</u>,姓名,性别,出生年月……);
- 志愿者(<u>志愿者编号</u>,姓名,性别,出生年月……);
- 智能终端(<u>智能终端编号</u>,型号,单价……);
- 接单员(<u>接单员编号</u>,姓名,性别,出生年月……**养老服务提供商编号**);
- 养老券发放记录(<u>记录编号</u>,发放年度,发放月份,发放养老券数量……**老年人身份证号**);
- 养老券使用记录(<u>记录编号</u>,使用年度,使用月份,使用养老券数量……**老年人身份证号**);
- 养老券账户(<u>养老券账户编号</u>,养老券数量,**老年人身份证号**);
- 订单(<u>订单编号</u>,下单时间,订单来源……**老年人身份证号**,**养老服务编号**);
- 接单记录(<u>记录编号</u>,接单时间……**接单员编号**);
- 志愿者服务记录(<u>订单编号</u>,接单时间……**志愿者编号**);
- 志愿者服务证书(<u>证书编号</u>,证书等级……**志愿者编号**);
- 派单接单员记录(<u>派单编号</u>,**订单编号**,接单员编号,养老服务提供商编号,派单时间……);
- 派单志愿者记录(<u>派单编号</u>,**订单编号**,志愿者编号,社区服务运营人员编号,派单时间……);
- 派单养老服务提供商记录(<u>派单编号</u>,**订单编号**,养老服务提供商编号,社区服务运营人员编号,派单时间……);
- 签约记录(<u>记录编号</u>,**社区编号**,**养老服务提供商编号**,签约时间……)。

深入思考5.9 在关系模式派单记录中,语义解析为：一个社区服务运营人员在处理一个订单时,只能分配一个志愿者,那么该关系模式的码可以是订单编号吗?为什么要添加一个派单编号作为关系模式的码?

参考答案：参见微课视频5-9。

5.7.4 案例的构件设计

构件设计需要对子系统分解得到的每一个业务能力逐个展开细化,获取实现业务能力所

需的设计类,将设计类填充到开发架构确立的各个包中,最终完成子系统的设计。

选取"订单服务子系统"中的"社区批处理派单"构件,介绍构件的细化过程。

1. 将分析类转换为设计类集合

1) 明确待细化的分析类

在需求分析模型中,与"派单服务商"后端运行相关的分析类为:负责执行派单服务商的控制类 DispatchProviderControl;实体类包括养老服务订单、养老服务提供商、系统派单规则和人工派单规则。"订单服务子系统"的技术架构选择 Spring Boot 框架作为后端开发框架。明确了分析类和开发框架之后,分析类的细化将在技术框架的基础上展开。

2) 将分析类转化为设计类

在设计阶段,分析阶段的控制类 DispatchProviderControl 被细化为两个业务能力:"社区批处理派单"和"社区人工派单"。按照 Spring Boot 框架的分层结构,将分析类中的控制类细化为分布在控制层、服务层和数据访问层中交互协作的设计类集合。下面只讨论"社区批处理派单"的控制类细化。

分析阶段的实体类包括养老服务订单、养老服务提供商、系统派单规则和人工派单规则。"养老服务订单"对于"订单服务子系统"是核心实体,它也是设计阶段的核心实体,需要保留;"养老服务提供商"的基础信息管理在子系统划分时,划归"社区养老综合服务子系统",在此不作保留;系统派单规则和人工派单规则在设计阶段以派单服务中的算法形式呈现,在此也不作保留。因为每一次社区执行派单给服务提供商都将生成一条派单记录,在设计阶段需增加"派单养老服务提供商记录"实体。

细化后的设计类集合描述如下。

- 控制层设计 1 个控制类:BatchDispatchController(负责批处理派单业务的控制类)。
- 服务层设计 2 个服务接口:BatchDispatchService(负责执行批处理派单业务)、SerOrderService(负责执行各种养老服务订单操作)和 2 个对应的服务接口实现类:BatchDispatchServiceImpl(批处理派单业务实现类)、SerOrderServiceImpl(养老服务订单操作实现类)。
- 数据访问层设计 2 个数据访问接口:ServiceOrderDao(负责访问服务订单实体数据)、DispatchProviderDao(负责访问派单服务提供商记录数据)和 2 个对应的数据访问接口实现的 Mapper 映射文件。
- 数据层设计了 2 个实体:ServiceOrder(养老服务订单)、DispatchProvider(派单养老服务提供商记录)。

3) 设计类图

按照框架间的层间调用关系,细化后的设计类分布在各个包中,如图 5-60 所示。

在图 5-60 中,空心三角虚线箭头表示接口与实现类之间的实现关系,普通虚线箭头表示调用关系。各层之间通过接口完成调用。

(1) 控制层调用服务层。批处理派单控制类 BatchDispatchController 调用服务层的各服务接口 XXService,完成控制层与服务层之间的通信,实现对服务的调用。

(2) 服务层调用数据访问层。服务实现类 XXServiceImpl 调用数据访问层的各数据访问接口 XXDao,完成服务层与数据访问层之间的通信,实现对各实体数据的访问。

2. 定义包和设计类

在开发架构已经确定的包框架下,向"订单服务子系统"包 com.oldman.area.order 的各内层包填充图 5-60 中描述的设计类,如表 5-10 所示。

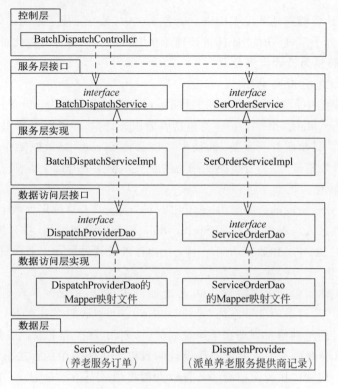

图 5-60 "社区批处理派单"类图

表 5-10 "社区批处理派单"服务包与类的设计

序号	包名	包中的类/接口	
		类/接口名	类/接口功能
1	controller	BatchDispatchController	批处理派单控制类
2	service	BatchDispatchService	批处理派单接口
		SerOrderService	养老服务订单管理接口
3	service/impl	BatchDispatchServiceImpl	批处理派单实现类
		SerOrderServiceImpl	养老服务订单管理实现类
4	dao	ServiceOrderDao	访问养老服务订单接口
		DispatchProviderDao	访问派单服务提供商记录数据
5	mapper	ServiceOrderDao. xml	访问服务订单实现
		DispatchProviderDao. xml	访问派单服务提供商记录数据实现
6	pojo	ServiceOrder	养老服务订单
		DispatchProvider	派单养老服务提供商记录

表 5-10 将分析阶段得到的分析类转化为设计阶段基于 Spring Boot 分层框架下的设计类,实现了从分析到设计的转换。

需要说明的是,软件设计各阶段都是一个迭代的过程。表 5-10 中包与类的设计只是一个初步的设计,在后期细化过程中,很有可能会不断进行更新。

3. 设计类之间的交互过程建模

以"社区批处理派单"构件的实现为例,绘制"社区批处理派单"服务的设计类交互序列图,描述表 5-10 中设计类之间交互协作的过程，如图 5-61 所示。

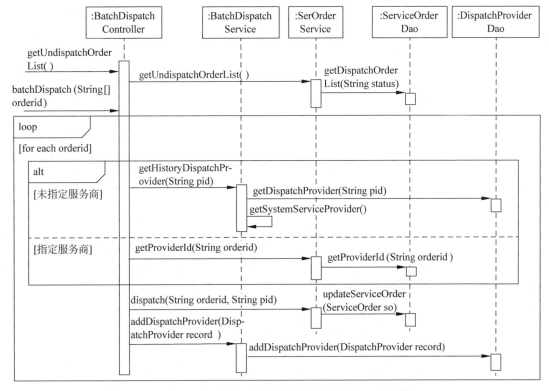

图 5-61　"社区批处理派单"服务的设计类交互序列图

图 5-61 所示的设计类交互序列图建模思路如下：观察图 5-57 所示的子系统交互图，由外部子系统"社区服务运营门户"发送给"订单服务子系统"的消息是控制层中的 BatchDispatchController 类应提供的访问接口，这部分设计已在接口设计中完成；由"订单服务子系统"发送给"DB"的消息和发送给自身的消息由服务层的 XXService 接口中的方法负责完成；由"订单服务子系统"发送给"DB"的消息又进一步被细化为服务层和数据访问层中的方法，XXService 发送给 XXDao 的消息由 XXDao 接口中的方法负责完成。

4. 定义设计类的属性和操作

1）服务层和数据访问层中的类

设计类中方法的定义来自交互过程中的消息传递，消息传递给谁，就由谁负责提供与消息对应的"方法"。从图 5-61 的描述中，得到"社区批处理派单"服务的设计类方法列表，如表 5-11 所示。

表 5-11　设计类描述示例

类名：SerOrderService			所属包名：com. oldman. area. order. service		
属性	编号	名称	数据类型		含义
	1	无			
方法	编号	名称			功能
	1	ServiceOrder[] getUndispatchOrderList( )			获取待派单养老服务订单
	2	String getProviderId(String orderid)			获取订单中指定的服务提供商编号
	3	int dispatch(String orderid, String pid)			派单给服务提供商

续表

类名：BatchDispatchService			所属包名：com. oldman. area. order. service	
属性	编号	名称	数据类型	含义
	1	无		
	编号	名称		功能
方法	1	DispatchProvider[] getHistoryDispatchProvider(String pid)		获取某养老服务提供商的社区派单历史数据
	2	ServiceProvider getSystemServiceProvider()		根据历史派单信息及系统派单规则,设计派单算法,由系统自动生成指定养老服务提供商
	3	int addDispatchProvider(DispatchProvider record)		新增派单服务提供商记录

类名：ServiceOrderDao			所属包名：com. oldman. area. order. dao	
属性	编号	名称	数据类型	含义
	1	无		
	编号	名称		功能
方法	1	ServiceOrder[] getDispatchOrderList(String status)		读取订单状态为"未派单"的养老服务订单列表信息
	2	String getProviderId(String orderid)		根据订单编号获取指定的养老服务提供商编号
	3	int updateServiceOrder(ServiceOrder so)		更新服务订单

类名：DispatchProviderDao			所属包名：com. oldman. area. order. dao	
属性	编号	名称	数据类型	含义
	1	无		
	编号	名称		功能
方法	1	DispatchProvider[] getDispatchProvider(String pid)		根据养老服务提供商编号,查询其社区派单历史数据
	2	int addDispatchProvider(DispatchProvider record)		新增派单服务提供商记录

表 5-11 只列出了 service 包和 dao 包中接口的方法定义。service/impl 包中实现类的方法定义与 service 包中接口的方法定义是一致的,在此不再重复列出;mapper 包中存放的 xml 文件以 SQL 语句来实现 dao 包中接口的数据操作方法,在此也不作描述。

深入思考 5.10 根据图 5-57 的描述,考虑将"社区人工派单服务商"服务细化为设计类的集合,按照表 5-11 的模板完善实现"派单给服务商"用例的设计类。

参考答案：请参见微课视频 5-10。

2) 实体层中的类

在描述实体类的设计之前,首先来了解一下 ORM 技术。ORM(Object Relational Mapping,对象关系映射)是一种用来解决对象和关系型数据库表之间数据交互问题的技术。在传统开发过程中,把数据库表中的数据提取到对象中时,需要手动编写 SQL 语句。和自动生成 SQL 语句相比,手动编写 SQL 语句的缺点主要体现在:对象的属性名和数据表的字段名往往不一致,在编写 SQL 语句时需要逐一核对属性名和字段名,确保它们不会出错,而且彼此之间要一一对应。ORM 为两者之间的数据映射提供了自动化的手段,解决了这个易出错的环节,同时也让源代码中不再出现 SQL 语句。

ORM 是一种双向数据交互技术,它不仅可以将对象中的数据存储到数据库中,也可以反过来将数据库中的数据提取到对象中。

(1)从对象到数据库。只要提前配置好对象和数据库之间的映射关系,ORM 就可以自动生成 SQL 语句,创建数据库的表结构并将对象中的数据自动存储到数据库中。

(2)从数据库到对象。只要提前做好数据库表的设计,就可以通过代码映射工具,将表自动映射为实体类以及对应的实体操作类,摆脱实体类及其通用数据操作的代码编写工作。例如:MyBatis-Plus 工具提供的方法能够将数据库表自动映射为 pojo 包中的数据实体类和 dao 包中数据访问类的基础操作方法。

本案例系统使用 ORM 技术,首先完成数据库表的设计,然后使用 MyBatis-Plus 工具自动生成相应的实体类和数据操作类,并在此基础上进行修改和细化。

5. 描述设计类中操作的处理逻辑

以 BatchDispatchController 派单控制类的 batchDispatch 批处理派单方法为例,使用程序流程图+自然语言来描述其处理流程,如图 5-62 所示。

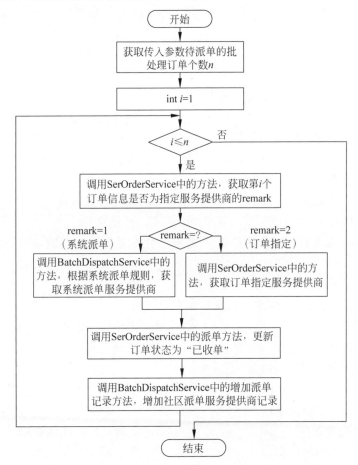

图 5-62　batchDispatch 方法的内部处理逻辑

在图 5-62 中,描述了控制层的批处理派单方法调用服务层各服务接口方法的过程,指明了方法实现时应遵循的控制流程。

习题

一、选择题

1. 系统软件设计阶段的任务是回答下列选项哪个问题？（　　）
   A. 系统要做什么　　　　　　　　　B. 系统要怎么做
   C. 系统是什么　　　　　　　　　　D. 组织的价值

2. 下列不属于系统设计阶段内容的是（　　）。
   A. 功能需求　　　　　　　　　　　B. 体系结构设计
   C. 接口设计　　　　　　　　　　　D. 构件设计

3. 结构化体系结构设计常见的表达工具是（　　）。
   A. 类图　　　　　　　　　　　　　B. 系统结构图
   C. 数据流图　　　　　　　　　　　D. E-R 图

4. 下列哪一项不属于结构化概要设计的内容？（　　）
   A. 体系结构设计　　　　　　　　　B. 数据库设计
   C. 接口设计　　　　　　　　　　　D. 算法设计

5. 在解决复杂问题时，先将复杂问题做合理的分解，再分别仔细研究问题的不同侧面。这种系统思维方法被称为（　　）。
   A. 自下而上　　　　　　　　　　　B. 关注点分离
   C. 复用性　　　　　　　　　　　　D. 信息隐蔽

6. "逐步求精"是下列哪一项设计策略？（　　）
   A. 自下而上　　　B. 由外至内　　　C. 自顶向下　　　D. 由内而外

7. 下列哪一项被称为系统的蓝图？（　　）
   A. 用例图　　　　B. 数据结构　　　C. 构件图　　　　D. 体系结构

8. 下列不属于调用/返回风格的体系结构是（　　）。
   A. 主程序/子程序　　　　　　　　B. 面对对象风格
   C. 层次风格　　　　　　　　　　　D. 解释器

9. 下列哪一项描述了一个在某种上下文环境中不断出现的问题，以及该问题的解决方案？（　　）
   A. 模式　　　　　B. 体系结构　　　C. 框架　　　　　D. 构件

10. 下列哪一项模式是系统的高层次策略？（　　）
    A. 数据模式　　　　　　　　　　　B. 体系结构模式
    C. 设计模式　　　　　　　　　　　D. 代码模式

11. 下列哪一个概念是软件？（　　）
    A. 模式　　　　　B. 框架　　　　　C. 架构　　　　　D. 体系结构

12. AOP 中关于横切关注点，下列哪一项说法是不正确的？（　　）
    A. 它是业务逻辑　　　　　　　　　B. 是对公用功能的提取
    C. 能够降低模块间耦合度　　　　　D. 便于减少重复代码

13. 模块 A 在调用模块 B 时只需要用到学号，但是在参数传递时，却传递了包含学号、姓名、性别、籍贯等多个数据信息的学生数据结构，此时发生的耦合称为（　　）。
    A. 非直接耦合　　　　　　　　　　B. 数据耦合

C. 标记耦合　　　　　　　　　　　D. 控制耦合

14. 模块 A 向模块 B 传递一个控制类型的数据信息来控制模块 B,此时发生的耦合称为( )。

A. 非直接耦合　　　　　　　　　　B. 数据耦合

C. 标记耦合　　　　　　　　　　　D. 控制耦合

15. 如果一个模块中各部分处理元素都是围绕同一项功能而协同工作的,紧密联系,不可分割,则称为( )。

A. 功能内聚　　　B. 逻辑内聚　　　C. 顺序内聚　　　D. 通信内聚

16. 软件结构图中,模块结构的控制层数称为结构图的( )。

A. 宽度　　　B. 扇出　　　C. 深度　　　D. 扇入

17. 在结构化设计阶段,可以基于下列哪一项将其映射变换成软件结构图?( )

A. 数据流图　　　B. 状态图　　　C. 用例图　　　D. 序列图

18. 下列哪一项不属于 RUP"4+1 视图"中 4 个视图中的一项?( )

A. 逻辑架构视图　　　　　　　　　B. 开发架构视图

C. 用例视图　　　　　　　　　　　D. 物理架构视图

19. 高校毕业管理系统在毕业生办理毕业手续时,需要调用财务系统的学费缴纳数据,此时的接口属于下列哪一项?( )

A. 用户接口　　　B. 外部接口　　　C. 内部接口　　　D. 不确定

20. 下列哪一项不属于用户界面设计的内容?( )

A. 数据输入界面设计　　　　　　　B. 数据输出界面设计

C. 外部设备交互设计　　　　　　　D. 控制界面设计

21. 若一个志愿者为一位老人能提供多项养老服务;一个志愿者的一项养老服务能提供给多位老人;一个老人得到的一项养老服务只能由一位志愿者提供,则称志愿者、老人、养老服务三个实体之间是下列哪一项三元联系?( )

A. 1:1:1　　　B. 1:1:m　　　C. 1:m:n　　　D. m:n:p

22. 下列哪一项不属于描述算法的常用工具?( )

A. 程序流程图　　　B. 流图　　　C. PAD 图　　　D. 盒图

二、判断题

1. 软件设计在软件需求和软件实现之间起到了桥梁作用。( )
2. 模块功能独立是"关注点分离"等概念的直接产物。( )
3. 层次风格系统中的每一层为下层提供一组服务。( )
4. 视图负责控制器和模型之间的信息交互。( )
5. 一个体系结构模式通常对应一个设计模式。( )
6. 体系结构风格涉及的范围比体系结构模式要小一些。( )
7. 体系结构包含了具体的类和对象。( )
8. 将系统划分为模块时,模块分解得越细致越好。( )
9. 内聚是对模块间关联程度的度量。( )
10. 内容耦合属于强耦合。( )
11. 逻辑内聚模块是内聚程度最低的模块。( )
12. 扇入数越大表示该模块被越多的上级模块共享,所以扇入数越大越好。( )
13. 事务型数据流图整体结构可划分为三部分:输入、变换中心和输出。( )

14. 系统内部的接口是指方法与方法之间,模块与模块之间的交互。 （　　）

15. 接口设计应描述涉及的模块或子系统内部的实现细节。 （　　）

16. 在数据库概念模型设计中,属性必须是不可再分的数据项。 （　　）

17. 任何程序逻辑都可用顺序、分支和循环三种基本结构来表示。 （　　）

18. 伪代码是一种形式化的编程语言。 （　　）

19. 通常只需要一个视图就可以呈现软件的体系结构。 （　　）

20. 构件的概念主要存在于业务架构中。 （　　）

三、综合题

1. 某商业集团数据库中有 4 个实体集。一是"商店"实体集,属性有商店编号、商店名、地址;二是"商品"实体集,属性有商品号、商品名、规格、单价;三是"职工"实体集,有职工编号、姓名、性别、业绩;四是"供应商"实体集,属性有供应商编号、供应商名、地址。

语义如下:每个商店可销售多种商品,每种商品也可放在多个商店销售,每个商店每销售一种商品就有月销售量;每个商店有许多职工,每个职工只能在一个商店工作,商店聘用职工有聘期和月薪;每个供应商可供应多种商品,每种商品可向多个供应商订购,供应商供应每种商品有月供应量。

根据上述描述回答以下问题:

(1) 画出该商业集团数据库的 E-R 图,并在图上注明属性、联系的类型。

(2) 将 E-R 图转换成关系模式集,写出转换后的关系模式。

2. 如果要求一个整数数组中各个元素的平均值,请用程序流程图、N-S 图和 PAD 图分别表示出求解该问题的算法。

第6章 编码与测试

CHAPTER 6

软件设计阶段结束后,进入软件编码与测试阶段。软件编码阶段是将软件设计变换成可运行的软件程序的过程;软件测试阶段是在软件制品正式投入运行之前,对软件需求、软件设计和编码各阶段的最终审查,以发现所有的错误和缺陷的过程。

6.1 软件编码概述

1. 软件编码阶段的主要任务

软件编码阶段的主要任务是按照详细设计文档的要求,在选定的开发环境下,以指定的开发平台、开发框架和开发语言,遵循特定的程序设计方法,将软件详细设计的目标转换为目标软件。

2. 软件编码的准则

(1)代码简洁。简洁的程序不仅便于实现和阅读,而且易于维护。在编写代码时,应在保证实现完整功能的前提下控制代码量,数据结构设计尽量简单,避免模块冗余。程序越复杂,控制逻辑就越复杂,代码中的错误可能就越多。如果处理逻辑的流程确实很长,则应将功能合理分解为更小的功能模块,并确保每个模块内仅包含所要求的功能,缩短并简化代码。

(2)编码规范。在进行软件编码前,必须要制定统一的、符合标准的编写规范,以保证程序的可读性和易维护性,提高程序的运行效率。经验表明,多数代码中的漏洞可以通过规范编码来避免。例如:对代码进行规范缩进显示,可以有效避免在分支处理中出现代码遗漏或错误的问题。

(3)可复用。编程阶段的软件复用主要考虑的是代码复用。利用适度缩小方法的功能范围、尽量不使用全局信息等措施有助于提高代码的可复用性。

(4)可靠性和健壮性。软件可靠性是指软件的安全性及在规定的条件和时间内完成规定的功能。健壮性是指软件对于不符合规范要求的输入的处理能力。在提高软件可靠性的同时,编码应能够预防用户的误操作、检查输入数据的合法性等。

(5)可测试和验证。编码完成后,软件开发和维护人员应该能够方便地进行代码的测试和验证,发现并解决其中的问题。可以采取的措施有:在编码的同时为单元测试选择恰当的测试点,以方便测试代码在模块中的安装与拆卸;在代码中使用断言来发现软件问题,提高代码的可测性。

▊▊ 6.2 软件编程语言 ◆

6.2.1 编程语言概述

1. 编程语言分类

编程语言可以从不同角度进行分类,下面介绍几种常见分类。

(1) 按编程思想分类,可以分为面向过程语言和面向对象语言。

面向过程是一种以过程为中心的编程思想。面向过程语言最基本的概念是函数,面向过程分析出解决问题所需要的步骤,把步骤封装成功能模块,将功能封装成一个个函数,使用的时候依次调用,因此,面向过程程序的耦合度较高。

面向对象是一种以事物为中心的编程思想。面向对象语言把构成问题的事物分解成各个对象,建立对象的目的不是为了完成某一个步骤,而是为了描述某个事物在整个解决问题过程中的行为。面向对象语言最基本的概念是封装了数据及其操作方法的类。每个对象各负其责,协作完成一项复杂的工作。相对而言,面向对象程序的耦合度较低、内聚度高,在结构上更加健壮和稳定。

(2) 按高级编程语言向机器代码转换方式的不同,可以分为编译型语言和解释性语言。

编译性语言的程序被执行之前,需要一个专门的编译过程,把程序翻译为计算机可以理解的机器码,如 exe 文件。以后运行时就不需要重新编译,直接使用编译结果就可以。因为编译只做一次,运行时不需要再次编译,所以编译性语言执行效率较高。常见的编译性语言包括C/C++、Pascal、Delphi 等。

解释性语言不需要编译过程,每个语句都是在执行时候才翻译。因为程序每执行一次就需要翻译一次,所以效率比较低。现代解释性语言通常把源程序编译成中间代码,然后用解释器把中间代码逐条翻译成目标机器代码后执行。常见的解释性语言包括 Java、JavaScript、Perl、Python、Ruby、Matlab 等。

脚本语言也算是解释型语言的一类,只是脚本语言都以文本形式存在。脚本语言是为了缩短传统的"编写-编译-链接-运行"过程而创建的计算机编程语言。脚本语言一般都有相应的脚本引擎来解释执行。一个脚本通常是解释运行而非编译。常见的脚本语言包括 Python、JavaScript、ASP、PHP、Perl 等。

2. 常用的编程语言

下面介绍目前流行的主流编程语言。

1) C 语言

C 语言是一门面向过程的通用程序设计语言。C 语言能以简易的方式编译,仅产生少量的机器语言,是一种不需要任何运行环境支持便能运行的高效率程序设计语言。C 语言广泛应用于底层开发,它的主要应用领域是操作系统、嵌入式应用和服务器应用。例如:微软的Windows 系统内核就是用 C 语言编写的。

2) Java

Java 是一种可以编写跨平台应用软件的面向对象程序设计语言。Java 技术具有卓越的通用性、高效性、跨平台移植性和安全性,同时拥有全球最大的开发者专业社群。Java 语言主要用于企业级应用开发、网站平台开发、移动领域的手机游戏和移动安卓开发。例如:大部分的电商网站、保险和金融等网站都使用了 Java 语言做开发。

3）C++

C++在 C 语言的基础上增加了一些能力和思想,比如经典的面向对象编程,让开发者有更好的开发体验,能够提高代码的复用性和开发效率。C++主要用于游戏领域、办公软件、图形处理、3D 引擎、图形界面层、框架开发、集成开发环境(Integrated Development Environment, IDE)等。

4）Python

Python 是一种跨平台的计算机程序设计语言。它是结合了解释性、编译性、互动性和面向对象的脚本语言。Python 入门简单,有很多现成的代码类库能直接使用,它的主要应用领域是爬虫、数据分析、自动化测试和机器学习,还有一些中小企业会用它做后端开发。

5）C#

C#是一种现代的面向对象的语言,它结合了 Visual C++的强大功能以及 Visual Basic 的易用性。具有简单、面向对象、类型安全、兼容性好、灵活等诸多特点。C#主要用于 Windows 运用、商业应用和软件开发领域,例如:网站、手机游戏开发、手机应用开发等。

6）JavaScript

JavaScript 是一种具有函数优先的轻量级编程语言。虽然它是作为开发 Web 页面的脚本语言而出名,奠定了它在 Web 前端开发中不可撼动的地位,但是它也被用到了很多非浏览器环境中,现在的 JavaScript 可以基于 Node.js 技术进行服务器端编程,因此被广泛用于 Web 应用开发。

7）PHP

PHP 即"超文本预处理器",是一种通用开源脚本语言。PHP 独特的语法混合了 C、Java、Perl 以及 PHP 自创的语法。PHP 是在服务器端执行的脚本语言,与 Java 语言类似,是常用的网站编程语言,主要适用于 Web 开发领域。

8）Go

Go 是一种静态强类型、编译型、并发型的编程语言,它具有垃圾回收功能。Go 的语法接近 C 语言,但对于变量的声明有所不同。与 C++相比,Go 并不具有如枚举、异常处理、继承、泛型、断言、虚函数等功能,但增加了切片型、并发、管道、垃圾回收、接口等特性的语言级支持。Go 语言主要用于区块链技术和后端服务器应用的开发。

3. 编程语言的选择

在软件项目进行开发技术选型时,应从技术、工程、用户、现实可能性等多个角度出发,选择合适的编程语言。没有最好的编程语言,只有最适合的编程语言。在选择编程语言时,可以考虑以下几方面的因素。

1）应用领域

不同软件系统的应用领域不同,需要选择适合该应用领域的开发语言。例如:在科学与工程计算机领域内,C、C++、Matlab 等语言应用广泛;在商业领域的电子商务应用、移动应用开发、Web 应用系统开发等领域,多使用 Java、PHP、JavaScript 等语言;在数据分析和人工智能领域,主要采用 Python、R、Scala 等语言。选择合适的语言可以有效提高程序编码效率,降低编码和维护的成本。

2）现有系统的状况

有些项目是在现有系统上进行扩展,为了与现有系统在整体技术架构上保持一致,方便后期的维护,尽量使用与现有系统软件相同的开发语言,这样可以减少开发与维护的难度。

3) 编程人员的知识技能

编程人员现有的知识、技能和经验对选择编程语言影响很大。软件开发人员一般愿意选择已经熟练掌握的编程语言。因此,在适合本项目应用领域的编程语言中,应尽量选择开发人员曾经成功开发过项目的语言,避免重新学习一种语言带来的不确定性,从而提高开发效率和可靠性。

4) 软件可移植性要求

若目标软件需要在不同的软硬件环境中运行,则开发时应选择一种标准化程度高、可移植性好的编程语言。

6.2.2　软件编程规范

要使代码具有良好的可读性,编写代码时,必须遵循相关的软件编程规范。开发人员应该从软件维护人员的角度出发编写代码和注释,从而让以后阅读代码的人员容易理解代码。

软件编程规范主要体现在以下几方面。

1. 命名规范

开发人员在编写代码时,需要对各种标识符命名。标识符包括模块名、类名、变量名、常量名、函数名、子程序名等。对标识符的命名要遵循一些基本原则:命名应遵循见名知义原则,即名称应含义清晰、明确;尽量使用标准的英文单词或缩写,避免使用汉语拼音和中文;命名不宜过长,在可清晰表达的前提下越简洁越好。

在上述基本原则的前提下,还应给出本项目组成员都应遵守的命名约定。例如:

(1) 变量和函数的命名中,第一个单词的首字母应小写;从第二个单词开始首字母大写,其他字母小写;单词和单词之间直接连接,不得有其他字符。

(2) 常量名的所有字母都应大写。

(3) 函数命名推荐使用动宾结构。函数名应清晰反映函数的功能、用途。例如:获取姓名函数命名为 getName(),设置年龄函数命名为 setAge()。

2. 编写规范

开发人员在编写代码过程中应遵循的基本规则是:程序结构清晰,简单易懂。具体的规范示例如下:

(1) 在源文件的开头应包含一段格式统一的说明,至少包括以下内容:版权说明、文件名称、版本号、作者、生成时间、文件功能用途说明、维护记录。

(2) 变量应随时用随时声明,对代码效率有要求的循环体中,变量应声明在循环体外;一个变量只做一种应用,赋予一种意义;对于作用域较大的变量和重要意义的变量应给予必要的注释;不同类型的变量声明应各自独占一行,不可书写到同一行。

(3) 在函数定义的上方应有注释说明,内容包括功能、入口/出口参数、返回值,必要时应该有维护记录。

(4) 排版要求:相对独立的程序块之间、函数之间要有空行分开;在循环、分支代码中,判断条件与执行代码不得在同一行上,且循环体外要加花括号"{ }";程序块的左大括号"{"在行尾,右大括号"}"独占一行;不允许把多个短语句写在一行中,即一行只写一条语句。

(5) 注释的原则是有助于对程序的阅读理解,注释不宜太多也不能太少,注释语言必须准确、易懂、简洁;注释推荐使用中文;注释的位置应与它描述的代码相近,对代码的注释应放在代码上方,不可放在下方,并与其上面的代码用空行隔开;避免在一行代码或表达式的中间插入注释。

（6）在调用第三方开发包提供的接口时，在代码调用处用注释进行接口使用说明。

3. 源代码管理规范

源代码管理是软件项目管理中的一部分重要内容。源代码管理的目的是规范源代码的备份和提交等工作方式，保证代码的唯一性和有效性，避免因工作混乱引起代码丢失或版本不正确等情况。具体的源代码规范示例如下：

（1）工程中不起作用的文件或类应删除，工程目录下的非工程文件应该移走。

（2）项目版本控制要严格，版本格式为"xx. xx. xx"，即"项目名. 大版本号. 小版本号"。大版本号使用年份，小版本号从 01 开始标识。高版本尽量兼容低版本的用法、数据或协议。

4. 输入输出规范

输入输出信息直接与用户相关，因此输入输出的方式、操作习惯、风格都应尽量满足用户需求。输入输出部分的编码应遵循的基本原则是：

（1）输入信息都应进行有效性、合法性检查，应给出必要的状态和错误提示信息。

（2）输入输出界面中的字体大小、窗体颜色、排列间隔、操作习惯应保持一致。

（3）功能提示清晰明了，操作简单。

（4）输入数据允许默认值，能从下拉列表或勾选框中选择的尽量不要从键盘输入，以保持输入数据的标准化、规范化。

（5）输出信息清晰明确，有必要的说明提示。

深入思考 6.1 软件编程和美学有关系吗？为什么有些代码能看出美的感觉？

参考答案：请参见微课视频 6-1。

6.2.3 程序复杂度的度量

一个软件的复杂度主要由构成软件的模块复杂度来体现，程序的复杂度主要指的是模块程序之间的复杂性。程序复杂度的度量对于程序员或者项目本身都具有很大的意义，主要包括如下几点：

（1）程序复杂度的度量结果可用来估算软件中错误的数量及软件开发工作量。软件出现错误（英文称为 bug）的概率和程序的数量、复杂度等呈正相关，这是由统计学和概率论原理得出的，并不是由程序员的编码水平决定的。

（2）程序复杂度的度量结果可用来比较不同设计或不同算法的优劣。明确程序的复杂度，对于估算项目进度和软件可靠性，提升程序质量很有帮助，能有针对性地安排测试、优化代码工作量。

（3）程序复杂度的度量结果可作为模块规模限度的依据。

程序复杂度的常用度量方法有三种：代码行度量法、McCabe 度量法和 Halstead 软件科学法。

1. 代码行度量法

代码行度量法以程序的总代码行数作为程序复杂性的度量值。该方法认为，代码行越多，软件越容易产生漏洞。很多初学者在初学编程时将几百上千行的代码放在一个 main 函数里面，功能实现和逻辑控制耦合在一起，不便于阅读和维护。程序复杂性随着程序规模的增加而增长，控制程序规模的方法是采用分而治之的办法。

代码行度量指的是代码中的估算行数，并不是源代码文件中的确切行数，该计算不包括空白行、注释、括号以及成员、类型和命名空间的声明。估算行数高表示某个任务的实现过程过于复杂，代码不便于维护，应考虑对实现该任务的代码进行分解。

2. McCabe 度量法

McCabe 度量法是由 Thomas McCabe 于 1976 年提出的一种基于程序控制流的复杂性度量方法。McCabe 复杂性度量又称环路复杂性度量,它认为程序的复杂性很大程度上取决于程序图的复杂性。单一的顺序结构最为简单,循环和选择所构成的环路越多,程序就越复杂。

1) 流图

McCabe 方法根据程序控制流的复杂程度来度量程序的复杂程度,这样度量出的结果称为程序的环形复杂度。通常使用"流图"突出表现程序控制流的结构。"流图"实质上是简化了的程序流程图,它仅仅描绘程序的控制流程,不表现对数据的具体操作及循环、选择的条件。将程序流程图转化为流图的示例如图 6-1 所示。

在图 6-1 中,图 6-1(a)是程序流程图,图 6-1(b)是将(a)简化后得到的流图。下面对流图中几个重要的概念进行说明。

(1) 结点:在流图中,结点用标有编号的圆圈表示,一个圆圈代表一条或多条语句。图 6-1(b)中有 3 个结点。

(2) 边:边在流图中用带箭头的直线或弧线表示,箭头方向与程序流程图中的流程控制方向一致,表明了程序的控制流程。注意:流图中的一条边必须终止于一个结点,即使这个结点并不代表任何语句。图 6-1(b)中有 3 条边。

(3) 判断结点:包含条件的结点被称为判断结点,从判断结点出发的边必须终止于某一个结点。图 6-1(b)中的结点 3 为判断结点。

(4) 区域:由边和结点围成的部分称为区域,区域划分时应包括图外部未被围起来的区域。图 6-1(b)所示的流图被分为 R1 和 R2 两个区域。

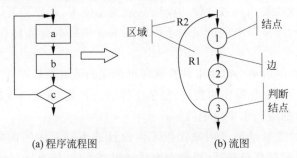

(a) 程序流程图　　　　(b) 流图

图 6-1　程序流程图转化为流图示例

2) 程序流程图转化为流图的转换规则

将程序流程图转化为"流图"的基本转换规则有以下几点:

(1) 程序流程图中的一个处理可以映射为一个结点,如图 6-2(a)所示;一个菱形判断也可以映射为一个结点,如图 6-2(b)所示。

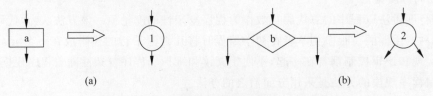

(a)　　　　　　　　　　(b)

图 6-2　一个处理或一个判断映射为一个结点

(2) 程序流程图中多个顺序处理组成的一个处理序列可以简化映射为流图中的一个结点,如图 6-3 所示。

（3）程序流程图中的一个顺序处理序列和一个菱形判断，可以简化映射成流图中的一个结点，如图 6-4 所示。

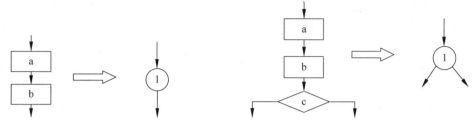

图 6-3　一个处理序列简化映射为一个结点　　**图 6-4　一个处理序列加一个判断简化映射为一个结点**

（4）程序流程图中多条流线相交的汇合点需要添加一个结点。例如：在分支结构的结尾，各分支重新汇合处就需要添加一个结点，这个结点就相当于一个空语句，不具有任何操作，只表示选择结构终止的结点，如图 6-5 所示。

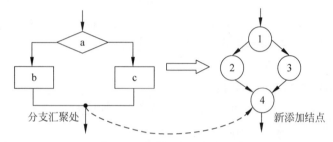

图 6-5　多条流线相交的汇合点需要添加一个结点

3）程序流程图转化为流图案例

根据程序流程图转化为流图的转换规则，将图 6-6 所示的程序流程图转换为对应的流图，如图 6-7 所示。

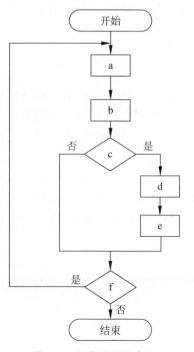

图 6-6　程序流程图案例

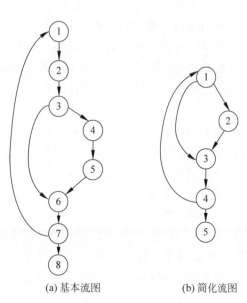

(a) 基本流图　　　(b) 简化流图

图 6-7　程序流程图示例转换后的流图

首先应用最基本的转换规则(1)和(4),将图 6-6 转换为流图。将程序流程图中的处理 a、b、d、e 各自转化为对应的结点 1、2、4、5,两个判断框 c、f 各自转化为对应的结点 3、7,在判断框 c 引出的两个分支结束汇聚处添加一个结点 6,得到映射后的流图,如图 6-7(a)所示。

然后应用简化映射规则(2)和(3),将图 6-6 转换为流图。将程序流程图中的顺序处理序列 a、b 和判断框 c 合并映射为一个结点 1,顺序处理序列 d、e 合并映射为一个结点 2,在判断框 c 引出的两个分支结束汇聚处添加一个结点 3,判断框 f 映射为对应的结点 4,得到简化映射后的流图,如图 6-7(b)所示。

4) McCabe 度量法的三种计算方法

McCabe 度量法度量出的程序环形复杂度,用符号 $V(G)$ 来标记。计算流图 G 的环形复杂度有下述三种方法:

(1) $V(G) = E - N + 2$。

其中,E 表示流图中的边数;N 表示流图中的结点数。

在图 6-7(a)中,边数 E 为 9,结点数 N 为 8,则 $V(G) = 9 - 8 + 2 = 3$;图 6-7(b)中,边数 E 为 6,结点数 N 为 5,则 $V(G) = 6 - 5 + 2 = 3$。也就是说,无论流图是否简化,从同一个程序流程图映射而来的流图,其环形复杂度都是相同的。

(2) $V(G) = N + 1$。

其中,N 表示流图中判断结点数量。

在图 6-7(a)中,判断结点为 3 和 7,判断结点数为 2,则 $V(G) = 2 + 1 = 3$;图 6-7(b)中,判断结点为 1 和 4,判断结点数为 2,则 $V(G) = 2 + 1 = 3$。

(3) $V(G) = s$。

其中,s 表示流图将平面划分的区域数量。计算区域数时应包括流图外部未被围起来的区域。

在图 6-7(a)和图 6-7(b)中,平面区域数量均为 3(内部 2 个,外围 1 个),则 $V(G) = 3$。

从上面的案例可以看到,环形复杂度主要与分支语句的数量呈正相关,即程序分支语句越多,环形复杂度越大,也就是程序复杂度越大。环形复杂度 $V(G)$ 的值一般控制在 1~10,表明程序结构是清晰可控的,维护成本较低。

3. Halstead 软件科学法

Halstead 复杂度是软件科学提出的第一个计算机软件的分析"定律",用以确定计算机软件开发中的一些定量规律。Halstead 复杂度根据程序中语句行的操作符和操作数的数量计算得出。操作符和操作数与程序复杂度呈正相关,即操作符和操作数的量越大,程序结构就越复杂。

关于 Halstead 复杂度,有多个术语来衡量。详细设计完成后,可以获得程序中使用的运算符和操作符数量。若用 $n1$ 表示程序中不同的运算符个数,$n2$ 表示程序中不同的运算对象个数,$N1$ 表示程序中出现的运算符总数,$N2$ 表示程序中出现的运算对象总数,则 Halstead 复杂度的几个主要计算公式如下。

1) 预测程序长度公式

$$H = n1\log_2 n1 + n2\log_2 n2$$

其中,H 是程序长度的预测值,它不等于程序中语句个数。

2) 预测程序中包含错误个数的公式

$$E = (N1 + N2)\log_2(n1 + n2)/3000$$

其中,E 是该程序的错误数预测值。

6.3 软件测试基础

1. 软件测试的定义

软件测试是为了尽快尽早发现软件产品中存在的各种缺陷而展开的、贯穿整个软件开发生命周期、使用人工或自动的手段对软件产品（包括需求分析、设计说明、编码等阶段性产品）进行验证和确认的活动。其最终目的在于检验软件产品是否满足了用户的需求。需求是软件测试的依据。

2. 软件测试的目标

Grenford J. Myers 就软件测试的目标提出以下观点：

（1）软件测试是为了发现错误而执行程序的过程；

（2）一个好的测试用例能够发现迄今为止尚未发现的错误；

（3）一个成功的测试执行是发现了至今为止尚未发现的错误。

也就是说，软件测试的目标是站在用户的角度，设计易于发现程序错误的测试用例，找出软件中存在的各种错误和缺陷。

3. 软件测试的原则

在软件测试过程中，为了达到软件测试的目标，应当坚持以下测试原则：

（1）所有测试都应该能追溯到用户需求。软件测试的根本目标是让交付的软件产品满足用户需求，不能满足用户需求的错误是最严重的错误。

（2）测试应坚持尽早展开、不断进行。由于软件本身的复杂性和抽象性，在软件生命周期各个阶段都可能发生错误，因此不应把软件测试看成是软件开发的一个独立阶段，而应把它贯穿在软件开发各个阶段的技术评审中，才能在软件开发过程中尽早发现和预防错误。

（3）尽量避免程序员测试自己的程序。由于测试程序是暴露程序中出现的错误，从心理学的角度看，人们不愿意进行自我否定。因此，由程序编写者自查自纠是不恰当的。通常情况下，应由其他人员组成测试小组来完成测试工作。如果有独立的第三方测试机构来进行测试，则会达到更好的测试效果。

（4）制定测试计划，并严格执行。一旦完成了需求分析模型，就可以开始着手制定测试计划，设计详细测试方案。严格执行测试计划，排除测试的随意性。

（5）精心设计测试用例。在测试前应当根据测试要求设计测试用例，供测试使用。测试用例应由测试输入数据和与之对应的预期输出结果两部分组成，为测试结论提供依据。同时，测试用例应当包括合理的输入条件和不合理的输入条件，以使测试能够更加全面，提高可靠性。

（6）找出错误聚集的模块。Pareto 原理指出：在测试过程中发现的错误，有 80% 来自 20% 的模块。也就是说，程序中有可能存在一少部分模块包含了程序中的大部分错误的现象，把这些模块找出来进行重点测试，会提高程序的测试效率，更具针对性。

4. 软件测试的方法

在软件测试过程中，选择合适的测试方法对于提高测试质量和效果十分重要。下面介绍两种常用的软件测试方法。

（1）黑盒测试法：黑盒测试也称为功能测试。"黑盒"是指测试人员把被测程序看作一个黑盒子，不考虑程序内部的逻辑结构和处理过程。黑盒测试只检查被测程序在接收输入数据后，是否能按照规格说明书中的功能描述，产生正确的输出信息。

（2）白盒测试法：白盒测试也称为透明测试。"白盒"与"黑盒"相反，它是指测试人员将被测程序看作装在一个透明盒子里，可以完全知道程序内部的逻辑结构和执行路径。白盒测试按照程序内部逻辑测试程序，通过对程序的所有逻辑路径进行测试，以检测程序中执行通路的实际运行状态是否和预期状态一致。

5．软件测试的流程

（1）制定测试计划。

根据项目、产品的需求提炼测试需求。根据测试需求和项目的整体计划，制定测试计划、测试方案等，包括测试的时间结点安排、人力资源安排、测试策略等，并进行评审。

（2）设计测试用例。

根据测试需求以及相关的设计文档，编写测试用例，即明确每个测试点的具体操作步骤、预期结果等内容，并对测试用例进行评审。

（3）执行测试用例。

准备测试环境和测试数据，测试环境包括测试系统部署的硬件环境和软件环境。执行测试用例，提交测试过程中发现的错误，并通过版本迭代进行回归测试，验证相关的错误是否已消除。

（4）编写软件测试报告。

对测试过程进行总结，形成测试报告，并将测试过程中的所有文档进行归档。

6．软件测试的过程

软件测试从测试计划编写到测试实施，需要经过一系列的过程。按软件从编写到交付各个阶段的先后顺序，软件测试的过程可分为以下五个阶段。

1）单元测试

单元测试是对软件基本构成单元进行的测试。单元测试通常是开发者编写的一小段代码，用于检验被测代码的一个很小的、很明确的功能是否正确。单元测试除了保证测试代码的功能性，还需要保证代码在结构上具有可靠性和健全性，并且能够在所有的条件下做出正确的响应。全面的单元测试可以减少应用级别所需的工作量，并且彻底减少系统产生错误的可能性。

通常单元测试在编码阶段进行。当源程序代码编制完成，经过评审和验证，确认没有语法错误之后，就开始进行单元测试的测试用例设计。利用设计文档，设计可以验证程序功能、找出程序错误的多个测试用例。在这个阶段发现的错误通常来自编码和详细设计阶段。单元测试一般使用白盒测试法。在实际开发实践中，单元测试通常由程序员自己完成。

2）集成测试

集成测试是单元测试的扩展和延伸，集成测试的目的是测试程序模块之间接口的规范性、一致性等，主要目标是发现与接口有关的问题，对系统的接口及集成后的功能进行正确校验。

通常经过单元测试后的模块能够单独工作，达到设计要求，但模块集成后并不能保证各模块间能够正常地协同工作。程序中某些局部反映不出来的问题，在全局上很有可能暴露出来，从而影响到软件功能的实现。因此，在完成单元测试的基础上，还应将模块按设计要求组装成子系统或系统，对程序整体结构进行集成测试。

3）确认（有效性）测试

经过集成测试，分散开发的模块被连接起来构成完整的程序，各模块间接口存在的种种问题都已消除。测试工作就可以进入确认测试阶段。确认测试又称为有效性测试或合格性测试，其目的是验证软件的功能和性能及其特性是否与客户的要求一致，是否满足软件需求规格说明书中的规定。

确认测试是在模拟的环境下,运用黑盒测试方法来验证所测试软件是否满足需求规格说明书列出的需求。确认测试同样需要制订测试计划和过程,无论是计划还是过程,都应该着重考虑软件是否满足合同规定的所有功能和性能。

4)系统测试

系统测试是测试软件系统与整个产品系统中的其他部分(包括硬件、外设、网络和系统软件、支持平台等)集成在一起后,各组成部分在真实的运行环境下是否能够正常地协调工作。

系统测试是以系统整体需求说明书中的需求规格为依据,以黑盒测试方法展开,测试内容应覆盖除了被测软件之外的其他硬件、数据支持及接口等。系统测试方案、测试用例都应根据"需求规格说明书"和实际情况进行设计,并在具体应用环境下进行。

5)验收(用户)测试

验收测试是软件开发结束后,用户对软件产品投入实际应用前进行的最后一次质量检验活动。验收测试实际上是项目验收,是对软件产品质量进行全面检验的最后一道工序,用于决定软件是否合格。因此验收测试是一项严格的正式测试活动,需要根据事先制订的计划,并请用户代表参加验收测试,进行最后的评审。

7. 软件测试用例的设计

测试用例是指对特定的软件产品进行测试任务的描述,体现测试方案、方法、技术和策略。其内容包括测试目标、测试环境、输入数据、测试步骤、预期结果、测试脚本等,用于核实待测软件部分是否满足软件需求。

常用的测试用例设计方法包括黑盒测试用例设计、白盒测试用例设计。

6.4 黑盒测试的测试用例设计

黑盒测试用例设计的方法包括等价类划分、边界值分析、错误推测、因果图、判定表驱动、正交试验设计、功能图、场景等方法。下面介绍最常用的两种方法:等价类划分法和边界值分析法。

6.4.1 等价类划分

1. 等价类的含义

等价类是指某个输入域的子集合。在该子集合中,各个输入数据对于揭露程序中的错误都是等效的,并合理地假设:测试某等价类的代表值就等于对这一类其他值的测试,因此,把全部输入数据合理划分为若干等价类,在每一个等价类中取一个数据作为测试的输入条件,就可以用少量代表性的测试数据取得较好的测试结果。

2. 等价类划分法的测试原理

等价类划分的测试原理为:将程序待测试的输入域划分成几个互不相交的子集,它们的并集覆盖了整个输入域,然后从每个子集选取若干个有代表性的数据作为测试用例。每一个子集的代表性数据在测试中的作用等价于这一类中的其他值,如果测试用例发现了错误,这一等价类中的其他例子也能发现同样的错误;反之,如果测试用例没有发现错误,这一类中的其他例子也不会发生错误。

等价类划分有两种不同的情况:有效等价类和无效等价类。

(1)有效等价类:有效等价类指对于程序的规格说明来说,是合理的、有意义的输入数据构成的集合。利用有效等价类可检验程序是否实现了规格说明所规定的功能和性能。

(2) 无效等价类：无效等价类指对于程序的规格说明来说，是不合理的或无意义的输入数据所构成的集合。对于具体的问题，无效等价类至少应有一个，也可能有多个。

3. 等价类划分的启发式规则

在规定了输入数据必须遵守的规则情况下，可确立若干个有效等价类(符合规则)和无效等价类(从不同角度违反规则)，等价类划分的启发式规则如下：

(1) 在输入条件规定了取值范围或值的个数的情况下，可以确立一个有效等价类和两个无效等价类。

例如：输入值是商品库存数量，**范围是[0,1000]**，则等价类划分结果为：

- 一个有效等价类："0≤库存数量≤1000"。
- 两个无效等价类："库存数量＜0"和"库存数量＞1000"。

(2) 在输入条件规定了输入值的集合或者规定了"必须如何"的情况下，可确立一个有效等价类和一个无效等价类。

例如：密码**必须包含字母、数字和至少一个特殊符号**，则等价类划分结果为：

- 一个有效等价类：包含"字母、数字和至少一个特殊符号"的字符串。
- 一个无效等价类：不满足上述条件的字符串。

(3) 在输入条件是一个布尔条件的情况下，可确定一个有效等价类和一个无效等价类。

例如：只有老年人(**年龄≥60**)才能每月领取养老券，则等价类划分结果为：

- 一个有效等价类：年龄≥60 的老年人群体。
- 一个无效等价类：年龄＜60 的非老年人群体。

(4) 在规定了输入数据的一组值(假定 n 个数据)，并且程序要对每一个输入值分别处理的情况下，可确立 n 个有效等价类和一个无效等价类。

例如：职称为**助教、讲师、副教授、教授**的老师，每学期要求的课时量不同，则等价类划分结果为：

- 四个有效等价类："助教""讲师""副教授""教授"。
- 一个无效等价类：非以上四种职称。

上面列出的启发式规则只是在测试时遇到的一部分情况，实际情况无法一一列出。为了正确划分等价类，需要注意积累经验，正确分析被测程序的功能。

4. 等价类划分法测试用例的设计

使用等价类划分法设计测试用例的步骤如下：

(1) 根据被测程序的功能描述，确立等价类，建立等价类表。在表中列出所有划分出的有效等价类和无效等价类，并为每一个等价类编号；

(2) 设计一个新的测试用例，使其尽可能多地覆盖尚未被覆盖的有效等价类，重复这一步，直到所有的有效等价类都被覆盖为止；

(3) 设计一个新的测试用例，使其仅覆盖一个尚未被覆盖的无效等价类，重复这一步，直到所有的无效等价类都被覆盖为止。

步骤(1)是为了设定测试方案中的测试目标；步骤(2)是为了减少测试工作量，要尽可能多地覆盖有效等价类；步骤(3)中每次只覆盖一个无效等价类是为了将错误分开测试，避免同时测试多个错误时，由于前面的错误造成程序返回而不再检查后续的代码错误。

5. 等价类划分法测试用例设计案例

无论志愿者还是接单员在系统中注册信息时，都要求填写真实的手机号，填写要求为：手机号必填，且必须是以 1 开头的 11 位数字。如果手机号没有填写，应给出错误提示"手机号必须填写";如果手机号填写不正确,应给出错误提示"请输入正确的手机号"。下面介绍使用等价类划分法设计测试用例,测试用户输入的手机号码是否有效。

1) 建立等价类表

根据等价类划分原则,建立输入等价类表,如表 6-1 所示。

表 6-1　等价类表

输入数据	有效等价类	编号	无效等价类	编号
手机号位数	11 位	1	<11 位	5
			>11 位	6
手机号组成	全是数字	2	含有非数字字符	7
第一个字符	数字 1	3	非 1 字符	8
手机号必填	填写字符串	4	未填写	9
			输入空格	10

2) 设计测试用例

根据以上等价类表设计的测试用例如表 6-2 所示。

表 6-2　测试用例表

测试编号	输　　入	覆盖等价类(编号)	预　期　输　出
1	13001396450	1,2,3,4	通过校验
2	130013964	5	提示"请输入正确的手机号"
3	1300139645068	6	提示"请输入正确的手机号"
4	13a013964506	7	提示"请输入正确的手机号"
5	33001396450	8	提示"请输入正确的手机号"
6	未输入	9	提示"手机号必须填写"
7	输入空格	10	提示"手机号必须填写"

对表 6-2 中各测试用例的分析如下:

测试编号 1:依据手机号输入要求,当输入 11 位首字符为 1 的纯数字字符串时,手机号有效,可以通过校验,也就是覆盖了编号为 1,2,3,4 有效等价类。

测试编号 2、3、4、5:分别独立测试了输入手机号位数少于 11 位、位数多于 11 位、含有非数字字符、首字符不为 1 的情形,分别覆盖了编号为 5、6、7、8 的无效等价类,遵守每次只覆盖一个无效等价类的准则。即:上述测试用例均为无效手机号输入,预期输出应提示"请输入正确的手机号"。

测试编号 6、7:分别独立测试了输入手机号为空或者输入为空格的情形,分别覆盖了编号为 9、10 的无效等价类。上述测试用例均视为没有满足手机号必填的要求,预期输出应提示"手机号必须填写"。

6.4.2　边界值分析

1. 边界值分析法的测试原理

长期的测试工作经验告诉人们,大量的错误发生在输入或输出范围的边界上,而不是发生在输入输出范围的内部。因此,针对各种边界情况设计测试用例,可以查出更多的错误。

边界值分析法是对等价类划分法的补充,其测试用例来自等价类的边界。测试用例在设计时,应选取正好等于、刚刚大于、刚刚小于边界的值,而不是选取等价类中的任意值作为测试数据。

边界值分析法与等价类划分法的区别:

(1) 边界值分析不是从某等价类中随便挑一个作为代表,而是使这个等价类的每个边界都要作为测试条件。

（2）边界值分析不仅考虑输入条件，还要考虑输出空间产生的测试情况。

2. 边界值分析法的启发式规则

（1）如果输入（输出）条件规定了取值范围，则应该以该范围的边界内及边界附近的值作为测试数据。

例如：正常库存量的范围为"[10,100]"。则测试用例的设计为：选取"9""10""100""101"作为测试用例输入数据。

（2）如果输入（输出）条件规定了值的个数，则应该以最大个数、最小个数、最小个数少1，最大个数多1的数值作为测试数据。

例如：注册账号时，密码的设定要求为：8～20个字符。则测试用例的设计为：选取"20个字符""8个字符""7个字符""21个字符"作为测试用例输入数据。

例如：会员在促销活动中的奖励档次为1～4。则测试用例的设计为：设计一些用例，使得程序的输出奖励档次为1、4、0，并设计一个有可能使程序错误地显示等级5的测试用例。

（3）如果程序规格说明中提到的输入或输出是一个有序的集合，应该注意选取有序集合的第一个和最后一个元素作为测试用例。

例如：闹钟的设置为每个工作日的6:20，有序集合为：周一、周二、周三、周四、周五。则测试用例的设计为：选取"周一""周五"作为测试用例输入数据。

6.5　白盒测试的测试用例设计

白盒测试用例的设计方法包括静态设计方法和动态设计方法。静态设计方法主要包括桌面检查、代码审查、代码走查、代码扫描工具；动态设计方法主要包括逻辑覆盖法和基本路径测试法。本节主要介绍白盒测试的动态设计方法。

6.5.1　逻辑覆盖法

逻辑覆盖是以程序内部的逻辑结构为基础的设计测试用例技术。根据覆盖测试目标的不同，逻辑覆盖又细分为语句覆盖、判定覆盖、条件覆盖、判定-条件覆盖、条件组合覆盖、路径覆盖。下面以图 6-8 所示的程序代码段为例，分别介绍几种逻辑覆盖。

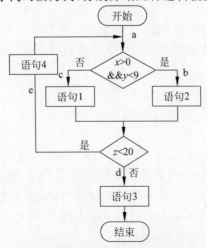

图 6-8　测试用例设计的程序代码段

1. 语句覆盖

语句覆盖是指：设计测试用例，使得被测程序中的每条语句至少被执行一次。本案例的语句覆盖测试用例表如表 6-3 所示。

表 6-3 语句覆盖测试用例表

测 试 编 号	测 试 用 例	覆 盖 语 句
1	$\{x=2, y=7, z=30\}$	2,3
2	$\{x=2, y=7, z=10\}$	2,4
3	$\{x=0, y=7, z=30\}$	1,3
4	$\{x=0, y=7, z=10\}$	1,4

从测试用例的设计看，程序中的每条语句都得到了执行。但是测试用例虽然覆盖了所有的可执行语句，但并不能检查判断逻辑是否有问题。例如：在第一个判断中把 && 错误地写成||，上面的测试用例仍可以覆盖所有的执行语句。这个错误通过语句覆盖测试用例是无法发现的。所以，语句覆盖是最弱的逻辑覆盖准则，它不能准确测试出代码中的逻辑关系错误。

2. 判定覆盖

判定覆盖也叫分支覆盖，是指：设计测试用例，使得程序中每个判定的"真"和"假"都至少被执行一次，即程序中的每个分支至少执行一次。

在图 6-8 中，有 2 个判定，4 个判定分支。将第一个判定"$x>0$ && $y<9$"定义为判定 P1，它对应的分支为 c、b；将第二个判定"$z<20$"定义为判定 P2，它对应的分支为 d、e。判定为"真"时取值为 T，判定为"假"时取值为 F，若测试用例的设计，判定取值既包含"真"值 T，又包含"假"值 F，即可认为测试用例覆盖了该判定。本案例的判定覆盖测试用例表如表 6-4 所示。

在表 6-4 中，第一组和第二组的测试用例设计都可以满足判定覆盖的要求，所以测试用例的取值方法并不唯一。但是，注意如果把判定 1 中的条件"$y<9$"错写成了"$y<19$"，那么上面两组测试用例仍然能得到同样的结果。这说明，判定覆盖也不能保证检查出判断条件中存在的错误，还需要更强的逻辑覆盖准则判断内部条件。只要满足判定覆盖标准就一定满足语句覆盖，但它仍然不能准确测试出代码中的逻辑关系错误。

表 6-4 判定覆盖测试用例表

（第一组）

测 试 编 号	测 试 用 例	判 定 取 值		覆 盖 分 支
		P1	P2	
1	$\{x=2, y=7, z=30\}$	T	F	b,d
2	$\{x=0, y=7, z=10\}$	F	T	c,e

（第二组）

测 试 编 号	测 试 用 例	判 定 取 值		覆 盖 分 支
		P1	P2	
1	$\{x=2, y=7, z=10\}$	T	T	b,e
2	$\{x=0, y=7, z=30\}$	F	F	c,d

3. 条件覆盖

条件覆盖是指：设计测试用例，使得程序中的每个判定的每个条件至少有一次取"真"值，有一次取"假"值。

在案例代码中,有 2 个判定,3 个判定条件。将第一个判定"$x>0\&\&y<9$"定义为判定 P1,将它对应的判定条件"$x>0$"定义为 C1,判定条件"$y<9$"定义为 C2;将第二个判定"$z<20$"定义为判定 P2,将它对应的判定条件"$z<20$"定义为 C3。本案例的条件覆盖测试用例表如表 6-5 所示。

表 6-5　条件覆盖测试用例表

(第一组)

测 试 编 号	测 试 用 例	判 定 取 值		判 定 条 件 取 值			覆 盖 分 支
		P1	P2	C1	C2	C3	
1	$\{x=2,y=7,z=30\}$	T	F	T	T	F	b,d
2	$\{x=2,y=7,z=10\}$	T	T	T	T	T	b,e
3	$\{x=0,y=15,z=30\}$	F	F	F	F	F	c,d

(第二组)

测 试 编 号	测 试 用 例	判 定 取 值		判 定 条 件 取 值			覆 盖 分 支
		P1	P2	C1	C2	C3	
1	$\{x=2,y=15,z=10\}$	F	T	T	F	T	c,e
2	$\{x=0,y=7,z=30\}$	F	F	F	T	F	c,d

在表 6-5 中,第一组测试用例不但覆盖了所有判定的分支(判定 P1 和 P2 都包含 T 和 F 的取值),而且覆盖了所有判定中判定条件的取值(判定条件 C1、C2 和 C3 都包含 T 和 F 的取值)。第二组测试用例虽然覆盖了所有判定中判定条件的取值,但只覆盖了 P1 的取"假"值分支,并不满足判定覆盖的要求。

简单概括,条件覆盖与判定覆盖相比,增加了对判定中所有判定条件的测试,但是并不能保证覆盖所有判定。为了解决这个问题,需要兼顾判定覆盖和条件覆盖,就引申出了下面的逻辑覆盖方法——"判定-条件覆盖"。

4. 判定-条件覆盖

判定-条件覆盖是指:设计测试用例,使得被测试程序中的每个判断本身的判定结果("真"和"假")至少满足一次,同时,每个判定条件的可能值("真"和"假")也至少被满足一次。本案例的判定-条件覆盖测试用例表如表 6-6 所示。

表 6-6　判定-条件覆盖测试用例表

测 试 编 号	测 试 用 例	判 定 取 值		判 定 条 件 取 值			覆 盖 分 支
		Pi	P2	C1	C2	C3	
1	$\{x=2,y=7,z=10\}$	T	T	T	T	T	b,e
2	$\{x=0,y=15,z=30\}$	F	F	F	F	F	c,d

在表 6-6 中,测试用例不但覆盖了所有判定的分支(判定 P1 和 P2 都包含 T 和 F 的取值),而且覆盖了所有判定中判定条件的取值(判定条件 C1、C2 和 C3 都包含 T 和 F 的取值)。

满足判定-条件覆盖一定同时满足语句覆盖、判定覆盖、条件覆盖。但是,同样的问题依然存在。也就是说,判断-条件覆盖依然会忽略条件中取"或"的情况。

5. 条件组合覆盖

条件组合覆盖是指:设计测试用例,使得被测试程序中的每个判定中条件取值的所有可能组合至少执行一次。本案例的条件组合覆盖测试用例表如表 6-7 所示。

表 6-7 条件组合覆盖测试用例表

测试编号	测试用例	判定取值		判定条件取值			覆盖条件组合	覆盖分支
		P1	P2	C1	C2	C3		
1	$\{x=2,y=7,z=10\}$	T	T	T	T	T	TT T	b,e
2	$\{x=2,y=15,z=10\}$	F	T	T	F	T	TF T	c,e
3	$\{x=0,y=7,z=30\}$	F	F	F	T	F	FT F	c,d
4	$\{x=0,y=15,z=30\}$	F	F	F	F	F	FF F	c,d

在本案例中，有 2 个判定，3 个判定条件 C1、C2、C3(判定 1 有 2 个判定条件 C1、C2，判定 2 有 1 个判定条件 C3)，每个判定条件有两个取值(T 和 F)。所以，判定 1 的条件取值组合为 4 个：TT、TF、FT、FF；判定 2 的条件取值组合为 2 个：T、F。

必须明确：这里并未要求第一个判定的 4 个组合与第二个判定的 2 个组合再进行组合。

在表 6-7 中，测试用例覆盖了所有判定条件可能取值的组合，覆盖了所有判定的可能分支，满足条件组合覆盖的要求。满足条件组合覆盖一定同时满足语句覆盖、判定覆盖、条件覆盖、判定-条件覆盖。但覆盖路径仍然遗漏了"b,d"这一支路径，不能保证所有路径都执行，所以仍然是不完全的测试。

6. 路径覆盖

路径覆盖是指：设计测试用例，覆盖被测程序中所有可能的路径。

在本案例中，共有 4 条路径：a-b-d、a-c-d、a-b-e、a-c-e，路径覆盖测试用例表如表 6-8 所示。

表 6-8 路径覆盖测试用例表

测试编号	测试用例	判定取值		判定条件取值			覆盖分支
		P1	P2	C1	C2	C3	
1	$\{x=2,y=7,z=30\}$	T	F	T	T	F	a-b-d
2	$\{x=0,y=7,z=30\}$	F	F	F	T	F	a-c-d
3	$\{x=2,y=7,z=10\}$	T	T	T	T	T	a-b-e
4	$\{x=0,y=7,z=10\}$	F	T	F	T	T	a-c-e

在表 6-8 中，测试用例覆盖了该程序段的全部可能路径。可以对程序进行彻底的测试，测试面比前面五种覆盖测试都广。但需要注意的是，在表 6-8 中，条件 C2 取值为 F 并没有被覆盖。因此，满足路径覆盖不一定满足条件覆盖，也就不能保证满足判定-条件覆盖。

6.5.2 基本路径测试

在实际问题中，程序的路径是一个庞大的数字，要想在测试中覆盖所有的路径是不现实的。因此，要想办法把测试覆盖的路径数量进行压缩，基本路径测试法就是其中的一种方法。

基本路径测试法是在程序控制流图的基础上，通过分析程序的环路复杂性，导出基本可执行路径集合，以此设计测试用例。设计出的测试用例要保证在测试中程序的每一个可执行语句至少执行一次。基本路径测试法按照如下步骤进行。

1. 画出程序流程图，将程序流程图转化为流图

本节以养老券发放算法的程序流程图为例，先将其转化为基本流图，然后进行简化，如图 6-9 所示。在图 6-9 中，根据程序流程图转化为流图的基本转换规则，将图 6-9(a)所示的程序流程图转换为其对应的基本流图，如图 6-9(b)所示，然后应用简化映射规则得到简化流图，如图 6-9(c)所示。

2. 计算流图的环形复杂度

以简化后的流图为依据，通过下述 3 种方法来计算环形复杂度 $V(G)$。

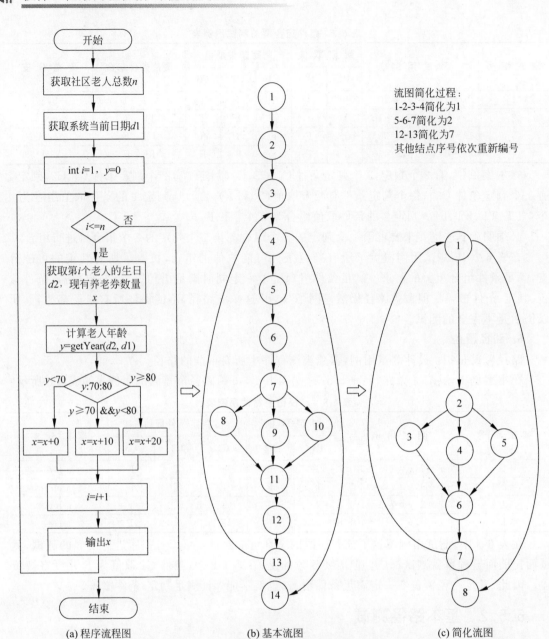

(a) 程序流程图   (b) 基本流图   (c) 简化流图

图中流图简化过程：
1-2-3-4简化为1
5-6-7简化为2
12-13简化为7
其他结点序号依次重新编号

图 6-9 案例程序流程图与转化后的流图

1) $V(G)=E-N+2$

其中，E 表示流图中的边数；N 表示流图中的结点数。

图 6-9(c)中，边数 E 为 10，结点数 N 为 8，则 $V(G)=10-8+2=4$。

2) $V(G)=N+1$

其中，N 表示流图中判断结点数量。

注意：当判定条件为复合条件时，需要将符合条件分解为简单条件，构成多个判定结点。在图 6-9(c)中，判断条件为 1 和 2，但是判定条件 2 为多分支复合条件，分解为简单条件后，构成 2 个判定结点。图中判断结点数共计为 3，则 $V(G)=3+1=4$。

3) $V(G)=s$

其中，s 表示流图将平面划分的区域数量。计算区域数时应包括图外部未被围起来的区域。

将图 6-9(c) 划分区域后得到图 6-10,可以看到平面被划分为 4 个区域:R1～R4,区域数量为 4(内部 3 个:R1、R2、R3,外围 1 个:R4),则 $V(G)=4$。

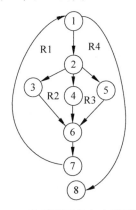

图 6-10　案例环形复杂度区域划分

3. 导出可执行路径

从程序的环形复杂度可导出程序基本路径集合中的独立路径数,这是确保程序中每个可执行语句至少执行一次所需的测试用例数目的上界。

独立路径是指至少包含有一条在其他独立路径中从未含有的边的路径。本例的程序环形复杂度为 4,所以独立路径数也为 4,分别是:

path1:1-2-4-6-7-1-8

path2:1-2-3-6-7-1-8

path3:1-2-5-6-7-1-8

path4:1-8

只要测试用例的设计能够保证这些独立路径的执行,就可以使得程序中的每个可执行语句至少执行一次,每个条件的分支也能得到测试。

4. 设计测试用例

本节选取的程序代码段其实含有几个更小的功能模块,包括:获取第 i 个老人的生日 $d2$ 和现有养老券数量 x;计算老人年龄 $y=\text{getYear}(d2,d1)$。那么在测试本代码段前,应先完成这些小的功能模块的测试,确保被包含的功能模块能正常运行,在此前提下开展目标代码段的测试。

在测试之前,先准备好后台相关测试数据及预期计算数据,如表 6-9 所示。在表 6-9 中,统一设定系统当前日期 $d1=20230914,n=3$。测试数据的设计要从流图中的判断结点出发,确保测试数据覆盖每个分支。

(1)首先是第一个判断结点"$i \leqslant n$",n 是老年人数量,设置 $n=3$,那么测试就要准备超过 3 条记录的老年人数据信息。在表 6-9 中准备了 4 条数据。也就是说有 3 个老年人的数据参与测试,第 4 个测试数据虽然有数据准备,但是程序预期运行结果是无法获取该数据的。

(2)接着是第二和第三个判断结点,$70 \leqslant y < 80$,那么就需要设计覆盖三个测试区间的数据。在表 6-9 中设计了不同的生日输入数据,计算得到的年龄为 65、79、80,能够满足覆盖 3 个测试数据区间。

表 6-9   测试数据准备

测试数据编号	生日 $d2$	现有养老券数量 x	计算得到的年龄 y
1	19430915	20	79(差一天满 80)
2	19580814	0	65
3	19430914	20	80
4	19600802	20	63

备注：(统一设定系统当前日期 $d1=20230914, n=3$)

能够覆盖基本路径的测试用例如表 6-10 所示。

表 6-10   基本路径测试用例表

测 试 编 号	测 试 用 例	预 期 结 果	覆 盖 路 径
1	$y=79$	输出 $x=30$	path1：1-2-4-6-7-1-8
2	$y=65$	输出 $x=0$	path2：1-2-3-6-7-1-8
3	$y=80$	输出 $x=40$	path3：1-2-5-6-7-1-8
4	$y=63$	没有输出	path4：1-8

表 6-10 中的每个测试用例执行之后,与预期结果进行比较,如果所有测试用例都执行完毕,则可以确信程序中所有的可执行语句至少被执行了一次。

深入思考 6.2   黑盒测试法与白盒测试法的本质区别是什么？它们的使用场合有何不同。

参考答案：请参见微课视频 6-2。

 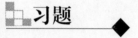

习题

一、选择题

1. 下列不属于解释性语言的是(   )。

    A. Java   B. JavaScript   C. C++   D. Python

2. 关于软件测试,下列说法不正确的是(   )。

    A. 程序测试是为了发现错误而执行程序的过程

    B. 一个好的测试用例能够发现迄今为止尚未发现的错误

    C. 软件测试的目标是站在用户的角度,设计易于发现程序错误的测试用例

    D. 测试结果显示没有发现一个错误,证明这个软件是没有任何缺陷的

3. 测试方法不考虑程序内部的逻辑结构和处理过程,这种方法被称为(   )。

    A. 黑盒测试法   B. 白盒测试法

    C. 灰盒测试法   D. 盲盒测试法

4. 下列哪一项是软件测试的第一个阶段？(   )

    A. 单元测试   B. 集成测试   C. 有效性测试   D. 系统测试

5. 如果输入值是商品价格,范围是[10,5000],则等价类划分结果为(   )。

    A. 一个有效等价类和两个无效等价类

    B. 一个有效等价类和一个无效等价类

    C. 两个有效等价类和一个无效等价类

    D. 两个有效等价类和两个无效等价类

6. 下列哪一项不属于逻辑覆盖测试用例技术？(   )

A. 语句覆盖   B. 判定覆盖

C. 基本路径测试   D. 条件覆盖

7. 若在代码中,判定 1 有 2 个判定条件,则判定 1 的条件取值组合为几个?(　　)

A. 4   B. 1   C. 2   D. 3

二、判断题

1. 代码中的漏洞可以通过使用规范编码的方法来避免。　　　　　　　　　(　　)

2. 在开发软件时,通过认真选择,可以选到最好的编程语言。　　　　　　(　　)

3. 系统测试的主要目标是发现与接口有关的问题。　　　　　　　　　　(　　)

4. 所有的测试阶段都不需要用户参与,都是在软件项目组内部进行。　　(　　)

5. 有效等价类是合理的、有意义的输入数据构成的集合。　　　　　　　(　　)

6. 一个测试用例应尽可能多地覆盖那些尚未被覆盖的无效等价类。　　(　　)

7. 判定覆盖程序中的每个分支至少执行一次。　　　　　　　　　　　　(　　)

8. 满足条件组合覆盖一定同时满足语句覆盖。　　　　　　　　　　　　(　　)

9. 只要方法得当,任意一个程序都可以在测试中覆盖所有的路径。　　(　　)

10. 基本路径测试法通过分析程序的环路复杂性导出基本可执行路径集合。(　　)

三、综合题

1. 已知流图如图 6-11 所示,请用三种方法计算 McCabe 环路复杂度。

2. 现需要对一个用户密码设置功能进行黑盒测试。系统规定用户密码需要输入两次,两次密码应保持一致,密码至少包含 8 位字符,其中字母、数字及特殊字符这 3 类字符都要有。请使用等价类划分法设计该程序功能的黑盒测试用例。

3. 请针对图 6-12 所示的程序控制流程图,使用基本路径测试法设计测试用例。

(1) 将程序流程图转化为控制流图。

(2) 分析程序的环路复杂性。

(3) 以流图中的结点标号为组成元素,导出基本可执行路径集合。

(4) 设计基本路径测试用例。

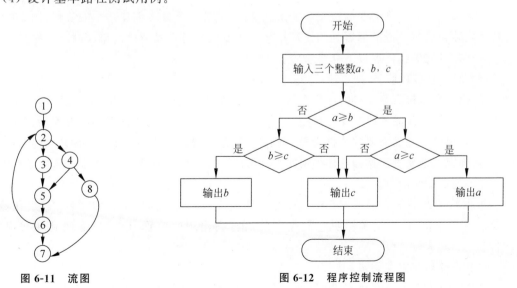

图 6-11　流图　　　　　　　　　　图 6-12　程序控制流程图

第7章　交付与维护

CHAPTER 7

7.1　软件交付

软件交付是软件项目的结束阶段,标志着软件开发任务的完成。软件交付阶段的主要工作是开发组织向用户移交软件项目,包括软件产品和各种软件文档。交付完成后,项目将进入软件维护阶段。

项目验收是软件交付的前提。当软件通过验收后,开发团队将软件相关成果交给接收方,这个过程就是软件产品的交付。当项目完成实体交付、文件交付和项目款项结清后,项目移交方和项目接收方在项目移交报告上签字,项目团队与项目在开发阶段的合同关系结束,项目团队的任务就转到对系统运行和维护提供技术支持和服务的阶段。

交付过程中要完成的具体工作包括项目安装部署、验收测试、交付验收后的软件实体、交付验收后的软件文档、用户培训等。

7.1.1　安装部署

1. 安装

大多数软件产品都需要通过安装的形式交付,它要求开发方创建一个安装包,用户可以通过这个安装包将软件产品部署到工作环境。一个好的软件产品应该简单、健壮、可靠、完整。

创建软件安装包需要以下几个步骤。

(1) 确定安装环境。

① 确定安装包需要支持的操作系统。例如:Windows 或 Linux 操作系统。

② 确定软件产品的语言支撑环境。例如:基于 Java 语言的软件产品需要安装 JDK。

③ 确定软件产品需要的软件支持。例如:数据库管理系统 Oracle、MySQL 等。

④ 确定其他要求。例如:有些软件产品可能会要求接入扫描仪、打印机、读卡器等硬件。

(2) 列举安装清单。

根据软件产品的实现情况,结合所需的环境支撑,列举需要安装的文件、初始化数据、注册表等清单信息,要清楚标明它们在安装后将会出现的位置,让用户能便利地找出相应文件。

(3) 设计和建立安装包。

要对安装包进行详细的设计,包括一个渐进的安装步骤、各步骤的人机交互方式等。完成设计后就可以使用安装工具创建安装包。

常见的软件安装包制作工具有 InstallShield、Advanced Installer 等。

（4）测试安装包。

安装包需要在目标环境中进行安装测试，以便发现问题并进行完善。

需要强调的是，测试安装包必须以用户的工作环境为目标环境进行测试，因为用户使用的机器环境与开发者的机器环境有很大的不同（不仅要考虑操作系统版本、支撑软件版本等问题，还要考虑安装包在机器安装后是否与机器中的其他软件发生冲突），在开发者机器上可以正确执行的安装包未必能够在用户的机器上运行。

2. 部署

部署通常是由开发人员直接操纵软件产品的目标环境，使得软件产品能够在目标环境中正常运行。部署的过程中通常需要执行安装任务，但是还有很多比安装复杂得多的其他任务，例如：安装、设置或调整操作系统，尤其是权限管理参数；安装、设置和调整数据库系统，包括新建数据库和设置访问权限；安装和设置库文件、应用服务器等应用环境。

深入思考 7.1 如何将项目部署到服务器上？

参考答案：请参见微课视频 7-1。

7.1.2 用户培训

用户培训主要是教会用户如何使用软件产品提供的功能来完成其工作和任务。依据任务的不同，要为不同的用户进行不同类型的培训。

软件的使用者主要分为两大类：一类是前台用户，一类是后台系统管理员。

首先了解两个概念：前台和后台。前台和后台不是技术的概念，它是根据不同性质的软件使用者进行的分类。

前台是直接指向普通用户的。前台用户主要通过使用软件系统提供的人机操作界面完成各种能给用户带来应用价值的功能。至于操作过程中的数据从哪里来，到哪里去，普通用户是不关心的。例如：在外卖平台上下单的用户就是前台用户，他们并不关心外卖平台软件上的商家和菜品等信息从哪里来，只需要关注如何使用这些数据完成下单的功能即可。

后台虽然也是面向用户，但它面向的是系统管理员（也就是网站、APP 的数据维护人员）。后台主要用于对前台的信息进行管理，例如：对前台页面展现的文字、图片、影音和文件等各类信息的增加、更新、删除等操作，同时也包括对各类系统运行所需数据（例如：顾客信息、订单信息、菜单信息）的管理和统计。简单来说，后台能够使系统管理员完成对软件运行所需数据和文件的快速操作和管理，通过维护管理数据来保证软件应用系统的正常使用。例如：在外卖平台上展现给前台用户的商家、菜品信息及图片等数据就是由后台管理人员负责维护的。

对"智慧社区养老服务系统"案例来说，软件使用者可以分为两大类，要分别进行不同内容的培训，具体内容如下。

1）前台用户

前台用户包括老年人/老年人家属、志愿者、接单员、社区服务运营人员。

对于老年人/老年人家属、志愿者、接单员，由于人员分散，操作也相对简单，无需也无法进行特别的培训。

对于社区服务运营人员，需要培训如何使用系统进行下单、派单和接听第三方呼叫平台转来的电话。

2）后台用户

后台用户包括社区老年服务后台管理员、养老服务提供商后台管理员、社区养老负责人、民政局养老负责人。

对于社区老年服务后台管理员,需要培训如何进行老年人基础信息导入、服务提供商管理、志愿者管理、派单服务商规则管理等基础信息管理。

对于养老服务提供商后台管理员,需要培训如何进行接单员管理、服务管理、派单规则管理等基础信息管理。

对于社区养老负责人,需要培训如何进行服务提供商等级评定、投诉处理以及进行老年服务数据分析等。

对于民政局养老负责人,需要培训如何查看老年服务数据分析、制定及调整养老券发放等相关服务政策。

上面所说的前台用户和后台系统管理员都是软件系统的直接用户,接受的培训主要是软件功能使用方面的培训。

除了以上的软件功能使用培训之外,在对系统管理员进行培训时,还要培训系统管理员如何启动和运行新系统、如何配置系统、如何授权或拒绝对系统的访问、如何支持用户、如何处理异常等。

7.1.3　软件文档

文档是软件交付的重要部分。文档的使用者可以分为用户、系统管理员、软件维护人员等。对应的文档也可以分为以下几类。

1. 用户文档

用户文档是指为用户编写的参考指南或者操作教程。常见的用户文档包括用户使用手册、联机帮助文档等。用户文档的主要作用是:使用户能够按照文档提供的操作说明,完成系统的各项功能。用户文档主要包含如下内容。

1)软件系统概述

记录该手册对应的软件名称、系统版本号;介绍软件系统的研发背景;描述软件系统的使用场景;明确本手册的受众是何种角色。

2)功能说明

最好用图表的形式说明软件的功能与系统的输入、输出之间的关系,然后详细描述软件系统中每个功能的模块划分、应用角色、功能概述、使用场景、操作方法、输入输出说明、系统截图、注意事项。

例如:输入数据格式的具体要求;输出数据是面向何种角色,用于何种目的;输出数据的使用频度是定期的(每周、每月)或备查阅的。

3)常见问题

列出软件使用过程中的常见问题,并给出详细的解决方案。

用户文档的使用过程及说明应尽量以图文结合的方式展示出来,描述简洁、清晰、易懂,减少用户阅读难度。

2. 系统管理员手册

系统管理员手册是专门为系统管理员准备的资料。系统管理员手册一般包括三部分内容。

1)系统运行所需的基础信息管理

这部分内容同用户手册类似,系统管理员应接受对系统基础信息管理的培训,并且了解用户手册的主要内容,这样才能更好地全面了解系统的运作过程。

2) 配置和运行系统

系统管理员应了解系统的支持管理功能,明白系统是如何工作的。系统管理员手册应详细描述软件系统运行所需的软硬件配置、授权用户访问系统的方法、如何配置系统、如何分配任务规模和硬盘空间、如何监控和改进系统的性能等。

3) 出错处理和恢复

为了确保系统运行出错时,系统管理员能够完成对系统的快速启动和恢复,系统管理员手册应详细描述系统备份和恢复过程的操作过程、出错处理的操作过程等。

3. 开发文档

对于软件维护人员来说,在软件生命周期各阶段都会形成相应的文档,例如:需求分析、系统设计、测试报告等文档。用户和系统管理员并不需要这些文档,但是对于软件维护人员,当需要对系统进行局部的代码修改或上线小的功能时,这些开发文档就是必不可少的编程指南。

深入思考 7.2 软件开发全过程的文档有哪些?

参考答案:请参见微课视频 7-2。

7.2 软件维护

当软件开发完成并交付用户使用后,软件生命周期并没有结束,而是进入软件运行和维护阶段,以保证软件在后期相当长的时间内能够正常运行。

7.2.1 软件维护概述

各个工程领域都会在将产品交付给用户之后进行维护工作,主要是为了保证产品的正常运转而进行的使用帮助、故障解决和磨损处理等工作。软件不会磨损,软件维护只需要完成少量的使用帮助、故障解决等工作。

IEEE 对软件维护的定义是:软件维护是在交付之后修改软件系统或其部件的活动过程,以修正缺陷、提高性能或者其他属性、适应变化的环境。

在软件系统的实际运行过程中,需要进行软件维护的原因有以下几种。

(1) 用户需求发生改变。

随着市场形势的变化、新技术的出现,用户完成某项功能的业务流程也随之有变化的需求。用户需求的变化直接导致软件的需求也发生变化。例如:微信点餐系统刚开始投入运行的时候只能一次性点餐,再加菜的时候必须新开订单。运行一段时间之后,商家认为这不利于管理,那么在后期维护阶段就需要添加在未结账订单上"加菜"的功能。

(2) 环境发生改变。

随着软件产品的生命周期越来越长,在软件生命周期内外界环境发生变化的可能性越来越大,因此,软件经常需要修改以适应外界环境的改变。例如:软件的运行环境需要从Windows 操作系统转移到 Linux 操作系统上、与第三方软件系统的接口发生了版本更新、外接硬件设备升级换代等,这些都需要软件系统进行升级维护,以适应外围软硬件环境的变更。

(3) 软件产品中存在缺陷。

虽然软件产品在交付前,已经经过了多个阶段的软件测试,但是构建一个完全无缺陷的软件产品几乎是不可能的。在运行过程中,存在于软件中的潜在缺陷就可能逐步暴露出来,此时,必须通过软件维护予以及时地解决。

软件工程的成功绝不仅是开发的成功,更要求维护工作的成功。只有降低软件维护的成本,才能降低整个软件工程的成本。虽然变更需求在数量上少于新开发需求,但是却会耗费比新开发大得多的成本,这是因为在维护中修改软件时,不论被修改的是哪个部分,维护人员都需要全面理解整个软件系统的结构和行为,只有这样才能确定需要修改的程序位置和修改方法。理解软件系统的结构和行为就需要准确理解程序代码,而这是一个困难的任务。

7.2.2　软件维护类型

根据维护工作的性质,软件维护可以划分为以下几种类型。

1. 完善性维护

在软件投入使用后,用户往往会由于各种原因对软件提出新的功能与性能要求。为了满足用户的新需求,需要对软件进行修改或再开发,以扩充软件功能、提高软件性能。在这种情况下进行的维护活动称为完善性维护。这项维护工作是必不可少的。

可以利用原型法,在实际系统开发之前将系统原型提供给用户试用,使用户能够提出真正满足他们内在需求的功能要求,减少以后完善性维护的需求。

2. 适应性维护

随着新的计算机硬件系统的不断升级、新的操作系统投入运行或操作系统新版本的不断更新,外部设备和其他部件也经常需要随之修改或改进。在使用过程中,由于外部环境(新的硬、软件配置)和数据环境(数据库、数据格式、数据输入/输出方式、数据存储介质)发生变化,为了使软件能适应新的环境而进行的软件修改活动称为适应性维护。

常见的环境变化情况的例子有:对数据库中某个数据的长度进行了修改;要求缩短系统的响应时间,提高用户的体验度;修改系统与刷卡器的接口代码,使其适用于新升级的刷卡器终端。适应性维护的可能场景非常多,软件系统需要不断维护,来适应整个环境的变化,以维护软件的应用价值。

适应性维护不可避免,但可以采取措施控制维护工作量。例如:在做系统配置管理时,把硬件、操作系统和其他相关环境因素的可能变化预先考虑在内;把与外部软硬件系统关联的程序划分到特定的接口程序模块中,以减少维护工作的改动量。

3. 改正性维护

在软件交付使用后,因开发时测试得不彻底、不完全,必然会有部分隐藏的错误遗留到运行阶段。这些隐藏下来的错误在某些特定的使用环境下就会暴露出来。为了识别和纠正软件错误、改正软件性能上的缺陷、排除实施中的错误使用,进行诊断和改正错误的过程称为改正性维护。

改正性维护是在软件运行中发生异常或故障后进行的。然而,对所发现的程序错误进行修改,一般都应该十分谨慎,以防造成不良后果。改正性维护的工作可能是:改正原来程序中并未发现的错误;解决开发时测试不充分带来的问题,等等。

通过使用新的开发方法、防错程序设计、回归测试、在程序中引入自检能力及周期性维护审查等技术,可以减少进行改正性维护需求的数量。

4. 预防性维护

随着持续的修改,软件的复杂度会上升,质量会下降。预防性维护是为了解决上述问题而进行的软件调整,是一种提升软件可维护性、可靠性,为以后进一步改进软件打下良好基础的软件维护。

对于预防性维护,一般不是由用户发起的维护请求,而是由维护人员选择虽然还能使用但不久就须作重大修改或者加强的软件,进行预先的维护。

在整个软件维护阶段的全部工作量中,预防性维护的工作量很小,完善性维护占了几乎一半的工作量。软件维护活动所花费的工作量占整个生命周期工作量的70%以上,这是由于在漫长的软件运行过程中需要不断对软件进行修改,以改正新发现的错误,适应新的环境和用户新的要求,这些修改需要花费很多精力和时间,而且有时会引入新的错误。有统计调查表明:每修正一个缺陷,都有20%～50%的概率引入新的缺陷。

深入思考7.3 四种软件维护适用的场景有什么不同?

参考答案:请参见微课视频7-3。

7.2.3 软件维护工作流程

软件维护的基本工作流程如下。

1. 软件维护申请

所有软件维护申请应按规定的变更流程正式提出。变更维护申请由用户、客户或其他人员提出。如果维护申请是改正性维护,应该说明错误的基本情况;如果维护申请是适应性维护或者完善性维护,用户应提交一份修改说明书,列出修改目标。

2. 确定维护类型和优先级

根据用户的维护申请,软件维护人员应该首先对于维护类型做一个判断。

对于改正性维护申请,从评估错误的严重程度开始。如果错误已经严重到影响系统正常运行,那么必须将其放到最高优先级,立刻安排人员进行紧急修改,以避免出现重大运行事故;如果错误不是很严重,则可根据错误的危害程度和人员安排情况,评估优先级,进入相应级别的维护任务排队,按计划完成维护工作。

对于适应性维护和完善性维护申请,需要先评估申请的优先级。如果申请的优先级很高,则可以立即开始维护工作;否则,也应进入相应级别的维护任务排队,按计划完成维护工作。

维护类型确定和优先级评估工作完成后,维护开发组织应提交一个软件维护申请报告,说明维护内容、维护类型、优先级别、估算工作量和维护后的变更结果。维护申请报告应该经过审批通过后,才能正式进入维护实现。

3. 维护实现

尽管维护申请类型不同,但是维护实现工作都应包括变更分析、修改软件设计、修改程序、回归测试、复查验收等一系列步骤。因此,维护实现工作实质上是经历了一次压缩和简化了的软件定义和开发的全过程。

1) 变更分析

变更分析的主要目的是为后续的修改(设计、实现、测试、交付发布等)确定一个基本的规划,包括两个阶段。

(1) 变更可行性分析。该阶段的任务是提出候选方案,并分析方案的可行性,建立可行性报告。可行性报告的内容包括变更的影响范围、候选方案、需求变化分析、对安全性和保密性的影响、人的因素、短期和长期成本、修正的价值与效益等。

(2) 变更需求分析。该阶段的任务是准确定义修改的需求、标识需要修改的元素、标识修改中的安全与保密因素、确定一个测试策略和建立一个实现计划。

2) 修改软件设计

该步骤的主要任务是依据变更分析的结果和已有系统的信息,完成对系统设计的变更。

具体工作包括:标识被影响的软件模型、修改软件设计文档、为新的设计创建测试用例、更新回归测试集和更新需求文档。

　　在进行完善性维护和适应性维护时,设计步骤要针对新的功能需求执行一个完整的详细设计过程。

　　在进行改正性维护时,设计要防止程序修改带来连锁的负面效应。

　　在进行预防性维护时,设计要重点关注软件结构的质量,以此为依据修改程序代码和软件系统结构。

　　3) 修改程序

　　该步骤的主要任务是根据变更的设计,完成代码实现。

　　具体工作包括编码与单元测试、集成新修改代码、集成测试、风险分析和代码评审。

　　4) 回归测试

　　该步骤的主要任务是确保对变更的修改不会带来连锁的负面效应,要保证系统仍然能够满足其他未被修改的需求。

　　具体工作包括针对变更情况进行功能测试和界面测试、对整个系统进行回归测试、验证系统是否准备好进行验收测试。

　　5) 复查验收

　　该步骤的主要任务是要验证系统是否满足用户的变更请求。

　　具体工作包括针对变更请求的功能测试、针对用户使用环境的兼容性测试和对整个系统进行的回归测试。

　　4. 维护产品发布

　　该步骤的主要任务是将修正的系统发布用于安装和运营。

　　具体工作包括进行配置审计、通知用户团体、备份系统、在用户的使用环境下进行安装和培训。其中配置审计是要通过配置管理系统确定一个系统的发布包,包括文档、软件程序、培训文档,以及其他相关文档。

 习题

　　一、选择题

　　1. 下列不属于创建软件安装包步骤的是( )。

　　　A. 确定安装环境　　　　　　　　　B. 列举安装清单

　　　C. 设计和建立安装包　　　　　　　D. 部署软件

　　2. 下列不属于用户文档的是( )。

　　　A. 用户使用手册　　　　　　　　　B. 需求分析规格说明书

　　　C. 联机帮助文档　　　　　　　　　D. 运行错误处理手册

　　3. 为了满足用户的新需求,需要对软件进行修改或再开发的维护被称为( )。

　　　A. 完善性维护　　　　　　　　　　B. 适应性维护

　　　C. 改正性维护　　　　　　　　　　D. 预防性维护

　　二、判断题

　　1. 要为所有的用户进行同样的、完整内容的培训。　　　　　　　　　　　( )

　　2. 系统管理员不需要了解软件系统运行的软硬件配置信息。　　　　　　　( )

　　3. 对于用户的维护申请,软件维护人员应该进行统一的维护排队。　　　　( )

　　4. 改正性维护是在软件运行中发生异常或故障之前进行的。　　　　　　　( )

附录A
APPENDIX A
软件开发类毕业设计中的常见错误

常见错误 1：对于业务流程概念的理解存在问题

有些初学者把业务流程和用例中的事件流混为一谈，不理解模型中各元素的含义，随意使用建模工具来绘制业务流程图。图 A-1 就是一个错误的业务流程图示例。

在图 A-1 中，存在以下几点错误。

（1）泳道中不应出现"服务器"这样的命名。在第 3 章业务流程图分析中，泳道图中通过"泳道"区分的是"业务执行主体"，而不应是"服务器"等技术实现中的术语。

（2）业务流程图使用泳道图表达时，自上而下应体现各业务执行主体之间所负责业务的先后逻辑关系。而图中"教师"和"管理员"是两个并行的流程通过服务器有交互，这样的画法无法清晰体现组织内各单位、人员之间的业务关系、业务顺序，没有达到绘制业务流程图的目的。

（3）图中使用了"进入××页面"等作为业务处理是错误的。业务流程图不同于页面流程图，不需要体现页面的跳转。在此只需要分析业务执行主体需要执行的功能，并不需要体现通过哪个界面体现。

（4）业务流程图描述的是完整的业务流程，以业务处理过程为中心，一般不体现业务过程间的数据传递。而图中出现了大量"提交数据"和"返回数据"的字眼，实质上是把实现过程中数据的流转带入到业务流程图中，造成图形表达的混乱。

（5）图中使用的线条不规范。直线使用的箭头类型不一致；存在带曲弧的直线；消息传递的使用有标在箭头上方的，有标在箭头中间的，应统一将消息传递标识在箭头上方。

总之，业务流程图是为业务的实际执行过程建模，是一种用图形方式反映业务处理过程的"流水账"。业务流程图主要描述业务推进的过程，在此过程中，不要将从技术角度观察的系统实现细节放入业务流程图中。

例如：以社区事务管理系统开发为例，将小区的"公共维修基金使用"提取为一个业务流程。这个业务流程的核心过程简述为：业委会征求公共维修基金使用意见→业主提交个人意见→业委会公示统计结果→物业提交向房管局申请使用的记录→物业提交房管局回复意见→业委会招标公示→业委会提交验收报告。

从上述业务流程中，提取协作完成"公共维修基金使用"业务的"业务执行主体"，包括业委会、业主和物业，绘制"公共维修基金使用"业务流程图，如图 A-2 所示。

在使用面向对象分析的用例技术进行系统需求分析前，应该先绘制系统的核心业务流程。只有在业务需求分析阶段，把业务流程梳理清楚后，才能从业务流程图中提取出系统用例，进而通过用例图表达系统需求分析。

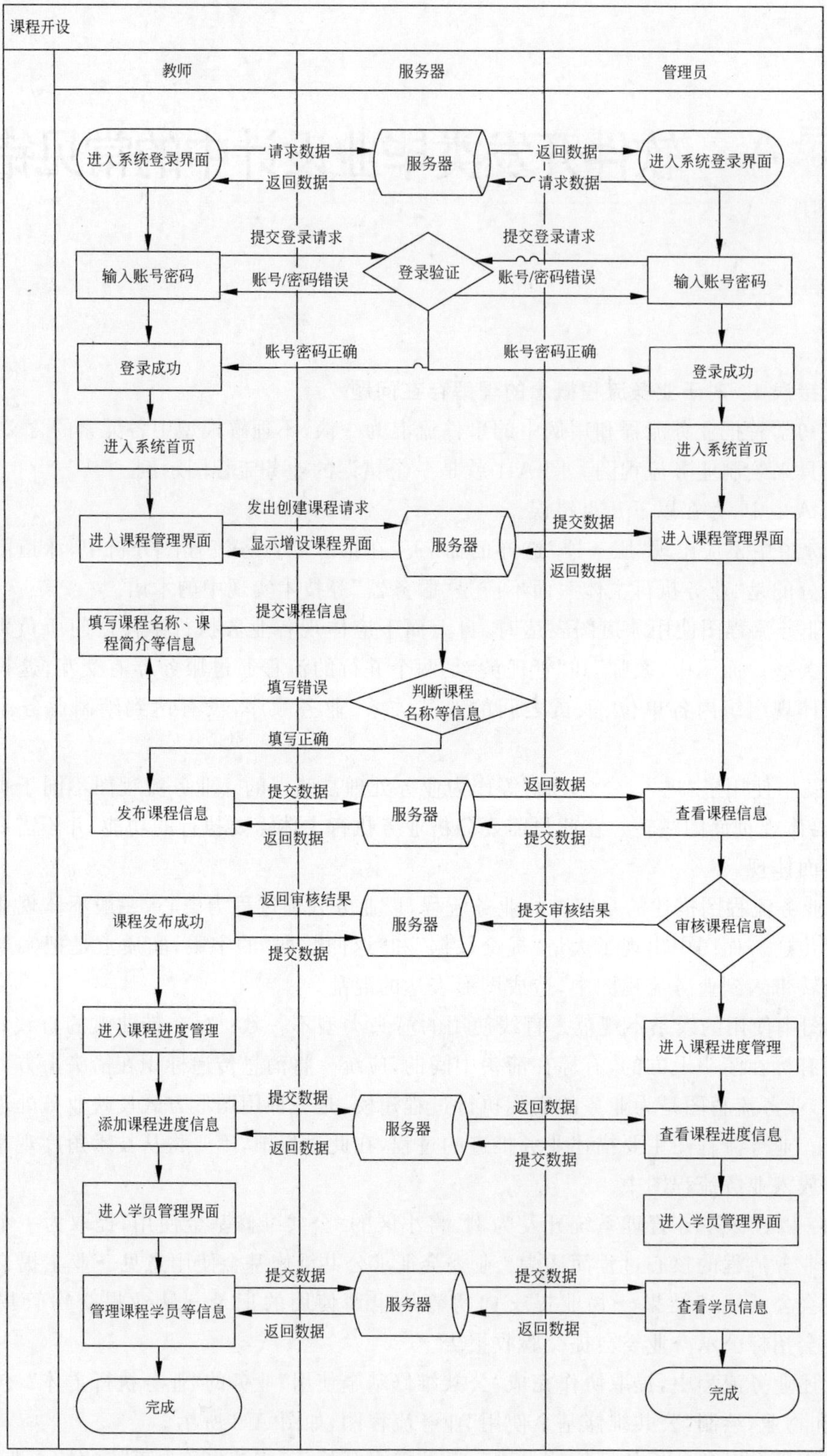

图 A-1　错误的课程开设业务流程图

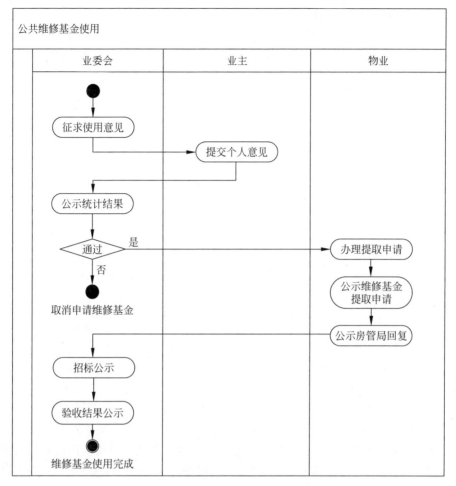

图 A-2 "公共维修基金使用"业务流程图

常见错误 2：系统某项功能设计没有实际意义

在系统开发实践中，有一种错误比较隐蔽：需求分析中为某个角色提供了某项功能，但是这项功能会为用户带来何种价值，却在需求中没有任何体现。

例如：社区养老负责人可以根据投诉情况来调整服务商等级。某些初学者在用例图上为"社区养老负责人"绘制了一个"调整服务商等级"用例，然后也实现了相应的功能。但是操作带来的后续影响是什么，在系统需求中没有任何体现，出现类似"断头路"的功能。

这种错误属于拍脑袋想出来的功能，其本质是业务流程分析不清楚，并没有把"社区养老负责人"拥有的"调整服务商等级"功能放在某个有意义的业务流程中，只是实现了这样一个孤立的功能。如果问开发者为什么要做这件事？回答可能是别的系统有这样的功能，我也提供这样一个功能。这就是在系统需求分析之前没有先做业务需求分析带来的后果，建议初学者一定要重视第3章业务需求分析的学习。

那么为什么要提供"调整服务商等级"功能呢？调整等级一定是对养老服务提供商的直接利益有影响，所以才会为社区养老负责人提供这样的监管功能。所以，业务流程就需要继续向后延伸。调整服务商等级后，派单逻辑中应加入"服务商等级"这个影响因素（例如：等级高的派单多，等级低的派单少），"社区运营服务人员"将会根据系统的派单逻辑调整对养老服务提供商的派单频率，从而直接影响养老服务提供商的经济收益。

常见错误 3：用例图中的错误

用例图是由参与者、用例以及它们之间的关系构成的。从表面上看，用例图元素非常简单，但是正确绘制用例图并不是一件简单的事情。图 A-3 是一个错误的用例图示例。

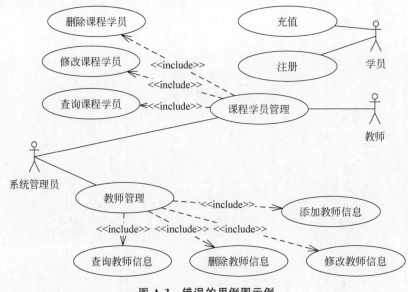

图 A-3　错误的用例图示例

在图 A-3 中，存在以下几点错误：

(1) include 关系的误用。在用例图中如果使用了 include 关系，首先图形从直观上应该是多个用例包含(include)一个用例，以表示被包含的用例是一个公共业务事件流。如果在用例图中，只有一个基用例指向了被包含的用例，基本可以判断这里的用例图绘制是错误的。因为如果被包含用例不是公共事件流，就没有必要被拆分出来，只有当多个用例使用它时，被包含用例的提取才有意义。

在图 A-3 中，出现了 2 组 include 关系的用法：一组是"教师管理"用例 include 四个增删改查操作用例；一组是"课程学员管理"用例 include 三个删改查操作用例。首先从图形上判断，这里用 include 关系就是错误的。因为通常情况下，用例图中不应出现一个用例包含多个用例，而应是多个用例包含一个用例。

如果某些基础信息维护的共同特点是：增加、删除、修改这三个功能都是由一个参与者进行的，并且只涉及了系统中的同一个实体，那么要表达对信息管理的各种操作，可以使用 1 个用例来绑定彼此密切相关但不同的功能。即：不在用例图中显示增删改查这四种常规操作，统一用"维护 XX 信息"用例来表示。

(2) 多个参与者指向同一个用例。在用例图中，一个参与者通常可以指向多个用例，但是一个用例一般只与一个参与者发生联系。当然这并不意味着只有这一种参与者能使用这个用例，而是指：用例所指代的业务主要是由哪个参与者负责，在用例图中就由哪个参与者指向该用例。至于拥有高权限等级的系统管理员也能执行该操作，这反映的是一个权限问题，而不是职责划分。用例重要的是体现参与者的职责。

在图 A-3 中，教师和系统管理员都指向了"课程学员管理"用例，这样绘制不合适。从职责划分上，管理课程学员由教师来负责，系统管理员虽然拥有高级别权限，也能进行管理课程学员的操作，但这不是系统管理员的主要职责。所以应去掉系统管理员与"课程学员管理"用例之间的连线。

（3）灵活应用 extend 关系以贴近真实需求。在用例间的扩展关系中，扩展用例是可选的、可以独立存在的，它是基用例在满足特定条件下执行的行为。这也就意味着，扩展用例可能执行，也可能不执行，取决于运行场景中是否有特定条件的发生。

在图 A-3 中，有的学员在注册过程中希望同步选择执行充值的业务，而不是注册完毕后跳转到主界面，再执行充值业务。这是一个在"注册"基用例上的扩展需求。不同的学员有不同的选择，选择暂不充值的学员只完成注册而不走充值流程，选择在"注册"过程中充值的也能满足其需求，在注册流程中完成充值。上述需求体现在用例图中："注册"用例是基用例，"充值"是扩展用例。

经过上述分析之后，修改后的用例图如图 A-4 所示。

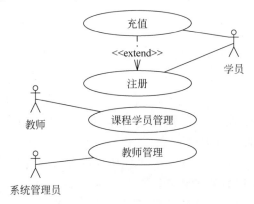

图 A-4 修改后的用例图

常见错误 4：用例边界识别的误区

在绘制用例图时，识别边界容易出现一些低级错误，图 A-5 是一个错误的用例边界识别示例。在图 A-5 中，从"宠物乐园 APP"的命名可知这是一个系统用例图，图中的方框是系统边界，但是在系统外部的参与者中，出现了一个"萌宠"的参与者，萌宠会用系统完成某些业务吗？显然，宠物是没有能力使用宠物乐园 APP 的。但是如果在业务分析阶段，分析组织能为用户提供什么有价值的服务时，将边界确定为宠物店，那么业务分析用例图中出现"萌宠"参与者是没问题的，业务用例图如图 A-6 所示。

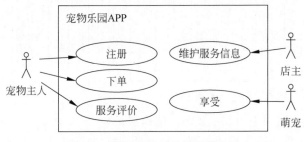

图 A-5 错误的用例边界识别示例

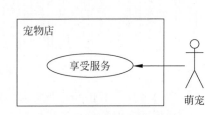

图 A-6 宠物店的业务用例图

在图 A-6 中，业务用例图主要体现了组织的核心价值，那么宠物店的核心价值就是为宠物提供各种服务。但是一般情况下，较少绘制业务用例图。核心业务及业务流程通过其他建模工具去体现。

常见错误 5：用例提取不恰当

用例是从需求分析中提取的。判断一个用例提取是否恰当，可以套用一个模板：参与者能够使用系统完成××业务。如果这句话能够合理反映用户对系统的需求，那么这个"××"

就是一个恰当的用例名称。图 A-7 就是一个用例提取不当示例。

将图 A-7 中的"维修井盖"用例套用到上面用例提取的模板中:"维修人员能够使用监测系统完成维修井盖业务"。很明显,这是无法实现的。从本质上思考错误根源,这是初学者在绘制用例图时,把业务流程中的所有活动都放入了用例图

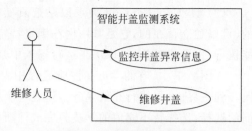

图 A-7 用例提取不当示例

中。在业务流程中,有些活动需要系统配合执行主体去完成,有些活动需要线下由人工完成,而在系统用例图中,体现的是业务流程中需要系统配合参与者去完成的活动,这些活动才是提取系统用例的来源。

常见错误 6:参与者提取不恰当

在进行用例建模时,对于参与者的描述笼统地使用"用户""管理员"这样的称谓是不合适的。应结合当前开发的系统,准确识别出参与者的具体称谓,例如:用户可能是"顾客""酒店前台服务员"等;管理员可能是"教务处学籍科负责人""学生处宿管负责人"等。把参与者标识为直观的、见名知义的称谓,才能在需求分析阶段更加准确地描述系统需求。

常见错误 7:系统功能结构图误区

系统功能结构图是需求分析工程师对业务功能进行分析整合后的需求汇总。图 A-8 是在分析汇总功能模块中出现的常见错误示例。

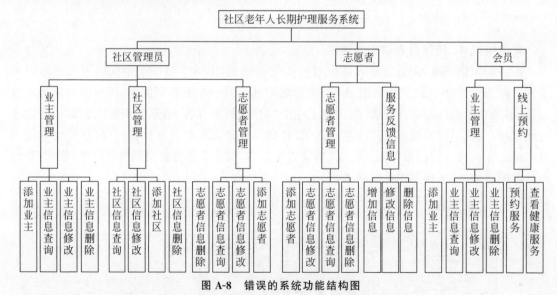

图 A-8 错误的系统功能结构图

图 A-8 中存在的错误现象是:在系统结构图中出现重复的功能模块。

使用面向对象分析方法做需求分析时,首先确定系统外部的参与者,然后从参与者的角度观察系统能够为参与者提供何种功能。图 A-8 把三个外部参与者作为系统功能结构图的第二层,这是把面向对象分析成果应用到结构化设计中,是一个非常典型的错误,从这一层开始就错了。但图 A-8 又沿着这个思路继续表达结构化的功能模块。所以,"社区管理员"和"志愿者"下面都有一个完全相同的三级"志愿者管理"模块以及再分解的相同的四级功能模块,使得系统功能结构图中出现了重复的功能模块分解,这种功能模块重复的现象在系统结构图中不应出现。

图 A-8 中最根本的错误是把结构化需求分析方法和面向对象需求分析方法在同一张图

中混合使用。虽然两种软件工程方法并不对立,但是在实践中应注意混合使用的前提是:在同一个软件生命周期阶段,可以使用不同软件工程方法中的模型来充分表达建模者的意图,但是每一个模型应该遵循各自所属方法的要求,而不能在同一个模型中混入两种方法。

常见错误8:体系结构设计误区

在体系结构设计环节,最常见的误区是:把在开发实践环节中使用的技术框架原理图作为软件系统体系结构设计。图 A-9 就是一个将 SSH 框架作为系统体系结构设计的误区。

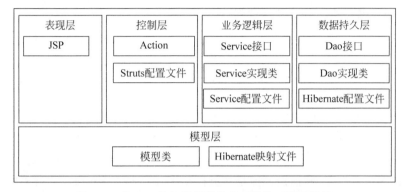

图 A-9　将 SSH 框架错误地作为系统体系结构设计

SSH 是技术框架,可以认为是技术架构中的框架选型。如果一个系统的体系结构设计图放到不同的软件需求背景下都适用,那么一定是错误的。系统的体系结构设计无论选取了哪几种视图,都需要体现该系统自身的个性化需求。图 A-9 中的各种表述都是从技术角度阐述的对技术框架的认识,没有体现任何系统自身的业务需求内容,这样的模型不应作为软件系统体系结构设计图。

常见错误9:数据库概念模型设计中的错误

数据库设计的第一步就是概念模型设计,在概念模型设计中也存在很多误区。图 A-10 就是一个错误的概念模型设计示例。

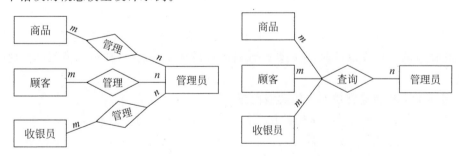

图 A-10　错误的概念模型设计示例

在图 A-10 左图中,管理员与顾客、商品和收银员之间的"管理"或"查询"是一个"业务操作",并不能体现管理员和顾客、商品、收银员实体之间的"数据联系"。对于管理员"管理"各个实体,如果没有特别要求记录相关的操作信息(例如:记录某个管理员在某个时刻删除了某件商品信息),尤其是当系统只有一个管理员时,就无需记录"管理"联系的数据信息。此时,图 A-10 左图的设计就是错误的。

图 A-10 右图的错误更加严重,它将一个查询操作套用在三个实体上,在 E-R 图中,这样的画法表达的是四个实体之间存在四元联系。而实际上,这四个实体之间根本就不存在四元联系。也就是说,右图除了包含左图中的错误,在联系的表达上更加混乱。

正确的关注点是：商品、顾客、收银员这些实体之间内在的数据联系是什么？联系往往是通过业务实现的。例如："结账"这个业务把商品、顾客和收银员三个实体联系起来,系统就需要记录"结账"联系的数据信息。本例正确的概念模型如图 A-11 所示。

在学习数据库概念模型设计时,曾提到实体之间的联系一般应该用一个动词来表达,例如：学生与课程之间是"选课"联系,在数据库

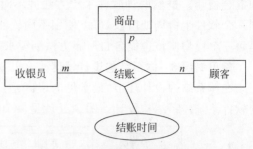

图 A-11　正确的概念模型设计示例

中要记录哪个学生选了哪一门课程,这是"选课"联系要记录的数据；学生与学院之间是"属于"联系,在数据库中要记录哪个学生属于哪个学院,这是"属于"联系要记录的数据。上述示例中,联系揭示的是实体之间的数据关联。初学者最容易在这里犯错：将某个功能作为动词放在两个实体之间,就认为表达了实体之间的联系,并没有进一步思考这个联系是否存在需要在数据库中记录的数据。

总之,E-R 图是数据模型,而用例图是功能模型。在绘制 E-R 图时,要将思路从用例图中的参与者拥有何种功能的角度抽离出来,专注于思考实体之间的数据联系。

常见错误 10：概念模型设计、逻辑模型设计、表结构设计与数据库实施的表结构不一致

概念模型设计的成果是 E-R 图,在 E-R 图中需要标识实体、联系及属性；在 E-R 图转换为关系模式后得到的逻辑模型中,实体、联系及属性转换为关系和关系的属性；在物理设计阶段,选择具体的关系型数据库管理系统,将关系模式转换为表结构的设计,表名就是关系名,表的字段沿袭表达关系的属性；在数据库实施阶段,根据表结构设计创建具体的数据表。但是有读者在进入编码阶段后,很有可能发现数据库设计的不完善之处,于是随意增加、修改或删除数据库中的表或者表中的属性,却没有及时更新相关数据库设计文档或者只更新了与编码关系最密切的表结构设计,造成 E-R 图、关系模式、表结构设计和数据库实施的表结构四者出现不一致的现象。

总之,数据库设计的六个阶段是环环相扣的,如果在后期开发或维护过程中,需要修改表结构以优化原有的数据库设计时,应同步修改各阶段的成果,确保各阶段的模型所呈现的数据结构保持一致。

常见错误 11：毕业论文撰写中的典型问题

(1) 关键词中最好不要出现常用的技术词汇。例如：MySQL、B/S 等一般不作为关键词。除非技术名称是最近几年开始流行的且是本论文使用到的重要技术,例如：TOGAF、微服务、Spring Cloud 等,这些词汇可以作为关键词使用。

(2) 全文中出现的英文简写应使用正确的、一致的大小写形式。例如：MySQL,不要使用 mysql 或 Mysql 等不规范的用法。

(3) 全文中不应出现我、我们等第一人称的称谓,而应使用本文、本设计或本课题。

(4) 摘要不要冗长,而应简单地从背景、技术路线、主要功能和意义等几方面概要介绍毕业设计的主要内容。

(5) 在国内外研究现状部分,一个常见的问题就是没有重点撰写待开发系统的研究现状,而是以较大篇幅阐述问题的背景现状。例如：毕业设计题目是"基于 Spring Boot 的智慧养老社区平台设计与实现",有读者查阅并撰写了大篇的社科领域的智慧养老的国内外发展现状,却没有从技术角度去查阅"智慧养老平台开发"的国内外研究现状。简而言之,问题背景的现

状可以简要叙述,但是不要过多阐述,国内外研究现状撰写的重点应该是:针对待开发的系统,调研国内外的开发人员使用了何种技术,为哪些角色提供了何种功能以及社会意义、实践意义等内容,从而在此调研基础上,引申出本论文使用的新技术或实现的新业务、新功能,体现毕业设计的意义。

（6）在需求分析部分,有读者没有描述系统的核心业务流程,却选取用户登录、注册或后台系统管理员对基础信息的增删改查等非核心业务,绘制相应的业务流程图。这是典型的"抓了芝麻,丢了西瓜"。应当避免这种现象,把需求分析重点放在系统的核心业务。如果没有特别需要说明的,一般不选用登录和注册作为论文需求分析的内容。

（7）在系统设计部分,有读者使用功能结构图来表示系统的功能分解,但却没有对功能模块展开设计,显得系统设计部分内容很单薄。应当灵活应用本书介绍的各种系统设计表达工具,从各种角度展现概要设计和详细设计的成果。

（8）在数据库设计部分,常见的问题包括两方面:一是在概念设计阶段,E-R图的绘制出现各种错误,无法体现系统各实体之间的联系,同时对于 E-R 图应配有相关的语义解释,以体现系统的业务规则;二是在数据库设计的三个核心阶段,表结构的设计与概念模型设计、逻辑模型设计不一致,各阶段的设计成果没有体现前后关联性。

（9）无论是在需求分析还是系统设计阶段,都要注意先总体再局部。不能一开始就进入细节描述,否则论文无法体现软件系统整体的分析和设计思路。从分析到设计应保持连贯性,避免出现分析与设计阶段的成果完全割裂、没有联系。

（10）论文中对于各种模型应配以相应的文字说明。在系统分析和设计过程中,会使用很多图形化建模工具来创建各种模型,以描述软件系统分析和设计阶段的成果。一个典型的问题是:有些读者只把绘制的各种模型放在论文中,却不对模型加以任何解释和说明,使得论文整体看起来像是一组图形的堆砌,无法真正让阅读者了解论文写作者的思路。正确的做法是:对每一幅图配以相应的文字说明。同样地,对于表格也应同样处理,对每一张表所要表达的内容也要加以阐述。

（11）在系统实现部分,需要抓取实现系统核心功能的相关代码截图,常见的问题包括两方面:一是代码截取没有重点,篇幅过大。代码截取不需要呈现完整的代码,只需要把功能实现最核心的部分展现出来即可;二是对代码没有进行说明。在毕业论文的技术路线中提到了毕业设计中使用到的核心技术,那么在代码中的哪一部分能够有所体现,就在截图下方给出相关文字说明。

（12）在系统测试部分,有读者只选取了用户登录功能进行测试,却抛开了系统的核心业务。在论文的测试部分,应当说明系统核心功能测试情况并总结测试结果,体现测试阶段所使用的测试技术、测试工具以及测试用例的设计。

（13）在总结和展望部分,应对毕业设计所做工作进行总结,并提出系统的改善意见和展望。要有针对性地总结,而不要泛泛而谈。例如:下面的文字放在哪篇论文中作为总结都适用就是不合适的。

"由于经验和能力不足,在开发、设计该系统的时候,出现了比较多的问题,例如:需要用到的技术不熟悉、程序报错等,后来一点点将自己遇到的问题逐渐解决。通过本系统完整的开发,使得自己更加深入地了解了软件过程的开发设计思想……"

（14）在参考文献部分,需要注意两方面:一是在论文正文中的参考文献标注应按照顺序从序号 1 开始,相应地调整文末参考文献的位置和编号,使得两者保持一致;二是文末参考文献的撰写要符合相应的参考文献规范。

附录 B
APPENDIX B

软件开发类毕业论文参考示例

请扫描二维码获取附录 B 的具体内容。

附录 B

参 考 文 献

[1] 郑人杰,马素霞.软件工程概论[M].3 版.北京:机械工业出版社,2021.

[2] 徐锋.软件需求最佳实践[M].3 版.北京:电子工业出版社,2013.

[3] SOMMERVILLE I.软件工程(原书第 10 版)[M].彭鑫,赵文耘,等译.北京:机械工业出版社,2019.

[4] 温昱.业务架构·应用架构·数据架构实战[M].北京:电子工业出版社,2021.

[5] EVANS E.领域驱动设计 软件核心复杂性应对之道[M].修订版.赵俐,盛海艳,刘霞,等译.北京:人民邮电出版社,2018.

[6] 李鸿君.大话软件工程需求分析与软件设计[M].北京:清华大学出版社,2013.

[7] 潘加宇.软件方法[M].2 版.北京:清华大学出版社,2013.

[8] 徐锋.软件需求最佳实践[M].3 版.北京:电子工业出版社,2013.

[9] 崔康.软件架构分解.架构周报[EB/OL].https://www.infoq.cn/news/2014/03/linkedin-log-arch-weekly/.2014-03-16.

[10] PRESSMAN R S,MAXIM B R.软件工程:实践者的研究方法(原书第 8 版)[M].郑人杰,马素霞,等译.北京:机械工业出版社,2016.

[11] 贾铁军,李学相,王学军.软件工程与实践[M].3 版.北京:清华大学出版社,2019.

[12] 谭云杰.Thinking in UML[M].2 版.北京:中国水利水电出版社,2012.

[13] 张海潘,牟永敏.软件工程导论[M].6 版.北京:清华大学出版社,2013.

[14] 韩万江,姜立新.软件工程案例教程[M].3 版.北京:机械工业出版社,2018.

[15] TSUI F,KARAM O,BERNAL B.软件工程导论(原书第 4 版)[M].崔展齐,潘敏学,王林章,译.北京:机械工业出版社,2021.

[16] 冀振燕.UML 系统分析与设计教程[M].2 版.北京:人民邮电出版社,2014.

[17] 温昱.软件架构设计[M].2 版.北京:电子工业出版社,2014.

[18] 张恂.统一用例方法:UML 与敏捷需求实践[M].北京:清华大学出版社,2020.